运输市场学（第二版）

欧国立　编著

中 国 铁 道 出 版 社

2018 年·北 京

内 容 简 介

本书在第一版的基础上对运输市场的情况和特点进行了详细的更新与完善,其内容包括:运输、市场、运输市场,运输市场的历史演进与变迁,运输市场营销概论,运输市场营销管理过程,运输市场购买行为分析,运输服务质量,运输市场需求分析,运输市场细分,运输产品,运输产品定价,运输市场营销渠道,运输产品促销,运输、物流与供应链管理,公路运输经济分析,铁路客货运输市场战略探索与实践,航空运输市场战略探索与实践等。

本书可供高等院校教学与研究、运输企业职工及各级管理者工作参考。

图书在版编目(CIP)数据

运输市场学/欧国立编著. —2版. —北京: 中国铁道出版社, 2018.11

ISBN 978-7-113-24938-0

Ⅰ.①运… Ⅱ.①欧… Ⅲ.①运输市场 Ⅳ.①F506

中国版本图书馆 CIP 数据核字(2018)第 203193 号

书 名: **运输市场学 (第二版)**
作 者: 欧国立 编著

责任编辑: 黄 筱 安 琪 **编辑部电话**: (010) 51873023
封面设计: 崔 欣
责任校对: 焦桂荣
责任印制: 高春晓

出版发行: 中国铁道出版社(100054, 北京市西城区右安门西街 8 号)
网 址: http://www.tdpress.com
印 刷: 三河市兴博印务有限公司
版 次: 2005 年 1 月第 1 版 2018 年 11 月第 2 版 2018 年 11 月第 1 次印刷
开 本: 880 mm×1 230 mm 1/32 印张: 12.25 字数: 357 千
书 号: ISBN 978-7-113-24938-0
定 价: 45.00 元

前　言

《运输市场学》第一版自2005年出版以来，历经5次印刷，已被多所运输企业以及相关科研机构作为培训教材和科研资料使用，具有重要的参考价值。本书内容丰富、逻辑清晰、结构体系完善，章节安排由浅入深。为引导使用者更透彻地理解本书内容，加强理论与现实问题相结合的能力，还特别在每一章章末设置了针对性的思考问题。

在本书第一版出版之际，中国的交通运输基础设施还相对滞后，而近十几年来，交通运输业快速发展，运输市场规模、运输效率和运输市场结构都经历了深刻的变化。截至2017年底，全国铁路营业里程达到12.7万公里，其中电气化里程达到8.7万公里，高速铁路营业里程占铁路营业总里程的19.69%；公路里程达到477.35万公里，其中高速公路13.65万公里；水运方面，中国海运船队运力规模达1.6亿载重吨，位居世界第三；航空业在近年也有了迅猛发展，民用航空航线4 418条，民用飞机架数3 296架。全国综合旅客周转量从2005年17 466.74亿人公里提高至2017年的32 812.55亿人公里，货物周转量从2005年的80 258.10亿吨公里提升至2017年的192 588.50亿吨公里，极大地支撑和促进了国民经济的高效运转。中国的交通运输业得到了长足发展，尤其是高速铁路建设的迅速推进已经成为中国在国际舞台上的重要名片，高速公路也成为连接全国各地进行交流的重要动脉。此时，中国似乎到了一个关键的转型期，单纯的规模扩张型发展已经无法适应当前经济社会的需要,高效集约型的现代综合交通运输体系或将成为未来运输市场的走向,各种运输方式之间面临的将不再是简单的竞争与替代关系,不同运输方式都将成为在适度竞争环境下实现高效一体化的衔接与合作的重要有机体。

结合时代发展的特点,以及十几年来众多使用者提出的建议与要求,本次再版对运输市场的情况与特点进行了详细的更新与完善,在新的市场条件下对运输市场的营销问题做出了新的解答,并指出了未来中国运输市场可能的发展方向。

如果这次再版能够为相关使用者在理论研究与实践应用方面提供一定的借鉴,那我们将倍感荣幸。我在此非常感谢曾为本书提出过宝贵意见和建议的各位使用者,感谢北京交通大学经济管理学院的老师和同学们提供的帮助,同时也特别感谢中国铁道出版社领导、编辑和相关人员对本书再版工作的大力支持。

欧国立

2018 年 9 月

第一版前言

经过20多年的改革,中国宏观经济体制及其运行模式已经有了十分明显的变化。市场经济的发展推动了包括基础产业在内的各个领域的市场化改革进程。交通运输作为国民经济发展的重要基础产业,改革也在逐步走向深入。

改革开放以来,中国运输业走过了一条“市场怀疑——市场辅助——市场主导”的道路,从完全的计划经济到逐步建立并完善运输市场,进而实现了不同运输方式间较为充分的市场竞争。作为国民经济的基础产业,市场经济的运行规律在交通运输领域同样得以体现,运输市场的发育和完善使这一领域具有了更多的活力,一些传统的观念和做法已经或正在被新的理念和规则所替代,运输市场以及与此相关的政策和战略等成为政府和企业高度重视的理论和实践问题。

中国交通运输业的发展诠释了运输业市场化改革的绩效和成果。实践的发展需要理论的指导与支撑,对于交通运输业的市场化改革以及运输市场本身的发展与变化显然需要在理论上进行深入研究,探索其内在的规律性。理论需要实践检验,反过来又用于指导实践。近些年来,本书作者一直在运输经济理论与政策等方面进行潜心探索,出版了一些教材和专著,同时发表了一些相关方面的文章,在运输市场的研究方面有了一定积累,特别是关于运输市场变迁理论、运输管制和运输业改革与发展方面的研究,受到有关方面的关注和重视。本书的出版希望能够在运输市场理论和实证研究方面有所突破,有所贡献。

21世纪的交通运输是世界各国高度关注的经济社会发展领域之一。欧美国家的交通运输体系已经相对完善,开始向着智能化方向发展,注重提升交通运输体系的整体科技含量。21世纪的中国交通运输能否健康、稳步地发展在很大程度上决定这个世纪中国经济和社会的发展规模和发展速度。比较而言,中国目前的交通运输相对滞后,现有的运输网络和运输资源还不能满足经济和社会发展的需要,不能满足旅客运输和货物运输的需要,能够有效整合和充分利用各种运输资源的、完善的综合运输体系尚未形成,因此,发展是未来十几年、甚至几十年中国交通运输的主旋律。中国的交通运输企业需要在发展中磨砺、提升,练就深厚的功力。希望21世纪的中国运输业在更高的层面上展示于世。

本书各部分的完成者为:欧国立,第一、二、三、四、五、六、七、八、九、十、十一(第一、二节)、十二、十四、十五章;刘延平、任英,第十一章(第三、四节);高宇,第十三章;张勇,第十六章。

感谢北京交通大学经济管理学院和基础产业中心为学术研究提供的良好环境和氛围,也感谢铁道出版社领导、编辑和相关人员在出版工作中付出的辛勤劳动。

欧国立

2004年11月于北京交通大学

目　录

第一章　运输、市场、运输市场……………………………………………… 1

第一节　运输的意义与作用……………………………………………… 1
第二节　著名经济学家关于市场的论述………………………………… 5
第三节　运输与市场 ……………………………………………………… 12
第四节　运输市场的要义、特征与结构………………………………… 18

第二章　运输市场的历史演进与变迁 ………………………………… 35

第一节　市场的产生与发展 ……………………………………………… 35
第二节　运输市场的历史演进 …………………………………………… 42
第三节　技术变迁与运输市场结构演变 ………………………………… 63
第四节　运输管制及其变迁 ……………………………………………… 80
第五节　中国运输市场发展的历史沿革……………………………… 109

第三章　运输市场营销概论……………………………………………… 113

第一节　市场营销………………………………………………………… 113
第二节　运输市场营销的含义与特征…………………………………… 115
第三节　运输服务与运输企业营销……………………………………… 120
第四节　运输市场营销观念……………………………………………… 125
第五节　运输市场营销环境……………………………………………… 130
第六节　服务营销………………………………………………………… 134

第四章　运输市场营销管理过程………………………………………… 136

第一节　运输市场营销过程……………………………………………… 136

第二节　运输业营销规划…………………………………………… 142
第三节　运输市场营销组合………………………………………… 144

第五章　运输市场购买行为分析……………………………………… 147

第一节　影响运输消费者购买行为的因素…………………………… 147
第二节　运输消费者购买行为模式及购买决策过程………………… 151

第六章　运输服务质量……………………………………………… 156

第一节　运输企业的顾客价值………………………………………… 156
第二节　运输服务质量管理…………………………………………… 159
第三节　留住顾客与扩大市场份额…………………………………… 167
第四节　运输企业的 CS 战略 ………………………………………… 168

第七章　运输市场需求分析………………………………………… 171

第一节　运输需求的含义和特征……………………………………… 171
第二节　运输需求的影响因素………………………………………… 173
第三节　运输需求测量与运量预测…………………………………… 176

第八章　运输市场细分……………………………………………… 189

第一节　市场细分的含义和作用……………………………………… 189
第二节　运输市场细分………………………………………………… 191
第三节　旅客运输市场细分…………………………………………… 195
第四节　货物运输市场细分…………………………………………… 200

第九章　运输产品…………………………………………………… 206

第一节　运输产品性质论……………………………………………… 206
第二节　运输产品的整体概念………………………………………… 210
第三节　运输产品效用………………………………………………… 213
第四节　运输产品组合………………………………………………… 215
第五节　运输产品品牌模式…………………………………………… 217

第六节　运输产品类型与产品生命周期……………………………… 219
第七节　新产品开发………………………………………………… 222

第十章　运输产品定价………………………………………………… 224

第一节　运价的概念和意义………………………………………… 224
第二节　运价制定的一般原理……………………………………… 228
第三节　运价的结构与形式………………………………………… 233
第四节　运价体制改革与运输企业定价…………………………… 237
第五节　中国铁路运价体制的演进与变迁………………………… 240

第十一章　运输市场营销渠道………………………………………… 249

第一节　市场营销渠道的概念和特征……………………………… 249
第二节　市场营销渠道的一般类型………………………………… 250
第三节　代理与代理制……………………………………………… 254
第四节　运输代理制………………………………………………… 261

第十二章　运输产品促销……………………………………………… 269

第一节　促销的意义和目标………………………………………… 269
第二节　运输企业促销活动形式…………………………………… 271
第三节　运输服务的有形展示……………………………………… 278
第四节　运输企业 CI 战略 ………………………………………… 281

第十三章　运输、物流与供应链管理 ………………………………… 286

第一节　物流的概念………………………………………………… 286
第二节　供应链的特征与管理……………………………………… 287
第三节　基于供应链的第三方物流………………………………… 296

第十四章　公路运输经济分析………………………………………… 300

第一节　公路运输发展现状………………………………………… 300
第二节　道路拥挤收费模型及其福利效应分析…………………… 304

第三节 公路运输投资建设与管理…………………………… 311

第十五章 铁路客货运输市场战略探索与实践……………………… 316

第一节 铁路客货运输现状分析……………………………………… 316
第二节 铁路运输市场竞争面临的形势与问题…………………… 318
第三节 提高铁路市场竞争力的方法与途径……………………… 323
第四节 铁路市场经营战略的重要实践——铁路第六次
大提速和实施新的列车运行图…………………………… 329

第十六章 航空运输市场战略探索与实践…………………………… 336

第一节 中国民航发展概况…………………………………………… 336
第二节 中国航空运输市场现状分析……………………………… 339
第三节 航空运输企业面临的形势………………………………… 345
第四节 航空运输市场经营战略构想……………………………… 348
第五节 航空公司经营战略案例…………………………………… 354

运输市场学主要英汉词汇对照………………………………………… 362

参考文献…………………………………………………………………… 379

第一章　运输、市场、运输市场

第一节　运输的意义与作用

运输是人类社会的基本活动之一，它是我们每个人生活中的重要组成部分，同时，也是现代社会经济活动中不可缺少的重要内容。人类社会由散乱走向有序，由落后迈向文明，交通运输发挥了不可估量的重要作用。作为一个行业和领域，交通运输不能有片刻的停歇，更不能出现丝毫的问题，否则，社会将陷于瘫痪。今天，大到一个国家，小到我们每一个人，都已与运输紧紧相连，密不可分。运输已经渗透到人类社会生活的方方面面，并且成为最受关注的社会经济活动。

当我们把眼光投向历史时，就会惊奇地发现，人类社会发展过程中的每一个重要进程或重要事件，几乎都与运输有关。古埃及的强大与尼罗河息息相关，是尼罗河把整个埃及连在一起，为它在商品运输、信息交流、文化传播方面提供了极大方便。世界奇观金字塔的修建，离开了运输是不可想象的。中国古老、灿烂的文化与黄河、长江密切相连，水上运输为黄河、长江两岸的经济发展和文化传播奠定了最重要的物质基础。丝绸之路是古老的中国走向世界的一条漫漫长路，作为一条重要的纽带，它传播了不同国家和地区的商品及文化，加强了他们之间的沟通、交流与发展。然而，“路漫漫其修远兮”，虽然这条“路”促进了中国与世界文化的交流，促进了经济发展，却也映衬了原始运输方式的艰辛与落后。

机械运输业的出现，对经济发展和社会进步产生了更大的影响。汽轮船的采用提高了海上运输速度、能力与平均运输距离；铁路及公路的使用与发展使得人类在陆路上克服空间障碍的能力大大提高；航空运输的发展导致交通运输在速度方面产生了质的飞跃，从而使整个世界为之变小。“地球村”是人们对当今世界的另一种称谓,使原本广阔无比的地球变为“村”的,恰恰是发达的现代交通运输体系。

现代交通运输的意义与作用往往超出人们对它的认识和理解。其实这并不奇怪,因为发达的交通运输体系已经成为现代社会经济正常运转的重要物质基础。在正常情况下人们很难充分认识它的存在与重要作用,除非这个系统中某一部分出了问题。

运输的意义可以从以下几方面阐释和理解。

一、运输的经济意义

1. 运输是经济发展的基本物质保证

在影响经济发展的诸多因素中,运输的作用是十分明显的。一个完善的交通运输体系是维系和支持经济运行和发展不可缺少的。马克思充分肯定了运输业的物质生产性,他说:“除了开采业、农业和加工制造业,还有第四个物质生产部门……这就是运输业。”(《马克思恩格斯全集》第26卷1分册,第444页)交通运输业的物质生产性,为经济的发展提供了物质保证。世界各国的经济发展史向我们诠释了交通运输在经济发展中的作用。仅以铁路为例,19世纪中叶大规模的筑路高潮,极大地推动了西方国家工业化进程和经济发展。著名经济学家W·W·罗斯托认为:美国起飞主要是铁路化的工业结果而不是农业结果。环视当今世界各国不难发现,经济愈是发达的国家,其交通运输系统愈是完备。应当说,完备的交通运输体系为经济发展提供了基本的支持。正如美国运输经济学家罗依·桑普森在其《运输经济——实践、理论与政策》中所述:“经过多少年艰苦努力,美国今天有幸拥有一个世界上最为发达的运输系统。这个系统……帮助我们为经济增长打下了基础。”而在另外一些国家,由于运输发展的滞后而影响和阻碍经济发展的事实同样十分鲜明。

2. 运输是社会生产过程的重要组成部分

运输最基本的效用就是改变物体的地点或位置。古典经济学家把运输能够通过改变物体位置而创造价值的特性称为运输的空间效用。从整个社会生产过程来看,除非把原料、材料及其他生产要素运到需要的地方,否则它们毫无价值。因此,运输是生产过程的重要组成部分。从这个

意义上讲,运输可分为4种类型:

(1)厂内运输。它所完成的,是“在每一个生产过程中,劳动对象的位置变化”。如,汽车零件由生产车间运往组装车间。

(2)产品从一个生产场所被运到另一个相隔很远的生产场所。这时的运输已经不再是内部运输,而是生产过程中的“流通运输”,是脱离生产过程而独立存在的商品交换的经济活动。

(3)产品从生产领域运到消费领域。这种运输将使产品进入消费领域,“产品只有完成这个活动,才是现成的消费品”。(《资本论》第二卷,第168页)

(4)产品从消费领域运到生产领域。这一点是被多数人忽视的,然而,在现代市场经济条件下,这类运输却大量存在。其主要原因,或者是产品不能满足消费者需要,出现质量方面问题;或者是交易、政策方面问题,促使产品重新加工、生产。

不难看出,由于运输的存在,才使社会生产和消费得以正常进行。运输使得不同商品的使用价值得以充分体现,所以,运输劳动像一般生产领域的劳动一样,能够增加商品的价值。马克思认为,运输业“是商品生产过程在生产领域本身之外,即在流通领域的延长”,是“生产过程在流通领域内的继续”。(《资本论》第二卷,第167~170页)

运输在参与社会生产活动中,还以其本身具有的“时间效用”创造价值。由于运输,生产要素能够顺利送达生产地,保证生产不间断进行;由于运输,各种商品可以在不同地区自由交换,实现其价值。很明显,运输对生产和消费在时间方面所起的正面效用能够创造价值。

从社会生产过程来看,运输另外一个重要作用就是促进劳动分工和地区专业化。由于不同地区在自然资源、环境、资本、劳动力、气候、文化等方面具有不同特点,所以每个地区的生产力、生产特点都会有别于其他地区。如果有运输做保证,各地区就会生产自己有优势、对自己有利的产品,从而形成不同地区的劳动分工和生产专业化。运输在大规模生产和地区分工方面的作用,也决定了它在社会生产力布局方面具有不可替代的影响。

3. 运输是产品销售的必要条件

生产是为了消费,大规模的社会化生产,必须配备行之有效的销售体系。在市场经济条件下,产品如果卖不出去,生产就不再有意义。实现产品顺利销售的必备条件之一是充足完善的运输系统。运输能够把不同商品运到需要的地方,实现商品本身的价值。运输也能“开拓市场”,创造更大的市场范围和社会需求。

4. 运输能够平衡和降低社会物价水平

运输使得货物从一地运往另一地变得简单,因此,也就能够平衡不同地区的物价。如前所述,不同地区有其各自的生产特点和产品特征。如果没有运输,每个市场就只能依靠本地产品供应。多数产品的生产在一年中是不均衡的,农产品尤是如此。在地区封闭或运输不足的情况下,这些产品在收获期价格会很低,而收获期一过,价格就变得高起来。而运输可以使其他地区产品参加该市场竞争。在当地货源不足的情况下,外地货源可以通过运输满足该市场需要,而本地产品相对过剩时,亦可以运往其他市场销售。由此,在运输行为的作用下,不同地区的商品价格会保持相对平衡。

除此之外,运输系统的存在能够允许更多的产品生产者参与市场竞争。通常,产品生产成本最低的地区以其产品成本加上相关运输费用作为商品的售价,市场上其他同类产品的出售者也要参照进行定价,否则可能会失去应有的市场份额。所以,地区专业化的结果,使得产品的市场价格可能是由远方的供应者所决定。没有运输,市场上就没有那么多竞争者,商品价格就会升高。因此,运输有利于降低商品价格。

运输在平衡和降低商品价格的同时,能够使土地价值发生变化。完善的运输可以使土地获得多种用途,从而使它和它周围的资源变得有用甚至是必需。运输条件的改善能使附近地区和得到运输服务的地区的地价增值,并促进该地区的社会经济发展。交通便利了,土地的使用价值和价值自然就高了。

二、运输的政治意义

运输的政治意义是非常重要的。很多情况下,运输系统的建设和维护要靠政府。一个国家在交通运输建设上,包括线路(铁路、公路)设计、港口建设等,都需要政府参与。从历史和现实情况看,有效的运输使广阔地理区域上的政治统一成为可能。美国政府批准并支持修筑的第一条横贯铁路,在很大程度上促成了国内战争时期加利福尼亚留在联邦内部;澳大利亚在澳洲大陆上修建穿越沙漠地区的铁路,保证了国家在政治上的统一。当然,也有为政治目的而故意增加交通运输难度的案例。例如,有的国家将铁路定为宽轨,旧中国山西军阀阎锡山将山西境内铁路建成窄轨等。这些都从另外一个角度说明了交通运输的政治意义。

运输的政治意义还与它在国防中的重要作用紧密相连,历史上很多交通运输设施和道路的建设都是出于军事目的。对于运输在政治、军事上的作用,丘吉尔曾一语中的:“如果胜利是美丽、鲜艳的花朵,那么运输就是花梗,没有它,就开不了花。”今天,很大一部分运输设施仍是出于政治和军事需要。运输政策的制定不仅仅是体现经济上的要求,运输系统带来的利益也超出经济范畴。

三、运输的社会意义

社会和文化的发展在很大程度上依赖于充足和完善的运输。运输在实现不同地区产品交换的同时,也促进了区域间的社会文化交流。随着运输体系的不断发展和完善,城际间、国际间的客货运输量不断增加。运输打破了地区间的隔绝状态,减少了孤立封闭的倾向,不同的社会文化相互渗透,共同发展。

第二节　著名经济学家关于市场的论述

在20世纪20年代以前的近200年时间里,市场经济以完全自由放任为主要特征,政府基本上远离市场。市场经济的确立对于调动微观经济单位的活力和效率,促进社会资源的有效配置,推动经济发展发挥了巨大作用。然而,自由放任的市场经济体制同样存在诸多问题,如:盲目性、外在性、波动性、生产的无政府性等。

在资本主义初期,几乎所有的国家都程度不同地实行了重商主义政策。重商主义的一个重要思想是强调国家对经济的干预,重商主义者认为,国家干预是经济发展的重要保证,因此他们要求建立统一的国家市场,并极力主张国家采取各种措施干预经济。国家对经济的干预虽然稳定了市场秩序,但也在相当大程度上束缚和影响了市场的发育和发展。因而,17 世纪后期,反对国家干预、要求增加市场自由竞争的呼声不断高涨。

1776 年,英国杰出的经济学家亚当·斯密(1723—1790 年)完成了他的名著《国民财富的性质和原因的研究》,从而使经济自由主义的理论得以完成,并使经济自由主义政策得以广泛推行。

亚当·斯密在他的著作中阐明了经济自由主义的实质,建立了一套市场经济的理论体系。亚当·斯密关于市场经济的理论基础是自由主义,在他的理论体系中,资产者的理论化身是“经济人”,在他看来,经济人的本性是利己主义,追逐利润是决定经济人投资行为的唯一目的和动力。亚当·斯密认为,实行充分的经济自由和完全的自由竞争是保证个人利益和社会公共利益实现的唯一途径。“在这场合,像在其他许多场合一样,他受着一只看不见的手的指导,去尽力达到一个并非他本意要达到的目的”,“他追求自己的利益,往往使他能比在真正出于本意的情况下更有效地促进社会的利益”。

亚当·斯密认为,市场上“看不见的手”是市场运行的核心机制,这是政府或政治家所无法代劳的。他认为,商品经济中的市场力量和价值规律,只有在充分的自由竞争中才能真正体现。竞争越是充分,价值规律的作用越是明显,而限制竞争,保护独占,势必使国民财富的增长和社会福利的增加受到阻碍。

亚当·斯密认为,“独占乃是良好经营的大敌”,良好的经营是来自“自由和普遍的竞争”,因为,“自由和普遍的竞争,势必驱使个人为了自卫而采用良好的经营方法”。

为了减少或取消可能影响经济自由发展的种种因素,亚当·斯密提出了 4 个方面的举措:

(1)通过废除原规章制度与居位法,实行选择职业的自由。

(2)通过废除嗣继承法、长子继承法以及限制土地自由转移的规定,实行土地买卖自由。

(3)废除地方关税及其他一些税收,实行国内贸易自由。

(4)废除关税、对商业的禁令以及政府特许的商业垄断,实行对外贸易自由。

亚当·斯密的经济自由主义理论,构成了早期的市场经济理论,同时也成为那个时期市场运行的基本原则。这个学说在欧美以后1个多世纪的市场运行与经济发展中起着主要指导作用。

继亚当·斯密之后,还有一些著名的经济学家在理论上支持了经济自由化的学说。大卫·李嘉图(1772—1823年)是英国金融界著名人士,古典经济学的完成者。他在代表作《政治经济学及赋税原理》一书中表达了一个基本思想,那就是寻找最佳途径,提高劳动生产率,发展资本主义,增加资产阶级的财富。为达到这一目的,应以经济自由主义原则作为理论、政策的出发点,反对国家干预。他认为,市场经济是商业完全自由的经济制度,如果没有外在干预的影响,它会自然地、有序地发展下去。他说:“在没有政府的干预时,农业、商业和制造业最为繁荣”。国家需要“做的全部事情,就是避免一切干预,既不要鼓励生产的一个源泉,也不要抑制另一个源泉”。

德国经济学家让·巴蒂斯特·萨伊(1767—1832年)在1803年出版了他的代表作《政治经济学概论》。在这本书中,他提出了著名的萨伊定律。萨伊认为,供给能自动创造需求,“生产给产品创造需求”,在完全自由的市场经济条件下,总供给与总需求必定相等。根据萨伊定律,市场在竞争机制的调节下,供求能自动达到均衡,不可能出现生产过剩的危机,除非政府当局愚昧无知或贪得无厌,否则一种产品供给不足而另一种产品充斥过剩的现象,不会永远存在。因此,政府没有必要介入和干预正常的经济生活,而应听任市场机制的自由调节。萨伊还认为,政府干预的最大危害,不是偶然违反了既定准则,而是由于对自然规律不正确的看法,以及以这些错误看法为基础制定的错误政策。他说:“如果不让个人利害关系起相互制约的作用,个人利害关系便不再成为可靠的标准。如果某个人……能得到政府的帮助阻止别人的竞争,他就取得了特殊权利,而以整个社会为牺牲,使整个社会遭受损失。”萨伊在反对国家对经济活动干预的同时,强调政府的职责应主要体现在保证经济活动的自由进行。

在一些经济学家极力推崇自由市场经济的时候,另外一些经济学家则对完全自由的市场制度提出了怀疑。最早涉及这一问题的是让·沙尔·列奥纳尔·西蒙·德·西斯蒙第(1773—1842年)。西斯蒙第是李嘉图的同时代人,然而他的经济理论和观点却是和李嘉图相对立的。在李嘉图等人继承了亚当·斯密的观点,大力提倡自由市场经济的时候,西斯蒙第却对市场制度提出了怀疑。实际上,西斯蒙第最初曾是亚当·斯密学说的拥护者,在1803年出版的《商业财富论》中,他详尽介绍亚当·斯密的经济观点,并主张自由竞争和贸易自由。然而,在1819年出版的《政治经济学新原理》中,其理论观点发生了根本性变化,在这本书中,西斯蒙第提到自由市场制度似乎存在两方面问题。

1. 分配不均

西斯蒙第认为工具的进步可能导致产生人类不平等现象的趋势,一个国家在技术和工业方面愈先进,劳动者命运的不协调现象就愈严重。前者受苦愈多,后者愈可以任意挥霍,除非国家通过一些好像和增加财富的纯经济目的相反的制度,否则,富人更加奢华,而穷人必然更穷。

2. 孕育着生产过剩的危机

西斯蒙第认为,当生产超过了收入,也即生产超过了消费,生产和消费之间的矛盾就必然导致经济危机。他说:“如果年收入不能购买全部年生产,那么一部分产品就要卖不出去,不得不堆在生产者的仓库里,积压生产者的资本,甚至使生产陷于停顿。”在他看来,生产与消费,供给与需求之间的比例失调是市场行为的盲目性所带来的,因此,市场制度本身无法解决。他把解决由于市场竞争而引发的种种后果寄希望于政府。他说:“立法者还必须使穷人得到某种不受普遍竞争影响的保障……当财富逐渐地均衡地增加时,当它的任何部分都不是过分迅速地发展时,这种增加才能造成普遍的福利……从各方面看,每个人的行动都企图加快机器的运动。也许政府的职责就是延缓这种运动,调节这种运动。”为此,西斯蒙第明确地反对斯密的完全自由市场竞争论点。

继西斯蒙第之后,英国经济学家马尔萨斯(1766—1834年)对自由市场制度同样提出了怀疑。马尔萨斯不仅在人口理论方面为世人瞩目,他的经济学观点和理论同样对后来的经济学发展产生了重大影响。他的著作除《人口原理》以外,还有《价值尺度》《地租的性质与发展的研究》《政治经济学原理》等，不过他的主要观点集中在《政治经济学原理》（1820 年）一书中。马尔萨斯认为，资本主义社会存在一般商品生产过剩的可能性的主要原因是有效需求不足，他认为商品的生产与消费之间应有一定的比例关系，他担心市场力量是否能使他们之间保持一个适当的比例关系，所以他坚持认为国家应制定政策，对各种比例关系加以引导，“使全国人民辛勤劳动的成果获得最大的交换价值，从而促进财富的增长”。

事实上，一直到 19 世纪中叶，在经济理论的辩论当中，虽然个别经济学家对自由市场制度提出过怀疑和担心，但总的来说，以市场机制调节经济运行被人们广泛接受，人们相信市场的力量和它的效率。在 19 世纪中叶后，经济学家开始对天赋的、自由放任的竞争性市场制度提出更多的质疑。约翰·斯图亚特·穆斯（1806—1873 年）、纳马蚤·威廉·西尼尔（1790—1864 年）等人都对加强政府对市场的干预提出过具体设想和建议。然而，直到 20 世纪初，情况并未发生根本性转变。

在 20 世纪初以前的西方资本主义发展中，市场在各国经济中一直扮演着最重要的角色。除第一次世界大战期间欧洲各国实行战时生产管制，政府对生产和有关经济活动直接干预外，“看不见的手”一直在主导着各项经济活动。市场虽然为繁荣经济起到了重要促进作用，然而，它的缺陷也渐渐显露出来。1929 年，爆发了资本主义历史上前所未有的、最严重的一次经济危机。危机从美国开始，继而扩展到德国、日本、英国和法国，几乎波及了整个资本主义世界，时间长达 5 年之久。经济危机期间，各国工业生产急剧下降，大量企业破产倒闭，失业人数剧增，商品大量积压，市场陷于瘫痪。

这场经济危机对经济发展的破坏性是空前的，它使得整个资本主义世界的工业生产下降了 37%，国际贸易数量减少了 2/3，西方国家 1933 年失业人数总和达 3 000 万人之多。危机也破坏了西方国家的货币信用制度，导致了货币信用制度的危机。

这场世界性的经济危机使得自由放任、国家不干预经济生活的理论和“市场万能”的观点受到了前所未有的冲击。由于市场的自行调节机能在一段时间内已经“失灵”，所以资本主义各国纷纷采取国家干预手段，力图摆脱经济困境。从 20 世纪 30 年代起，美国推行“新政”，政府加大了对经济的干预和调节力度,通过贷款、补贴、减税、订货、兴办公共事业来刺激经济发展。例如,美国成立了复兴金融公司、国家工业复兴局、进出口银行、住宅贷款公司等机构,以调节和刺激经济发展。在英国和法国,政府干预经济的手段是加强卡特尔化并扶植一些大型企业和组织。德、意、日等国则借助于国家力量把经济发展引向了战争轨道,企图通过战争转嫁危机,寻找出路。

经济危机的爆发导致了近代凯恩斯主义的诞生。约翰·梅纳德·凯恩斯(1883—1946 年)是英国经济学家,其毕生写有大量著作,最重要的,也是最有影响的是发表于 1936 年的《就业、利息和货币通论》,他的主要经济理论和观点都出自于这本书。与以往的经济理论不同的是,凯恩斯经济理论突出强调了国家干预经济的重要性和必要性,这是与亚当·斯密以来古典经济学主张的自由放任经济政策完全不同的理论体系。自从《就业、利息和货币通论》出版以来,西方世界出现了盛极一时的凯恩斯主义,在以后的几十年当中,凯恩斯主义成为西方国家制定经济政策的重要理论根据。

20 世纪 60 年代中期以后,凯恩斯主义的浪潮开始明显衰落。由于经济发展中出现了停滞和通货膨胀同时发生这一与经典经济学理论完全相悖的现象(即"滞胀现象"),从而使经济自由主义理论重新升温,并再次对经济政策的制定产生重要影响。此后,关于执行自由放任的经济政策或是国家干预的经济政策的讨论从未停止,关于市场和政府作用的研究也未间断。例如,詹姆斯·M·布坎南说:"我记得多次听到我的教授弗兰克·奈特说过,他不知道那些反对市场的人是因为他们认为市场运转得好呢,还是因为他们认为市场运转得不好。"布坎南承认,在他与他的教授弗兰克·奈特接触短短 6 个星期后,他"改弦易辙而强烈拥护经济的市场组织"。

经济学家对于市场这一问题的争论并没有简单地停留在拥护或反对上,而是在分析市场本质上逐渐走向深入。美国耶鲁大学经济学教授林德布洛姆(C. E. Lindblom)认为:"历史上看,能代替国家的政治—经济制度的政府统治的选择,始终是市场。"他指出,市场制度源于简单的交换关系。在对市场问题的分析上,林德布洛姆教授认为存在 3 种不同类型的市场制度:第一种市场是劳动力和其他要素市场,在这一市场上,通过劳动力的能量和资产换取货币;第二种市场是消费者市场,在这一市场上,消费主体用换来的货币交换想要的产品和劳务;第三种市场是商业企业相互买与卖的市场,在这个市场中,个人消费者和个人供应者已被排除在外,交换的数量通常比其他两种市场的总和还大。

除此之外,林德布洛姆教授还分析了市场与价格,市场与平等、自由、民主等方面的关系。

近代一些经济学家在分析市场问题时,开始与企业制度等密切联系起来。理查德·科斯(R. H. Coase)在1937年发表的代表作《企业的性质》一文中,论证了企业与市场是“两种可相互替代的协调生产的手段”。与新古典经济学家不同,科斯认为,市场的运行是有成本的(新古典经济学家假定市场的交易费用为零),通过形成一个组织,就可以节约市场运行的成本,因此,科斯提出,企业的存在是为了节省市场交易费用,即用费用较低的企业内部交易代替费用较高的市场交易;企业规模大小决定于企业内部交易的边际费用等于市场交易的边际费用那一点上,选择市场还是选择企业取决于两种制度形式交易费用孰高孰低。科斯同样认为,市场是为了促进交换而存在的一种制度,现代市场更是一种高度复杂的交易制度,所有在市场内进行的交易活动都要受到详细而具体的管理。

著名学者钱德勒(A. D. Chandler)在其《看得见的手——美国企业的管理革命》一书中提出:“现代工商企业在协调经济活动和分配资源方面已取代了亚当·斯密的所谓市场力量的看不见的手。市场依旧是对商品和服务的需求的创造者,然而,现代工商企业已接管了协调流经现有生产和分配过程的产品流量的功能,以及为未来的生产和分配分派资金和人员的功能。”钱德勒认为,管理的协调替代市场机制,是由于在一定范围内它能够带来更高的效率,在这一点上,他与科斯的观点是基本一致的。

威廉姆森(O. E. Williamson)1985年出版了《资本主义的经济组织》一书,在这部著作中,威廉姆森发展了科斯关于交易成本的理论,他认为,企业与市场可视为两种可以相互替代的治理结构,企业与市场相互替代的问题就是交易与治理结构相互匹配的问题,而决定企业与市场边界的主要因素是交易所涉及的资产专用性。

第三节 运输与市场

人类的生存与繁衍从一开始就离不开对其自身以及生产、生活资料的空间位移,即离不开运输。然而,由于运输条件和技术手段的限制,人类早期的各项经济和社会活动都被限制在一个较小的空间范围内。无论是原始部落捕猎或采集果实,还是游牧部落随着畜群时常迁徙,抑或是农业村落在固定的土地上从事耕作,他们对运输的要求都很少。在人类社会出现了第二次社会大分工,即手工业单独分离出来后,社会上剩余的产品日渐增多,当第三次社会大分工出现后,即商业(人)从其他行业中分离出来后,运输的重要性就日趋明显。虽然中外历史上,都是商人的活动活跃了地区和国家间的商品交流,然而,商品交流的物质基础是运输,如果没有运输,商品的交换就几乎无法实现。因此,运输是产品或商品交换不可缺少的基本手段和工具,同时,它也是生产过程在流通领域的继续。

商业交往和商品交换需要人们提高克服空间障碍的能力,因为在这一过程中人和货物需要实现不同距离上的位移,因而,商业的繁荣与发展促进了对运输活动的经济需要,而运输活动的发展又进一步推动了商业交往的扩大。在商业发展中,运输是一个基本的物质条件,人类早期的对外贸易发展正是依赖于其强大的海上运输船队才得以实现。

商业的发展和商品的交换都要借助于市场,于是运输与市场之间就产生了一种必然的、密不可分的联系,他们相互关联,相互影响,共同发展。

1. 运输有利于开拓市场

早期的商品交易市场往往被选择在人口相对密集、交通比较便利的地方。在依靠人力和畜力进行运输的年代,市场位置的确定在很大程度上受人和货物可及性的影响。对于多数人来说,交通相对便利,人和货物比较容易到达的地方会被视为较好的商品交换场所。久而久之,这个地方就会变成一个相对固定的市场。当市场交换达到一定规模后,人们又会对相关的运输条件进行改进,例如改善道路(或通航)条件,增加一些更好的运输器具,以适应和满足市场规模的不断扩大。

随着技术的发展,运输手段不断改善,运输效率不断提高,运输费用也不断降低。运输费用的降低,使市场的引力范围不断扩大,商人可以从离市场更远的地方采购货物在市场上出售。由此,运输系统的改善既扩大了市场区域范围,也加大了市场本身的交换规模,为大规模的商品销售提供了前提条件,如图 1-1 所示。

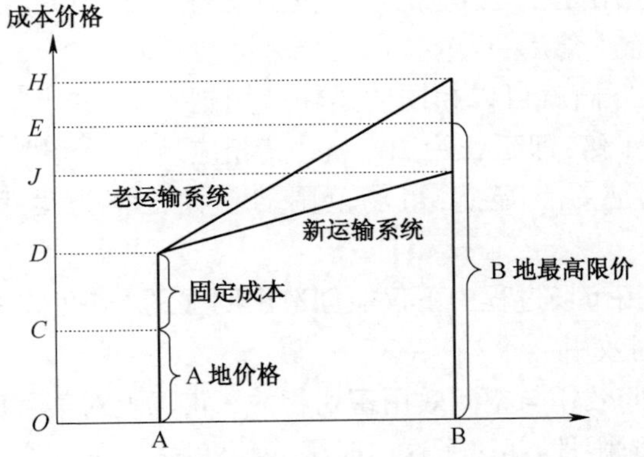

图 1-1　运输系统的改善扩大市场区域范围

图 1-1 中,A 为某种商品产地,在 A 地商品售价为 OC,现欲往 B 地出售,B 地可接受该商品的最高价格为 OE。当运输系统没有得到改善以前,由 A 地运输货物到 B 地的固定成本为 CD,变动成本为 DH,总成本为 CH。

假定原有运输系统得以改善,运输效率提高,使每公里运输成本得以降低,即运输总成本由原来的 CH 降低到现在的 CJ(固定成本为 CD,变动成本为 DJ),那么,该商品在 B 的售价就可降为 OJ(或略高于此),从而可以顺利进入 B 地市场。

由此可见,当使用低效运输系统时,A 地的商品将无法在 B 地市场出售,而在对原有运输系统改善后(降低了 A、B 两地间的运输费用),A 地的商品则可以顺利地在 B 地销售。运输创造了“空间效用”,扩大了商品的市场范围。

上面的分析已经表明,运输系统的改善可以扩大货物运送距离,从而扩大市场范围,这里,市场范围扩大的比率将超过运输距离增加的比率。

著名运输经济学家拉德纳(D. Lardner)把这种现象称为运输与贸易的平方定律,如图 1-2 所示。

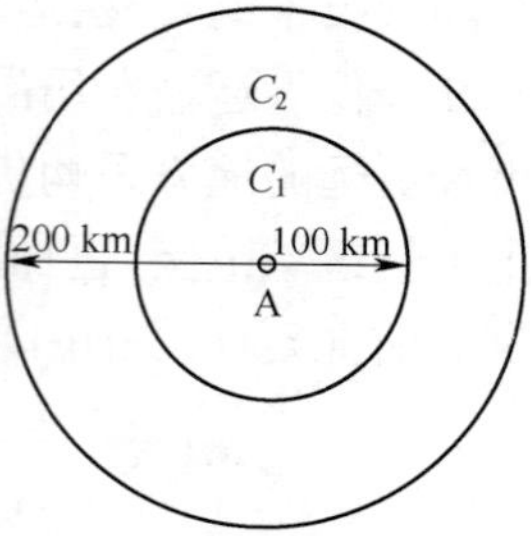

图 1-2 运输与贸易的平方定律

位于 A 地的厂商如果借助一定运输系统能将其产品运至 100 km 范围内的任何地方,以竞争性的价格出售,其相应的市场范围就是 C_1;当运输系统改善后,运输费用比原来减少一半,那么,该厂商就可以相同的运输费用把供货距离扩大 1 倍,即延长为 200 km,其相应的市场范围就是 C_2。显然,市场范围的扩大比率为运距扩大比率的 4 倍。

运输在开拓市场过程中不仅能创造出明显的"空间效用",同时也具有明显的"时间效用"。

运输的时间效用与空间效用密切相关。市场上对某种商品的需要往往具有很强的时限性,超过了这一时限,商品的需求量就会大大减少甚至完全消失。一种商品如果因为时间关系失去了市场需求,这种商品在特定的时间内就不再具有价值,或者其价值大打折扣。高效率的运输能够保证商品在市场需要的时间内适时运到,从而创造出一种"时间效用",繁荣市场。与运输的空间效用一样,运输的时间效用同样可以开拓市场。例如,当某地区急需一种产品时,这时产品的运输速度就成为最为关键的因素(假定该产品需要从外地调入)。按照拉德纳定律,当运输速度提高 1 倍时,潜在的市场范围同样可以扩大 4 倍。

2. 运输影响生产和市场位置的确定

冯·杜能的农业区位理论和韦伯的工业区位理论同样揭示了运输与市场之间的某种特定关系。

杜能最早致力于运输费用与位置关系的研究,他的最初想法是想分析判断在一定市场条件下,种什么作物和用什么方法耕种最为有利。按照 19 世纪的运输技术条件,杜能证明了这样一个定理,即易腐货物以及重量大、价值低的产品应靠近市场生产,而不易腐败和单位重量价值较高的产品则可远离市场生产。根据离城市的距离,可以把不同地区划分为不同地带。考虑到19世纪运输条件的限制(无专门的冷藏运输,运输速度也相对较慢),杜能认为,牛奶、蔬菜等应在城市第一地带生产;第二地带应生产重量大而价值低的木料和燃料;第三、四、五地带应生产谷类,其种植密度应逐渐减低;第六地带是平原的最外区域,应放养牲畜以供屠宰和生产奶酪,如图1-3所示。

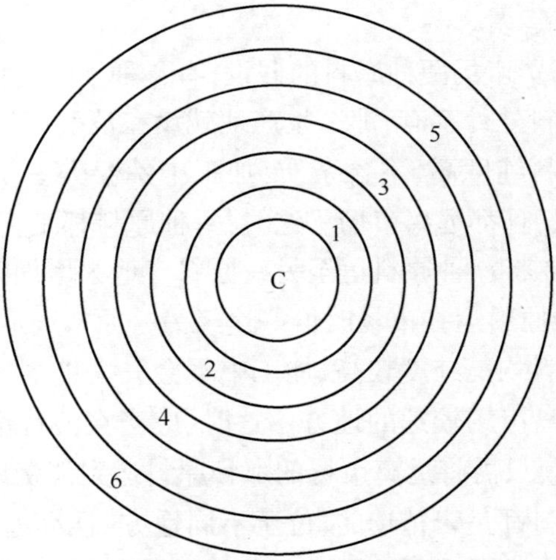

图1-3　杜能的农业区位理论

图中C为城市市场;1为易腐产品,如鲜奶、蔬菜产地;2为木材、木柴产地;3为谷类产地;4为谷类种植与休耕轮替地带;5为谷类种植地带和牧场;6为牧场(牲畜及乳酪生产)。

如果说杜能从农业生产角度分析了运输与市场之间的关系,那么韦伯则是从工业生产角度研究了运输与市场之间的特定关系。

韦伯关于运输与区位理论的核心,是通过分析运输费用、劳动力费用和生产集聚力3个因素的相互作用,找出生产成本最低的点,并将此点作为工业企业的理想区位。可以分两种情况分别考虑:一种是单一市场和单一原料来源,另一种是单一市场和两个原料来源。

按照韦伯一个消费市场和一种原料的假设,可以有3种不同情况:

(1)原料处处都有,这时,生产地点显然要设在市场附近。因为当原料不花运费就可取得时,再通过运输到别处获取原料是不合适的。

(2)原料的纯度高,不含杂质,在加工中不会失去重量,但位于远离消费市场的地方。这时,生产可以安排在原料所在地,也可以安排在市场,如果不考虑装卸费,生产也可以安排在市场与原料来源直线中间的任何一点上。

(3)原料未精选,含有杂质,加工中会损失部分重量,并且远离消费市场。这时,生产地点应设在原料产地,因为运输重量小的成品比运输重量大的原料节省运费。

按照一个消费市场两种原料的假设,有 4 种不同的情况:

(1)两种原料处处都有,那么生产地就设在消费市场。

(2)两种原料纯度高,不含杂质,加工中不会失去重量,但它们位于两个不同的地点,且都远离市场。这时,每种原料都是直接运到市场上去生产,因为不需要将一种原料运至另一原料产地去增加额外运输,加大运输费用。当一种原料运往市场时恰好途经另一原料产地时除外。

(3)两种原料均是纯度较高,加工中不会失去重量,其中一种处处都有,另一种位于离市场较远的地方。这时,应当在消费市场组织生产,因为在这种情况下,只需将远离市场的那种原料运到消费地,运费最低。

(4)两种原料都是未精选的,位于不同地方,且都远离市场。这种情况最为复杂,也比较接近实际情况。韦伯通过图解方式分析了在运输条件一定的情况下,在市场位置确定后,生产位置的确定如图 1-4 所示。

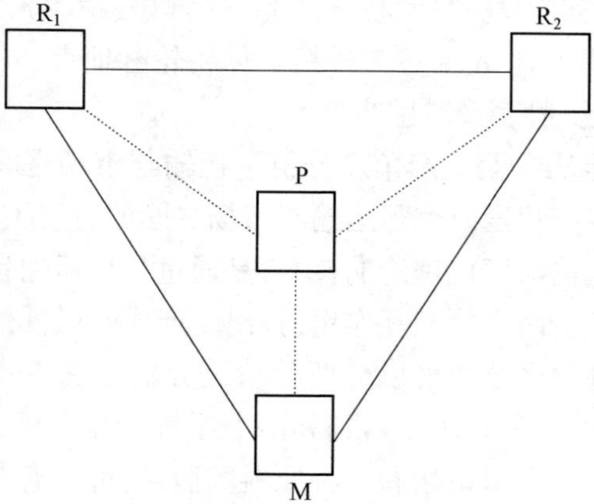

图 1-4 运输条件决定生产位置

M—市场;R_1—原料产地 1;R_2—原料产地 2;P—生产地点。

由图 1-4 可以看出，作为生产地 P 不会落在三角形之外，因为这将增加不必要的运输。于是，生产地点 P 将设在三角形中的某一点，两个原料产地以最少的运输活动（周转量）将两种原料运到这一点，成品再由此运往消费市场。

在三角形内运费最低点在何处，取决于每种原料所需的数量和每种原料在加工中损失重量的特点。如果两种原料所需数量相同，但在制作成品时，一种失重较多，则生产地应设在失重多的原料产地附近。如果两种原料失重情况相同，但其中一种原料使用数量较多，那么生产应设置在使用较多的原料产地。

从杜能和韦伯的农业和工业区位理论中不难看出运输与生产、消费以及市场之间的密切联系。

3. 运输有利于鼓励市场竞争并降低市场价格

运输费用是所有商品市场价格的重要组成部分，商品市场价格的高低在很大程度上取决于它所含运输费用的多少。运输系统的改革和运输效率的提高，有利于降低运输费用，从而降低商品价格。运输费用的降低可以使更多的产品生产者进入市场参与竞争，使消费者因竞争而得到好处。因为如果没有运输，离市场近的厂商就可以影响甚至垄断市场，他们可以决定商品的市场价格，而高效的运输系统和廉价的运输可以扩大市场销售范围，使离市场更远的厂商进入市场并参与竞争。这样，商品的市场价格将通过公平竞争和市场机制决定。实际上，由于劳动分工和地区专业化的作用，商品的市场价格很可能是由远方供应者决定的，因为他的生产成本最低。因此，正是由于运输系统的存在鼓励了市场竞争，也降低了商品价格。

运输与土地利用和土地价格之间存在密切的关系。高效、廉价运输可以使土地获得多种用途，如果没有运输将产品送到远方市场，很多土地将变得无用或用途很小。运输条件的改善可以使运输延伸到的地区地价增值，从而促进该地区的市场繁荣和经济发展。

4. 运输有利于劳动的地区分工和市场专业化

运输有利于生产劳动的地区分工，一个较为简单的情形是：假设 A、B 两地各生产某种产品 a 和 b，A 地生产 a 的成本较低，因此价格低廉，而 B

地生产 b 的耗费也相对较低,同样能以较低的价格出售。在这种情况下,每一地区生产它最适宜生产(劳动耗费低)的货物并相互交换是对双方都有利的事情。但如果 A、B 间的运输费用非常高,以至于抵消了专门从事该种产品的生产和交换所能得到的利益,那么两地间的交换就不会发生。结果是 A、B 两地都必须拿出一部分土地、劳动力和资金来投入对方生产成本较低的那种产品的生产,这时,运输就成了地区劳动分工和贸易的障碍。然而,当 A、B 两地间存在高效、廉价的运输后,这个障碍就会被解除。由此,根据比较利益原则,运输能够促进生产劳动的地区分工。在劳动的地区分工出现后,市场专业化的趋势也会逐渐显露,这就使某一个地区市场在产品的销售上会更加集中在某一类或某几类产品上。市场专业化将大大减少买卖双方在收集信息、管理等方面的成本支出,减少市场交易费用。

上述分析表明,运输与市场是一种相互影响、相辅相成的关系。运输的发展、运输条件的改善有利于开拓和繁荣市场,促进交换,而市场的不断发展,市场规模的不断扩大,又会对进一步改善运输条件提出要求,从而刺激运输系统的进一步完善与发展。运输与市场正是在这样一种相互影响、相互作用当中发展、演化、变迁。

第四节　运输市场的要义、特征与结构

一、运输市场的理论要义

健全的宏观市场体系是市场经济制度正常运行的基本条件。市场具有不同的类型,各类市场及市场要素所形成的有机整体,构成了市场体系。对于健全与完善的市场体系来说,要保证其正常运行,不仅需要各类市场齐全,同时要求他们之间相互协调,相互补充。

运输市场是宏观市场体系的重要组成部分,在国民经济发展中具有十分重要的作用。

1. 运输市场是宏观经济市场体系的重要基础结构

运输业是国民经济发展的基础行业,是经济社会发展的基本物质条

件。运输生产是社会生产在流通领域内的继续,并且为了流通过程而继续。社会生产以消费为终结,运输是连接生产与消费的桥梁与纽带。生产资料和生活资料以怎样的速度进入生产消费和生活消费,在很大程度上取决于运输业的发展和运输市场的完善程度。作为国民经济的基础结构,运输业的发展影响和制约其他行业的发展,作为宏观市场体系的重要组成,运输市场的正常运行影响整个市场体系的正常运行。

2. 运输市场是有效配置运输资源的手段和方式

在市场经济条件下,市场是占主导地位的资源配置方式,它通过市场机制的作用,实现资源的优化配置和利用。在市场配置条件下,产品的稀缺程度,资源的调剂分布主要通过市场价格来反映。

在市场经济条件下,运输市场是运输资源配置的主要手段和方式。在运输市场中,运输企业是独立的市场主体,具有经营决策权和资源配置权。在资源配置方面,各决策主体根据市场规定和资源配置效用最大化原则决定资源的使用和配置,他们的决策决定了运输市场上的供给与需求,并以此为基础形成了经济活动体系和资源配置体系。在运输市场上,不同经济主体拥有各自的财产所有权和控制权,从自身的利益出发,他们将极力寻求资源配置效用的最大化,动力机制十分明显。

在市场配置条件下,运输资源要素的流动和分布由市场供求决定,显示供求情况信号的是运输价格。运输业需要根据市场供求情况决定把有限的资源投放到最有用的地方,使其产生最大效益。在市场机制的作用下,不同经济主体尽力实现资源的有效配置和生产要素的最佳组合。

3. 运输市场能够调节一定的经济比例关系

在国民经济发展中,不同行业间以及行业内部客观上存在着合理的比例关系。经济制度、环境和政策的变化会影响上述比例关系的变化,这些变化可在市场关系中得以反映。运输市场调节经济比例关系主要表现在以下几个方面。

(1)在宏观方面,运输市场能够调节运输业与国民经济其他行业的比例关系。当全社会运输需求增大时,客观上可以刺激投资流向运输部门,从而使运输供给得以增大;当运输需求减少,运输供给过大时,又会使资源流向其他行业。

(2)在运输业内部,运输市场调节着不同运输方式在市场中的合理比例关系。不同运输方式具有不同的技术经济特征,在市场上表现出不同的特点和竞争力。在市场的作用下,不同运输方式会相互补充,并逐渐形成适应宏观经济发展,适应社会需要的比例关系,使整个运输系统达到低成本,高效率。

4. 运输市场能够刺激运输业的发展

运输市场客观上能够强化运输企业参与市场竞争,并以此推动运输业向前发展。有市场就有竞争,市场竞争能够促进运输企业提高效率,降低成本。市场竞争的结果是优胜劣汰,那些不断提高运输系统效率并注重降低成本的运输企业,在竞争中必定会战胜那些效率低、投入大回报小的运输企业,运输业在竞争中实现发展与完善。国内外运输业的发展历史证明了运输市场在促进运输业的技术进步和运输体系整体发展方向的重要作用。

运输市场无论从宏观经济方面还是从微观经济方面来讲都具有十分重要的作用。该如何理解和把握运输市场的理论要义呢?本书作者认为,运输市场本身是一个包含多层次、多方面内容的概念,具体包括以下内容。

(1)运输市场是运输产品交换的场所,也就是买卖双方发生联系和作用的地点。这个意义上的运输市场是一个地理概念,通常理解为运输产品交易的场所,例如某些特定的运输产品交易点。

(2)运输市场是运输产品的流通领域。运输活动本身是社会生产在流通领域的继续。然而,运输产品本身也需要在市场上交换(虽然它是无形的)。这个意义上的运输市场反映的是运输市场上的交换关系和经济联系的总和。它强调运输产品的交换,以及伴随着这种交换过程所产生的信息流、货币流等等,从而突出运输市场对社会再生产以及运输生产的调节功能。由于每一个运输产品的提供者都与同类产品的提供者发生联系,他们又与不同商品的生产者、中间商或消费者发生联系,因此作为运输企业,必须要研究运输市场上的各种关系,才能适应市场的变化和发展。

(3)运输市场是运输产品供求关系总和。从这个角度认识和分析,运输市场是由劳务、资金、设备、技术、信息等供给和需求所构成的。这个意义上的市场概念强调的是买方、卖方力量的对比和结合,“买方市场”和“卖方市场”就反映了这一概念下供求力量的对比结果。根据买卖双方在市场中的地位和供求态势来分析运输市场是掌握市场变化的一个十分重要的方法。企业要根据市场供求规律来调节其生产和经营,了解市场的供求变化态势显然是一项基础工作。

(4)运输市场是在一定时空条件下对运输产品的需求(现实需求和潜在需求)总和。对运输产品的需求总和是由运输者消费者群体表现出来的,包括现实需求和潜在需求。当人们说“中国的运输市场很大”时,并不是指运输产品交易场所的大小,而是指中国对运输产品的需求很大。今天,在论及运输市场问题时,更多的是指这一层面意义上的运输市场。

二、运输市场的构成

运输市场是一个多层次、多因素的集合体,它由多项要素所构成。构成运输市场的要素主要包括以下几个方面。

1. 运输需求者

这是具有现实或潜在需求的单位、组织和个人。运输需求者是构成运输市场的重要因素。运输需求者的总体数量以及单个运输需求者的需求状况决定运输市场的总体需求规模。在分析运输需求者这一概念时,有必要区分运输需求与运输需要之间的差别。在经济学中“需求”与“需要”是两个具有不同含义的概念,需要是一种要求和欲望,是人们在没有得到某种满足时的一种感受状态;需求则是指消费者在一定时期内愿意并且能够购买的某种商品和劳务的数量。需求这一概念包括两个方面的规定性,一是消费者的购买意愿,二是消费者的购买能力。对商品的需求是以消费者的购买意愿为前提的,消费者如果具备实际支付的能力,但无购买意愿(例如倾向于储蓄),就不能形成需求。购买意愿又是以实际支付能力为约束条件的,无论消费者的购买愿望有多大,如果不具备支付能力,也不能形成需求。由此看来,运输需求是指有支付能力的运输需要,或者说,愿意并且能够购买人或货物空间位移的数量表现。

运输市场上的需求方构成比较复杂,包括各类部门、企事业单位和个人。这些需求者在运输需求的质量、数量等方面存在较大差异,客观上形成了不同层次、不同类型的运输需求。

2. 运输供给者

这是提供各种客货运输服务,满足需求者空间位移要求的各类运输者。运输供给者是运输市场上的卖方,向市场上提供各类运输产品。每个运输供给者所提供的运输产品数量和质量,决定于他们所拥有的相关运输资源的数量和质量。运输供给者的构成同样比较复杂,它由具有不同经济性质的企业和其他经营者组成。

从一般意义上讲,由于资源的稀缺性,运输供给在一定条件下是有限的。同时,运输供给在不同的时空条件下又是可以变化的,或者说它具有一定弹性。随着生产能力的提高和科技进步的加快,运输供给也表现出不断扩大的趋势。然而,从运输市场上的供需情况来看,不同的运输供给者所提供的运输产品并不一定都是能够满足市场需求,这就出现了有效运输供给问题。有效运输供给是符合运输市场需求的供给,有效运输供给小于总的运输供给,因为市场上总存在一部分不符合市场需求的供给。运输市场中的供给者并非完全都提供一种有效的供给,因此,随着市场的不断变化,运输供给者也在不断调整和变化自己,以使提供的产品更符合运输市场上的需求,提供更多的有效供给。

3. 运输中介者

这是为客货运输需求与供给牵线搭桥,提供各种客货运输服务信息及运输代理业务的企业或经纪人。随着经济的不断发展,市场上各种信息也越来越多,对于消费者来说,获得有关信息是进行购买的前提和基础。一般来说,运输需求者总是想获得(购买)服务上乘同时价格又合理的运输产品,获取有关方面信息是进行购买的前提条件。然而,获取信息是要有代价的,完成交易要付出时间和精力,这种代价对于单个运输需求者来说又可能是比较高昂的,因此,市场客观上需要一种专门从事这项服务的“人”,能够开展这方面的业务,以减少市场交易成本。当运输中介者出现后,越来越多的运输需求者开始把服务要求转向运输中介者。由于运输中介者从事专业化的中介服务,因此,其工作效率相对更高,运输供给者也乐于通过专业化的中介机构来扩大他的市场。

随着运输市场的不断发展,运输中介已经成为市场中的一个不可缺少的阶层和集团。由于专业从事中介活动,运输中介服务成本相对较低,在扩大市场范围、促进运输交易发展方面也发挥着越来越明显的作用。例如在空运事业十分发达的国家,空运代理被广泛采用。美国有空运代理商 20 000 余家,英国有 4 000 余家,日航国际客票的 60% 和旅客预约订座业务的 95% 是由代理人承办。铁路运输代理在各国发展同样十分迅速。

4. 政府

现代市场经济条件下,政府在经济活动中的地位和作用越来越明显,这种作用是其他经济主体不可替代的。在一些特殊的经济领域,如运输市场中,没有政府的参与就无法实现正常运转。虽然一些人认为,经济的发展应当有足够的自由,政府不应对经济发展和市场运行进行干预,在交通运输方面,类似的观点是:一个功能完善的运输市场,可以根据运输消费者的需求和供给者的资源状况,由市场规律和价格机制调整和决定市场的运行。然而事实并非如此,由于市场不是万能的,在调节经济发展中存在着缺陷,因此,政府对经济的干预是必要的。在运输业方面,运输市场的特点决定了它在某个时期某些地方可能极端的垄断,而在另一个时期另一些地方又极富竞争性,过度的垄断和竞争对运输市场都是不利的,有时甚至是灾难性的。因此仅仅依靠市场本身来调节运输供求,决定运输业的发展是不够的,运输市场不能解决所有问题,政府需要在运输市场中发挥必要的作用。

政府作为运输市场的组成部分之一,多数情况下并不直接参与企业的具体经营活动,而是通过制定有关法规、法律、政策来规范和影响这一市场。在运输市场上,政府代表的是国家和一般公众的利益。

三、运输市场的特征

同其他市场一样,运输市场是以商品交换为主要内容的经济联系形式,它是运输生产者与消费者之间相互联接的桥梁和纽带,因此,它具有一般商品市场所具有的特征和属性。除此以外,由于运输业本身的特点,决定了运输市场具有一些与其他市场不同的特征。

1. 运输市场具有较强的空间性和时间性

运输业本身的特点决定了它所遍及的空间十分广泛。人类发展到今天,除个别地区外,现代运输方式几乎遍及所有人类存在的地方。运输线路纵横交错,运输网络遍及全球,运输把城市与乡村,企业与市场紧紧联系在一起,运输产品的交换遍及了经济发展的所有地区和范围。

运输市场中的需求(运输需求)表现出了极强的空间性与时间性。

(1)运输市场的空间特征。有人类生存的地方就有运输需求,运输需求的大小依赖于当地的社会、经济、文化、科技等方面的发展水平。在不同的国家或同一个国家的不同地方,运输需求具有很强的区域不平衡性(空间上的不平衡性),甚至在同一条运输线路(航线)的不同方向上,运输需求也具有明显的差异性。运输需求空间分布的特性决定了运输市场的空间分布特征。

(2)运输市场的时间特征。无论是旅客运输还是货物运输,往往都与季节变化有着特定的关系。在不同的时间和季节当中,运输需求在数量、内容、结构等方面存在明显的差异。在一段时间内,运输需求可能表现出非常的旺盛,而在另外一段时间内,运输需求又可能表现出极度的低迷。运输需求的季节性变动,使运输市场的时间特征十分明显。

由于各种因素的影响,运输市场在空间和时间方面都存在着不均衡性,平衡运输需求,实现均衡运输是运输供给者努力追求的目标。

2. 运输市场中的需求——运输需求是一种派生需求

运输需求是人与货物在空间位移方面表现出的有支付能力的需要(注意,需求与需要不同)。较之其他类型商品需求而言,运输需求具有一种特性,那就是它基本上是一种派生需求。一般情况下,当一种商品或劳务的需求是由另一种或几种商品或劳务的需求衍生出来时,这种需求就称为派生需求,衍生派生需求的那种需求则称为本源需求。

派生性是运输需求的一个重要特征。在多数情况下人与货物在空间上的位移不是目的而是手段,是为实现生产或生活中的某种其他目的而必须完成的一种中间过程。旅客出行可能是由于工作需要,如参加会议、商务谈判,或其他事宜;也可能是生活需要,如外出旅游、探亲访友等。货物运输基本上是基于生产或销售的需要,如生产所用原材料的运输,产成品抵达销售地的运输。运输需求的派生性决定了运输需求的大小决定于社会经济的发展、居民生活水平的改善、企业生产经营状况以及不同地区间的经济联系等因素。

社会生产状况以及人们的生活方式，衍生了运输需求在时间上和空间上所具有的特性。某些产品，如瓜果、蔬菜等在生产和销售上具有很强的季节性，由此导致了在运输需求上也具有很强的时间性。旅客运输在时间上的波动更为明显，上下班时间、节假日期间往往是旅客运输的高峰期。运输需求在时间上的波动性是由人们的生产和生活方式所决定的。

从空间角度看，任何一项运输需求都有空间上的特定性。某一个人或某批货物从一地运到另一地，其空间特性十分明确，这显然是生活或生产中的某种需要所引发出来的。

运输需求的派生性决定了它必然受到衍生这种运输需求因素的影响，如社会经济的发展水平，自然资源的分布情况，生产力布局，人口分布及消费水平的分布差异等。国民经济及各部门发展的景气情况能够通过运输需求的变动很快反映出来。

3. 运输市场上出售的是非实物性产品

运输业不像工农业那样改变劳动对象的性质和形态，它只是改变它的空间位置，因此，运输业的产品是运输对象的空间位移。

运输产品——位移具有三维属性，即时间性、空间性和量度性。一定的位移都是在一定的时间内完成的，这是它的时间性；一定的位移又都是在一定的空间范围内和一定的方向上完成的，如从 A 地至 B 地；位移本身是可以量度的，采用的是复合量度单位，即货物吨公里，旅客人公里。用复合单位计量运输产品能够比较全面地量化反映位移的大小，因为对于承运者来说，位移不仅有时间性和空间性，同时还有“被运输者”的大小、重量等。

运输市场上出售的商品（位移）实际上也是一种运输劳务，它具有以下特性。

（1）不可感知性。运输产品本身是无形无质的，无法用触摸或肉眼感知其存在。消费者在消费这种产品之前，无法用预先的“观察”和其他手段了解它的性能或质量。消费者在消费这种产品之后，同样没有留下任何具有实物形态的东西（除了车、船票，纪念品等），对于消费这种商品所能得到的利益（独特的、与其他商品不同的），消费者往往要经过一段时间后才能有所感觉。

(2)不可分离性。实物产品从生产、流通到最终消费要经过一系列的中间环节,生产与消费相互分离,并存在一定的时间间隔。相比之下,运输的生产具有一定的特殊性,那就是运输的生产与消费过程在时间上完全融合在一起,无法分离。运输生产开始之时,也是运输消费开始之时,而运输生产过程结束,运输的消费过程也告结束。运输的生产者和消费者同样不可分离,它们必须相互作用和联系才能使生产和消费顺利完成。

(3)不可储藏性。运输产品的无形性以及生产与消费同时进行的特点,决定了运输产品具有不可储藏性。生产者无法将产品预先生产好,储藏起来,以备将来出售;消费者也无法将产品购回,慢慢使用。然而,运输供给者总是要将各种设备(能力)提前准备好,以备市场需要时使用。对于运输供给者来说,生产出来的运输产品必须尽量使需求方及时、完全消费,否则就会造成浪费(如车、船、飞机的空位等)。运输产品如不能及时出售和消费,它的损失不像有形产品那样出现库存积压等,它仅仅是表现为机会的损失和折旧的发生。然而,这种损失一旦出现就无法弥补,因为生产出来的运输产品如果不同时消费,这种产品随即就会消失,而库存中的有形产品在一段时间之后仍可能会全部售出。对于运输供给者来说,如何解决运输产品供求不平衡是十分重要的问题。

(4)缺乏所有权。运输产品在生产和消费过程中不涉及任何东西的所有权转移。由于运输产品不具有实物形态,又不可储藏,所以,运输过程结束后,一切都消失了,消费者并没有实质性的拥有运输产品或服务。例如,旅客乘坐火车从一地到另外一地,下车后,除了手中的车票(有时有些小纪念品),他没有得到任何其他东西,铁路部门也没有将任何所有权转移给旅客。

4. 运输市场上存在较多的联合产品(共同产品)

运输企业是为不同运输对象提供多种不同运输产品的企业,在多数情况下,它的设备是由多个个体(不同的运输消费者)联合使用的(例如同一列车中不同的旅客)。在铁路运输中,存在大量相同方向(起讫点可以不同)的客货流,他们共同利用铁路运输设备,形成各种联合产品,造成大量联合成本(或共同成本)。从理论上讲,当生产某一种的产品同时,导致以某一比例生产出另一些产品,而且这种连带产品与引起它的主产品保持着固定比例,就产生了联合成本。准确地计算联合成本具有一定困难,它给企业从供给角度分析市场竞争带来了一定的难度。

5. 个别市场的进入有一定的困难

个别运输市场(如铁路、航空等)的进入有一定的难度。由于运输企业的投资规模大,所以,一般经营者很难进入这一行业,这为许多经营者进入这一市场设立了一道屏障,同时也成为运输市场形成垄断的一个重要因素。虽然一些国家采取了一些措施和手段(如特许经营等)以减少外界进入的障碍,但总的来说,像铁路等运输市场的进入仍具有一定的难度。从另一个角度看,政府为使运输畅通以保证社会经济发展,保证人们生命安全,对于进入这一市场的经营者也进行较为严格的审查和管制(如城市公交、出租车运输业等)。

四、运输市场的结构

运输市场结构是具有多重含义、多个侧面、多重规定性的经济范畴。它包括空间结构、技术结构等不同内容。

运输市场的空间结构特性决定不同区域运输供给与运输需求的特征以及它们之间的关系。由于运输业的生产具有点多、线长、面广的特点,所以,运输业的组织形式反映了地理及组织方面的影响。很多运输企业是跨地区经营的,有些甚至是国际性的。不同地区由于人口密度、社会经济发展水平不同,其运输需求在数量、规模、内容等方面也具有明显差异。因此,依据地理区域划分运输市场,易于观察和分析运输市场的空间结构特征。

综合运输体系是由铁路、公路、民航、水运、管道 5 种运输方式组成,每种运输方式都有不同的技术经济特征,运输市场的技术构成是这 5 种运输方式以及它们各自技术内容不断发展的体现。

在 5 种运输方式中,铁路是十分重要的一种。在世界各国的经济发展中,铁路曾经或仍然发挥着十分重要的作用。在美国,铁路曾在近一个世纪的时间内在运输系统中居于主导地位,1896 年美国横贯大陆的铁路建成,为西部的开发以及整个社会经济的发展起到了巨大促进作用。进入20世纪以来,西方国家的铁路业出现了衰退,衰退的主要原因是其他运输方式的兴起与发展。然而,即使如此,铁路在交通运输中,特别是货物运输中,仍然发挥着举足轻重的作用。

在各种运输企业当中,铁路运输企业的资产规模一般比较大。以中国铁路为例,铁路局集团公司(独立的运输企业)的资产规模一般都在百亿元以上,营业线路里程少则一千多公里,多则几千公里,职工人数少则几万人,多则几十万人。随着科学技术的发展,铁路本身的技术结构也在不断发展变化,电气化铁路、高速铁路等新技术投入使用后,铁路在运营规模、服务质量等方面都向前迈进了一大步,未来铁路在综合运输体系中将会继续发挥其不可替代的重要作用。正因为如此,西方经济发达国家已经开始采取措施,重振铁路。

公路运输的组织形式与其他运输方式不同。汽车运输业包括了各种结构形式,它是由不同特点的公司组成的集团,这些公司有不同的特点,承运不同类别的商品,提供不同性质的服务。

在美国,汽车运输公司首先可以分为商业公司和企业所属运输公司,商业汽车运输公司为社会提供运输服务并收取费用,企业所属汽车运输公司一般从事企业自有运输,当它为社会提供运输服务时,也要收取费用。

商业性运输公司在城市或城际间运营,从事城际间商业运输的公司可以分为普通运输公司(满足运输需求,以公道的市场价格为社会服务)和合同运输公司(为特定的货主服务,而且订有长期的合同),如图1-5所示。

汽车运输中还有大量的私人车辆活跃于运输市场上。

汽车运输具有"门到门"运输的灵活特点,随着道路系统的扩展和完善,包括高速公路的不断发展,汽车运输的作用将会愈来愈明显。

水运是人类最早利用的运输方式之一。在铁路发展以前,货物的陆路运输既慢且贵,而水运则较陆路运输成本低廉。因而,国际贸易多经水上运输,这是沿海城市社会经济以及商业比较发达的主要原因。

水运从运输区域范围来看,包括内河(江、湖)、沿海和远洋运输,从业务范围来看主要分为港口作业和轮船(航运公司、远洋公司)运输两部分。港口负责货物的装卸和旅客的乘降,而轮船公司则负责旅客和货物

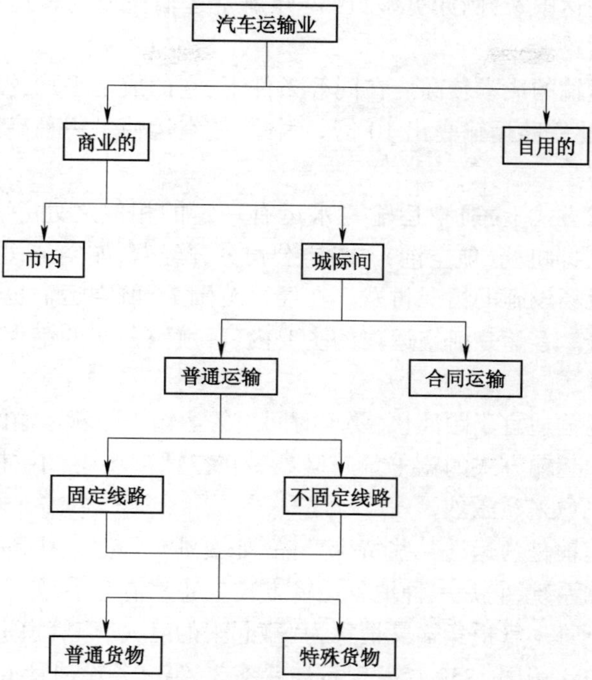

图 1-5 汽车运输市场结构

的运输(实现位移)。

水运具有运量大、运输成本低等特点,然而,与其他运输方式相比,水运对自然条件依赖较强,它基本上取决于天然河流和海域的分布,只有在具备水运条件的地方,水运才可能参与运输市场的竞争。

水运的竞争对手从外部来看,主要是铁路,因为这两种运输方式都具有运量规模大的特点,承运的货物种类也比较接近,如粮食、煤炭、矿石等。管道运输出现后,在石油及其产品相关的运输方面,水运与管道也存在较为激烈的竞争。

在运输市场上,航空公司提供的运输产品最突出的特点是时间短、速度快。现在,世界范围内多数地点之间的飞行时间不超过一昼夜,可以说,航空运输把地球变成了一个“村落”。速度快是航空运输的特点,也是它能够获得快速发展的重要原因,因为现代社会人们把时间看得越来越重。在发达国家,例如美国,1957 年航空运输完成的客运周转量就已经超过了铁路。

航空运输的成本较高。在同等条件下,它的成本平均约比汽车运输高出 3 倍,比铁路运输高出 10 倍。因此,航空运输是一种高速又高价的运输方式。

在经营方式上,航空运输与水运有一定的相似之处,实行“港航分离”的模式,即机场(航空港)与航空公司分开经营,航空公司根据起降次数和使用机场设施的情况付费。在经营范围上,航空运输也包括客运和货运两部分。客运是航空运输的主要内容,航空公司的绝大多数运输收入来自于客运。

航空运输适宜于距离长、要求时间短的运输。随着运输的发展,航空运输同其他运输方式的竞争日趋激烈。在空运市场中,不同航空公司之间的竞争也愈来愈激烈。

管道运输是为运送某些特殊产品,如石油、天然气、煤等而建立起来的特殊运输系统,它是一种地下运输方式。通常情况下,公众很少意识到它的存在,所以,管道运输又被称为“藏起来的巨人”。管道运输已有 100 多年的历史。美国 1859 年发现石油后不久,第一条输油管道就在宾夕法尼亚州兴建,并于 1865 年成功地投入运行。随着石油的大量开采,管道逐渐成为运输体系的重要组成部分。

与铁路运输相似,管道运输的固定成本比较高,可变成本比较低。大口径管道在接近其设计能力运行时效益特别明显,其总的运营成本很低。对于用户来说,管道运输除运价低廉外,还有两个有利于降低费用的因素,一是管道运输的产品损失率小,二是管道输送速度相对较低,使管道在一定程度上具有商品储存的功能,也就是说,当产品不是急需时,管道的低速输送可以看作是免费储存的一种形式。从市场的角度来看,管道运输仅仅包括石油和煤浆管道运输。虽然天然气也经过管道运输,但天然气管道不与其他运输方式发生直接的竞争,它的经营活动一般也不受到管制。

管道运输的竞争受多种因素的影响。一般来说,管道运输在市场上具有垄断性。在不同运输方式之间,管道的竞争对手主要是铁路和水运。

一旦两地之间建起了管道用于输油,除了铁路和水运,其他运输方式很难和管道竞争;相比之下只有水运的成本和管道比较接近,不过,水运受航道的限制和影响,其服务范围有限,所以在很多情况下难于和管道竞争。煤浆管道用于输煤时,其成本与铁路相近,所以在运送煤炭时,两种运输方式存在一定的竞争。

一定时期的运输市场结构取决于这一时期不同的运输方式的发展,不同国家(或地区)在不同时间内运输市场结构特征不尽相同,它是影响运输市场发展与变化的重要因素。

不同运输方式的比例结构是揭示运输市场特征的一个重要参数,它与不同国家或地区的自然条件、经济和技术发展水平以及交通运输政策等有关。表 1-1~表 1-4 显示了世界上一些国家在不同时期各种运输方式分担客货运量的不同比例。

表 1-1　美国各种运输方式所占市场份额　　单位:%

年份	货物周转量						旅客周转量				
	铁路	公路	水运	管道	航空	总计	铁路	公路	水运	航空	总计
1965	37.6	19.4	26.4	16.5	0.07	100	0.81	95.4	0.25	3.5	100
1970	34.7	18.7	27.0	19.5	0.12	100	0.61	93.8	0.21	5.4	100
1975	33.0	19.9	24.8	22.2	0.15	100	0.24	93.8	0.18	5.8	100
1980	30.7	18.6	30.8	19.7	0.15	100	0.13	91.0	1.37	7.5	100
1985	29.7	20.7	30.3	19.1	0.17	100	0.13	90.0	1.18	8.7	100
1990	32.4	23.0	26.1	18.3	0.28	100	0.12	89.8	1.04	9.0	100
1991	32.1	23.4	26.2	17.9	0.27	100	0.15	90.1	1.02	8.8	100
1992	32.0	24.4	23.7	17.6	0.29	100	0.15	90.0	0.98	8.9	100
1993	33.0	25.6	24.2	17.6	0.32	100	0.15	90.0	0.94	8.9	100
1994	34.0	25.7	22.9	16.8	0.33	100	0.14	89.6	0.92	9.3	100
1995	35.8	25.2	21.0	16.5	0.34	100	0.13	89.4	0.92	9.6	100
1996	36.4	26.1	19.0	16.6	0.35	100	0.11	88.9	0.93	10.0	100
1997	36.6	27.0	19.2	16.7	0.37	100	0.11	88.9	0.92	10.1	100
1998	37.1	27.7	18.1	16.7	0.37	100	0.11	88.9	0.93	10.1	100
1999	37.9	28.0	17.3	16.3	0.38	100	0.11	88.6	0.94	10.3	100
2000	38.8	28.4	17.1	15.3	0.40	100	0.11	88.3	0.96	10.7	100
2001	39.8	28.0	16.5	15.3	0.35	100	0.11	88.8	0.98	10.1	100

表 1-2 日本各种运输方式所占市场份额 单位:%

年份	货物周转量						旅客周转量				
	铁路	公路	水运	管道	航空	总计	铁路	公路	水运	航空	总计
1950	54.8	8.8	36.4	—	—	100	90.0	7.7	2.2	—	100
1960	52.8	15.0	35.5	—	—	100	75.8	22.8	1.1	0.3	100
1970	18.0	38.9	43.1	—	0.03	100	49.2	48.4	0.8	1.6	100
1980	8.4	40.8	50.6	—	0.07	100	40.2	55.1	0.8	3.8	100
1990	4.9	50.1	44.8	—	0.1	100	34.3	60.6	0.6	4.6	100
1994	4.4	51.7	43.9	—	0.2	100	32.9	61.5	0.5	5.1	100
1995	4.5	52.8	42.6	—	0.2	100	32.5	61.8	0.4	5.3	100
1996	4.4	53.3	42.2	—	0.2	100	32.0	62.0	0.4	5.5	100
1998	4.2	54.5	41.1	—	0.2	100	32.3	61.0	0.4	6.3	100

注:铁路所占市场份额包括私铁。

表 1-3 俄罗斯各种运输方式所占市场份额 单位:%

年份	货物周转量						旅客周转量				
	铁路	公路	水运	管道	航空	总计	铁路	公路	水运	航空	总计
1970	66.3	1.3	22.8	9.6	—	100	52.4	46.1	1.5	—	100
1980	54.7	1.6	18.0	25.7	—	100	36.8	45.7	1.0	16.5	100
1990	42.8	1.2	12.3	43.7	0.04	100	34.7	44.5	0.7	20.2	100
1994	33.5	1.0	11.2	54.3	0.04	100	38.1	49.5	0.2	12.1	100
1995	34.5	0.9	10.5	54.0	0.05	100	34.7	52.1	0.3	12.9	100
1996	34.4	0.9	10.9	53.8	0.05	100	34.8	52.0	0.2	13.0	100
1999	36.3	0.7	5.5	57.4	0.10	100	30.0	58.4	0.2	11.4	100

注:水运指海运与内河合计。

表 1-4 德国各种运输方式所占市场份额 单位:%

年份	货物周转量						旅客周转量				
	铁路	公路	水运	管道	航空	总计	铁路	公路	水运	航空	总计
1950	56.0	20.3	23.7	—	—	100	58.2	41.8	—	—	100
1960	37.4	32.0	28.5	2.1	—	100	16.1	83.3	—	0.6	100
1970	33.2	36.2	22.7	7.9	—	100	8.6	90.0	—	1.4	100
1980	25.4	49.0	20.1	5.6	—	100	6.8	91.4	—	1.8	100

续上表

年份	货物周转量						旅客周转量				
	铁路	公路	水运	管道	航空	总计	铁路	公路	水运	航空	总计
1990	20.6	56.7	18.3	4.4	—	100	6.1	91.3	—	2.5	100
1995	16.0	65.2	14.9	3.9	—	100	7.5	89.0	—	3.5	100
1996	16.0	66.2	14.4	3.4	—	100	7.5	88.9	—	3.6	100
1997	16.2	67.1	13.8	2.9	—	100	7.3	89.0	—	3.9	100
1999	14.5	69.6	12.8	3.0	—	100	7.6	88.2	—	4.2	100

从国内外的发展来看，似乎都存在一个共同的规律，那就是铁路、公路、水运承担的货运市场份额都发生了比较大的变化，其中以易于直接对照比较的两种陆路运输方式来看，其运输分担率的变化更为明显。不同国家和地区各种运输方式在运输市场中占有的份额不尽相同，但它们却可能存在某种共同的规律，即除去自然条件，它们与经济发展水平、技术进步和运输市场的发育完善程度存在某种特定关系，描述、量化这种关系，寻找中国各种运输方式最优的市场结构比例，是我们应当研究和解决的一个重要问题。

从空间结构上分析，运输业主要根据运营特点加以组织。一些运输企业在较小的范围内从事生产经营活动，另一些运输企业则在较大范围内（有些跨地区，有些是国际间的）从事生产经营活动。依地理区域划分运输市场，易于观察和分析运输市场的局部发展和整体平衡。从这个角度出发，中国运输市场可划分为东部、中部和西部 3 个大的部分，这 3 个部分在市场容量和需求规模上具有明显的不同特征。2016 年，东部、中部、西部完成的旅客周转量中，东部完成约 44%，中部完成约 32%，西部完成约 24%。地区间的不平衡，是中国运输市场的一个重要特征。

从企业的经济性质来看，中国运输业市场结构也发生了很大变化。过去单一的国有国营，已经被国有民营、民有民营、私人经营等多种形式所替代，很多大的运输企业已经逐步向公司制、集团公司、股份制公司的方向发展。运输企业多种形式并存的局面，除了在产权关系、经营方式上有较明显的变化外，它们在市场行为方式上也将出现多样化和灵活性。

从这一角度出发来观察运输市场,将会清楚地看到由于市场构成主体内在因素的变化所引发的一些新的市场现象。

思　考　题

1. 怎样认识运输的经济、政治和社会意义?
2. 什么是市场? 运输市场的内涵是什么?
3. 分析不同经济学家关于市场的论述。
4. 简述杜能的农业区位理论和韦伯的工业区位理论。
5. 结合实际,分析运输市场的特征。
6. 分析中国不同运输方式的比例结构的变化。
7. 分析中国不同区域交通运输量与经济发展之间的关系。

第二章　运输市场的历史演进与变迁

第一节　市场的产生与发展

市场伴随着人类商品交换活动的出现而出现。根据历史学家和考古学家考证,人类社会最初的交换活动出现在距今1万年以前。当时,人类社会开始从过去单纯的狩猎活动逐渐向农业生产方面过渡,同时饲养牲畜。这一时期,社会分工逐渐出现,有些人专事狩猎,有些人专事农业生产,而有些人则专事牲畜喂养。社会分工提高了社会劳动生产率,使得不同的人类群落(氏族、部落等)之间为了互通有无而时常发生一些交换活动。正如经济史学家诺斯描述的那样:市场作为一种基本经济范畴,有着悠久的历史,它是人类社会发展到一定阶段的必然产物。

随着社会分工的进一步发展和深化,不同的部落和氏族专门从事某方面的专业生产,他们的技能和熟练程度不断提高,各自的剩余产品也不断增多,于是,他们之间经常性的交换便出现了,而且似乎形成了一种习惯,就是人们往往选择人口相对密集,而且对于多数人来说又比较方便的场所定期集市,交换各自所需要的商品。渐渐地,这一地方就成为一个固定的交换场所,这是人类社会有形市场的雏形。"日中为市""因井为市"是对中国早期市场情景的一种反映,其意思是说在中午的时间里进行交换,把井边作为交换的场所。

市场作为人类社会发展到一定阶段的产物,它不是在一夜之间形成的,而是经历了缓慢的、逐步发展的过程。在这一过程中,社会分工促进了人类社会的生产和交换,进而也促进了市场的产生与发育。关于这一点,马克思在《资本论》中论述到:"各种使用价值和商品体的总和,表现了同样多的、按照属、种、科、亚种、变种分类的有用劳动的总和,即表现了社会分工。这种分工是商品存在的条件……只有独立的互不依赖的私人劳动的产品,才能作为商品相互独立。”马克思认为,商品交换的出现必须满足两个基本条件,即社会分工和私有财产制。如果没有社会分工,社会各成员间的劳动就不存在差别,那样,他所生产出来的商品就没有必要,也不可能交换;而如果没有私有财产制度,社会产品仍然归全体成员所有,那样即使存在社会分工,也不会有商品交换。

恩格斯在《家庭、私有制和国家的起源》中,通过叙述人类社会的三次大分工,印证了社会分工对于促进商品生产和交换,进而促进市场的产生与发展的重大作用。他认为,在人类社会处于原始社会初期时,极低的劳动生产力水平决定了原始部落通过劳动所获得的产品,只能满足部落成员维持生存所用。部落内没有剩余产品,因此,基本上也没有交换。即使有交换,也是部落与部落间偶然接触所发生的偶然交换。当人类社会从原始社会进入到野蛮时期的中级阶段时,第一次大分工出现了,游牧业与农业相分离,出现了专门从事游牧业劳动的游牧部落和专门从事农业劳动的农业部落。社会分工提高了劳动生产率,从而出现了较多的剩余产品,商品交换由此变得多起来。人类社会的第二次大分工是手工业生产从农业生产中分离出来,出现了专门从事手工业劳动的工匠,这使得劳动生产率得到了进一步提高,剩余产品更加丰富,商品交换也更加频繁。生产力水平的提高和商品交换的日益发展,激发了人们在更大范围内进行商品交换的愿望,当必要的交通运输条件和手段具备后,远距离的贸易(包括海外贸易)就出现了,于是商业又从其他行业中分离出来,从而出现了人类历史上的第三次社会大分工。三次社会大分工,一次比一次深入。从促进生产和交换,促进市场发育的程度来看,每一次分工都是革命性的。在论及市场的形成与发展时,列宁曾经指出:“‘市场’这一概念和‘社会分工’这一概念是完全分不开的。哪里有社会分工和商品生产,哪里就有市场。”

实际上,在研究社会分工促进生产和交换方面,我们可以追溯到更早的经济学家——亚当·斯密。亚当·斯密在其《国富论》的开篇就对扣针的生产与分工问题展开了讨论。扣针虽小,然而在亚当·斯密那个年代,对于一名没有受到一定职业训练的劳动者来说,即使他竭尽全力工作一天，可能也制造不出一枚扣针。然而，在专业化分工后，情况就大不相同了。生产扣针要经过18个操作程序，在一个只雇佣十几名工人的工厂中，每个工人只负责2~3种操作，经过他们每个人的努力，平均每天可制成扣针4 800枚。因此，亚当·斯密认为："凡是能采用分工制的工艺，一经采用分工制，便相应地增加劳动生产力。"亚当·斯密在这里所讲的扣针的故事，是关于劳动分工促进生产力水平的。显然，当社会劳动生产率水平提高后，剩余产品就会相应增多，交换就必然频繁，市场也就必然随之产生并迅速发展。

不难看出，人类处于原始社会早期时没有商品交换，自然也就没有市场。在漫长的发展过程中，不同部落间偶有交换发生，当偶然的交换发展成为有固定地点的经常的和大量的交换时，市场就逐渐形成了。在这一过程中，社会分工是基本的物质条件，也是促成市场产生与发育的媒介。

市场形成的第二个条件是私有财产制或财产权利的社会分配（这是仅就商品市场而言的）。所谓权利的社会分配是指不同产品或其他物品的权利归属于社会不同主体。在商品交换中，交换双方都是在先向对方让渡一种权利，同时从对方获得另一种权利。交换主体（市场主体）把一种权利合法让渡给对方的一个基本前提条件，是他首先要拥有这项权利，这就是私有财产制度。马克思说："只有独立的互不依赖的私人劳动产品，才作为商品相互独立。"如果经济中没有私有财产制度，社会仍处于原始共产主义，那样，即使存在社会分工，交换也不会采取权利交换即商品交换的形式。当然，如果只有权利分配而没有社会分工，权利就没有必要进行交换。社会分工使人们必须彼此交换自己的劳动产品，而权利分配则决定了这种交换形式只能采取商品交换的形式。从市场的形成来看，这两个条件缺一不可。

社会分工是市场产生和发育的前提条件之一，反过来，市场的扩大又极大地促进了社会分工在深度上和广度上的进一步发展。市场的出现，方便了交换，同时在一定程度上鼓励了竞争，刺激了经济发展。正如诺斯所说："人类的主要经济活动从狩猎采集业转到了发展农业……说它是一次革命，是因为这种转变为人类带来了基本均衡的激励机制的变迁。"

然而，当我们历史地考察人类社会的经济发展时可以发现，市场从出现到15世纪这段时期,其范围还十分狭小,交换行为主要限于农产品和手工业品。奴隶制和封建制的生产关系严重影响了市场的正常发育,使得它难以成为支配社会经济运行的主导形式,这种情况一直持续到封建社会的末期(在欧洲是15世纪,在中国则几乎是到20世纪初)。

中世纪的欧洲,以领主制为代表的封建制度占统治地位,在农村,庄园制是主要的制度形式。欧洲的庄园制具有以下一些特征。

(1)庄园制是政治经济的统一体。庄园主不仅拥有土地,同时也拥有在其土地上生活的人,他在整个庄园具有至高无上的地位。

(2)庄园中以强制性的农奴劳动为基础。庄园中的农奴终身依附于庄园主,并为庄园主耕种土地或交纳地租。他们被牢牢束缚于庄园之中,无权做出其他选择。

(3)庄园经济是一种高度的自给自足经济。庄园内部自行生产、自行消费,很少进行以货币为媒介的交换活动。不同庄园主之间有时也有商品交换发生,然而,交换的次数和交易的数量都很少。所以,高度的封闭性是庄园经济的一大特征。

在城市,虽然经济的封闭性和自给自足程度要低得多,但中世纪的欧洲城市工商业中的各行各业多数都处于行会垄断。行会有权规定产品的价格、质量和工艺标准以及工人的工资,并有权对违反行规的行为进行处罚。由于行会垄断了上述所有权力,当事人之间的交换或者交易就不可避免地带有很大程度的强制性。公平、自由交易的原则很难实现。在这种制度下居民也很难有自由择业的机会和权利,子承父业,一种手艺往往是世代相传,阻碍了技术的进步与发展。

可见,中世纪的欧洲无论是农村还是城镇,封建制度占据了统治地位,最基本的生产要素被固化,土地归庄园主所有,不能自由买卖,农民终身依附于庄园主,城市劳动者被紧紧束缚于行会之中。这种制度安排决定了社会各项资源的配置不是按着市场的原则进行的,而是由传统习俗和强大的行政力量决定。无疑,这极大地影响了商业交换活动,也决定了这一时期的市场只能是局部性的。不同的地方在货币制度、规章和法制制度方面不同,度量衡制不同,决定了商品的区域间流动十分困难,统一的市场也就无法形成。另外,商业发展也受到了思想上的严重束缚,在普通人眼里,商人被视作奸诈之人,教会严格规定,基督徒不可做商人。缺乏效率的制度和建立在这种制度上的意识形态严重阻碍了市场经济制度的发育,也使得经济的发展处于极度缓慢甚至倒退之中。

在中国,漫长的封建社会经历了几千年,它严重阻碍了市场和市场经济的发育和发展。实际上,在中国封建社会的早期,市场的发展也曾达到相当高的程度。公元前350年,商鞅变革就已经开始了"除井田,民得买卖",即当时的土地成为可以买卖的商品,这已经有别于欧洲封建社会的领主制。到春秋战国时期,中国商业发展已经相当繁荣,关于这一点,《史记》中有过这样的描述:"夫山西饶材、竹、穀、纑、旄、玉石;山东多鱼、盐、漆、丝、声色;江南出楠、梓、姜、桂、金、锡、连、丹沙、犀、玳瑁、珠玑……铜、铁则千里往往山出棋置,此其大较也。皆中国人民所喜好,谣俗被服饮食奉生送死之具也。故待农而食之,虞而出之,工而成之,商而通之。此宁有政教发征期会哉?人各任其能,竭其力,以得所欲。故物贱之征贵,贵之征贱,各劝其业,乐其事,若水之趋下,日夜无休时,不召而自来,不求而民出之。"

虽然历史上中国曾经有过市场发展比较繁荣的阶段,然而作为一种制度形式,它从来都处于官府严格的行政控制之中。

(1)在中国封建社会,"普天之下,莫非王土,率土之滨,莫非王臣"。土地财富尽为王朝贵族的,臣民百姓的财产权决定于达官贵人。

(2)封建社会时期,中国也有过较为发达的商品交换,而且拥有大量以专门生产商品为目的的手工作坊,乃至大型厂矿。春秋战国时期就有"工商食官"制度,即由官府开办工场、作坊,国家提供原料,生产的产品归官府使用,或由"司市"统一核价后出售。官商的出现和发展,严重影响了市场上正常的交换关系,封建买办,官商垄断,不公平竞争严重阻碍了市场关系的正常发展和市场的正常运行。

(3)市场受到封建官府的严格控制。统治阶层都对市场实行严格的管理,市井、市肆都在官府的直接控制之下。一般来说,大小市场均有专门的官员进行管理,这些官员不仅管理商品交易,而且还干预交易价格。

(4)封建社会的传统思想严重歧视商业和商人。"土地乃人之根本"是长期流行的指导思想,这种观念把人的思想和行为牢牢束缚于农业之上。从事商业的人被视为社会的底层,“无商不奸”是整个社会对商人和商业的看法和评价。

由此不难看出,市场在中国封建时期的发展是相当缓慢的。

15 世纪,世界历史的发展进入了一个转折点,这就是市场经济开始快速发展。诺斯说:“在欧洲,1450—1650 年这两个世纪中有两个显著特征,第一个特征是,大范围的探险、开发和贸易以及向新世界和印第斯的移民;第二个特征是,危机范围和政治—经济单位的结构转换。扩张的最终结果是使世界其他地区和西欧国家成为一体……结果是扩大了市场,增加了就业机会……由此产生的结构转换形成了过去三个世纪经济增长的基本条件。”

15 世纪以后,美洲和东印度航线的发现极大地拓展了人类的交往,使工场手工业和贸易及其他生产的发展空前高涨,对于促使欧洲封建社会的崩溃和资本主义的发展起到了重要的促进作用。交通工具的发展扩大了市场范围,缩短了商品流通时间,从而动摇了自给自足经济条件下人们之间的相互关系,促成了以物为媒介的普遍交往。

事实上,14 世纪后半叶,欧洲社会充满了不幸和灾难,战争、饥荒与瘟疫连绵不断,其结果是人口剧减,经济萧条。灾难和不幸虽然给欧洲社会上空蒙上了厚厚一层阴影,却也打破了固有制度的平衡,孕育着一场社会变革的到来。

人类社会进入 15 世纪,社会变革终于在欧洲发生,政治方面,中央君主政体取代了中世纪的封建领主制度。经济方面,随着贸易的不断发展,“有组织的要素市场和产品市场取代地区自给自足和实物交换……”最终在制度形式上确立了市场经济格局。

15 世纪后欧洲贸易不断发展,由于气候、资源条件和习惯等的差异所形成的不同区域间的贸易不断扩大,对外贸易也日益繁荣。“香槟市场处于萌芽状态的威尼斯、热那亚和意大利其他城市的地中海贸易,佛兰得金属和布匹贸易的城市化……”贸易的发展强烈刺激着处于萌芽阶段的市场经济。市场的繁荣和贸易的发展造就了社会上一个新型阶层——商人阶层的兴起。商人阶层的出现推动了贸易和交换的进一步发展。英国晚期重商主义的典型代表托马斯·孟(英国当时的商业资本家,政府贸易委员)在1621年发表的《贸易论》(该书副标题为:论英国东印度贸易:答对这项贸易常见的各种反对意见)中,提出了突破当时影响贸易发展的货币制度和政策限制的建议,并极力主张发展对外贸易。他认为商人在国家经济中占有重要地位。他说:“商人肩负与其他国家往来的商务而被称为国家财产的管理者。”政治制度的改革,封建行会的解体,贸易制度的建立与发展,商人阶层的兴起使得市场竞争趋向公平和自由。由于商人们不断经营更多的商品,而且在更多更远的地方发展贸易,从而大量增加了商业机会,促成了15~18世纪欧洲商业的繁荣,为在欧洲建立市场制度提供了历史契机。

为什么市场制度能够首先在西方世界的欧洲确立?为什么经济的快速发展首先出现在欧洲?诺斯指出:“有效率的经济组织是增长的关键要素,西方世界兴起的原因就在于发展了一种有效的组织。”欧洲商业和贸易的发展不仅推动了社会分工的深化,优化了经济组织结构,而且促成了市场体制的形成和建立。“贸易的扩张提高了……市场运行效率。市场的发展会减少交易费用,这符合规模经济。”

市场制度的建立为经济发展提供了强大推动力,也为产业革命的到来铺平了道路。“而产业革命及其所带来的社会经济变革则进一步巩固了市场经济制度,使市场成为支配整个社会经济运行的枢纽,成为进行社会资源配置的中心。”从欧洲产业革命到20世纪30年代的资本主义经济大危机约半个世纪中,市场制度作为资本主义经济运行的核心,所创造的生产力比过去一切时代所创造的全部生产力总和还大。诚如马克思、恩格斯所说的那样:“资产阶级在它不到一百年的阶级统治中所创造的生产力,比过去一切世纪创造的全部生产力还要多,还要大。自然力的征服,机器的采用,化学在工业和农业的使用,轮船的行驶,铁路的通行,电报的使用,整个大陆的开垦,河川的通航,仿佛用法术从地下呼唤出来……”经济社会如此快速发展的“法术”是什么呢?是市场制度。诺斯曾谈道:“制度在社会中起着更为根本性的作用;它们是决定长期经济绩效的基本因素。”为什么市场制度能对经济的发展产生如此强大的促进作用呢?这似乎与市场制度的特征有密切联系,概括起来说,市场制度具有以下几方面特征:具有较为完善的法律,法规;价格与竞争机制是调整经济运行的基本机制;存在各种不同类型的经济组织;市场竞争是增进个人福利的主要途径;具有一定程度的政府干预。

第二节 运输市场的历史演进

伴随着人类运输活动的产生与发展,运输市场从无到有、从小到大,经历了漫长的岁月,其中既有默默无闻的平淡,也有令人振奋的繁荣;既有缓慢的增长,甚至暂时的衰落,也有迅猛的扩张。运输市场的历史演进,映射了运输与经济发展之间的特殊关系,同时也反映了运输制度上的种种变迁。追溯和分析运输市场变化的历史轨迹,可以透视制度变迁对运输业乃至整个经济发展所带来的深刻影响。

一、萌芽时期的运输市场

人类社会从一开始就离不开交通运输,它是不同部落之间进行交换的基本手段。不过由于交通运输能力的限制,人类早期的活动区域被限制在一个十分狭小的范围之内。社会分工的出现使剩余产品逐渐增多,于是,人们开始将自己的剩余产品拿到市场上进行交换。交换活动刺激了对运输的需要,因为要实现交换,人员和货物必须完成从所在地到市场之间的位移。然而,人类早期的交换活动无论在数量上还是品种上都处于十分低下和简单的水平,这就决定了当时的运输活动只能是规模很小的运输。商业与其他行业的分离,对运输的发展起了非常大的促进作用,因为商业活动是与交通运输紧密相连的。中外历史上,商人的收购和长途贩运活动都依赖于有效的交通运输。商业活动的发展促进了对运输活动的经济需要,反过来,运输的发展又保证并进一步推动了商业交往的扩大,推动了经济和社会发展,交通运输与社会经济就是在相互影响、相互促进当中共同前进的。

运输活动与商业活动紧密相连,与市场密不可分。运输本身属于特定的经济范畴,运输活动受到特定的市场——运输市场的影响和制约。然而,运输市场并不是一开始就有的,它的出现晚于运输活动的出现,只有当运输成为一个相对独立的行业,运输活动本身能够作为特殊的商品出售时,运输市场才有了产生的物质条件和基础。

在远古时期,人类从事狩猎、采集活动,进行频繁的迁徙,都是凭借人力和畜力,这时的运输无论在手段上或是在能力上都相当落后,运输本身也没有形成相对独立的部门和行业。

在漫长的生产劳动和其他社会经济活动中,人类渐渐发明和创造出现在看来简单,但在当时却十分有效的交通运输工具和运输方法。沿河居住的部落为适应捕鱼和渡河的需要,创造出最简单的水上交通工具——独木舟,它使人们的活动范围比原来明显扩大了,从此人们可以跨越水域,在新的区域进行生产,进行交换。人类社会早期在运输方面的另一件大事是懂得了驯养牛、马、骆驼、大象等牲畜,用它们代替人类运送货物和供人骑乘。后来,人们学会了制造用牲畜来拉的车,中国商朝时期的甲骨文中已有表示车的象形字,说明车在这一时期已经出现,而且这时的车已经有辕和可供乘坐的车厢,人们显然已经掌握了“驾马服牛”的技术。

从驼队运输到马(牛)车运输,人类在运输方面已经大大前进了一步。“车”的出现,使得运输对“路”的需求明显增加了,因为要提高运输速度,加大“车”的负荷量,修筑道路是十分关键的。

最早的道路是极其简单的,几乎是天然形成的,后来人们对其加以整修,并根据需要开辟出一些新的道路,就形成了早期的陆路运输。水上航道是天然存在的,在人类懂得了利用水的浮力后,木舟、木船就成为帮助人类从事运输活动的最好工具。虽然说水上航道是天然形成的,但人们在利用天然航道的同时,已经懂得通过开挖人工运河,接通天然航道来扩大运输范围。中国早在春秋时期就开凿了胥河、邗沟和其他一些运河。秦朝的人工运河——灵渠在世界航运史上具有重要的地位,它的总体布局和具体设计都很科学。

人类早期的陆路、水上运输发展对推动经济、社会和文化等方面事业的发展起到了积极的作用,对于一个国家来说,运输在政治、军事等方面同样表现出十分重要的意义,因此,统治者对于运输设施的修建和保护都给予了高度重视,并积极发展与军事、国防有关的运输建设。

处于萌芽时期的运输市场,具有以下几方面特点。

1. 社会总的运输量不大

在工业革命产生以前,人类社会的生产力水平还十分低下,社会对运输的总需求量还很小。这一时期的人类社会基本上是以原始狩猎、采集并进一步发展到以农业生产为主。在这一时期出现了人类社会的三次大分工,虽然说每一次社会分工都促进了商品交换,并带动了运输发展,但由于社会经济发展的总体水平还比较低,所以整个社会对运输的需求并不十分强烈。

工业革命产生以前的人类社会,其基本特征是以农业生产为主。在以农业生产为主的社会中,人和货物的区域间流动比较少,这时的社会和经济发展以相对封闭和自给自足为主要特征。虽然商人和手工业者对运输有较大的依赖,然而由于其总量较小,所以,整个经济活动所产生的人和货物的运输需求量很小。

2. 运输工具落后,运输能力低下

这一时期,机械和其他更先进的运输工具还未出现,运输基本上依赖于人力、畜力和自然力量。在陆地上,马车、牛车是主要的运输工具,由于道路和车辆本身的原因,这种运输往往既费时又费力,费用高昂,运力低下。水上运输可以借助于水流和风力等自然力量,所以运量可以相对较大,运费也可以降低,然而,由于运输工具技术落后,使运输活动本身受自然环境的影响较大,例如,风浪过大时,船只无法航行,而如果风平浪静,船只前进的动力又会大打折扣(没有风力的推动)。在工业革命以前,船只的远航能力差,速度非常慢,地区间的贸易往来往往需要数月时间,而国际间贸易往来则需要更长的时间。

3. 运输的专业化程度低

在运输市场处于萌芽阶段时,作为独立的、专门的运输业基本上还没有形成,多数商人和手工业者需要自行承担相应的运输任务,例如商人需要自己组织车队或船队进行货物运输,从事贩卖。国家的运输则主要通过徭役方式完成。

由于运输业尚未成为独立和完整的行业和部门,所以运输在组织管理方面的专业性差,效率低,费用高。在运输需求比较小的情况下,运输设施、运输工具的增加和改进速度缓慢。

4. 运输的可替代性差

这一时期的运输基本上只有公路和水运两种方式，两种方式在技术上都十分简单和原始，可通行(航)的里程短，相互间的可替代性差。由于运输没有形成网络，两种运输方式间很难相互替代、相互竞争。作为运输本身来说，它是商人和手工业者从事生产和交换的一个重要环节，在这一时期，这个环节的工作主要由他们自己来做，所以，运输活动的商品属性还不十分明显。

5. 规范运输行为的规则已经开始出现

当生产和交易活动发展到一定程度时就需要制定一些规则，它是为决定人们相互之间的关系而设定的一些制约。在15世纪欧洲贸易大发展时代，市场规则就已经开始形成，人们在商品交换和贸易活动中用相应的规则制约和约束交换各方，使交换更加公平、合理，也更具有效率。在运输活动方面，虽然没有形成健全的市场规则，然而，有关规范运输活动的规定已经出现。例如，17世纪中叶，针对国内的运输状况，为提高道路的质量，从而提高运输速度，英国议会通过了历史上第一个道路收费法案，这个法案的原则是规定使用道路的人需要承担维护道路的费用，18世纪中叶，英国政府意识到良好的道路系统对国家的重要性后，开始大规模建筑道路并建立收费道路公司，道路收费制度才开始普遍实行。

二、成长时期的运输市场

伴随着工业革命的产生以及经济运输化现象的出现，运输市场逐渐成长起来，并且走向活跃和繁荣。工业革命发生于18世纪下半叶的英国，基本上结束于19世纪中叶。工业革命使人类的生产活动完成了从工场手工业向机械大工业的过渡。虽然工业革命前后仅有100年左右的时间，然而“资产阶级在它不到一百年的统治中所创造的生产力，比过去一切时代所创造的全部生产力还要多，还要大”。

(一)成长时期运输市场的发展阶段

经济的运输化是工业革命的一个重要因素，反过来，工业革命又为运输的进一步发展注入了强大的动力与活力，工业革命在促进经济发展的同时也使社会分工更加明细。蒸汽机的发明与使用标志着机械运输业的诞生,它使人类的运输生产活动进入了一个新的时代。伴随着运输的发展,作为配置运输资源的重要手段——运输市场逐渐发展起来,并且迅速成长和繁荣。从 19 世纪初人类第一艘用蒸汽机推动的轮船试航成功到交通运输系统日臻完善的今天,人类在运输方式和运输手段方面可以说发生了根本性的变化,作为调节运输资源配置的运输市场,伴随着运输方式和运输技术的变化,自身也经历了不断的演进与变迁。当我们审视和分析运输市场的变迁过程时可以发现,处于成长时期的运输市场,其自身的发展同样也经历了不同阶段。

1. 陆地马车运输阶段

之所以称之为陆地马车运输阶段,是因为无论从数量上还是从效率上比较,马车运输都无法与水运相比,然而它确实又是人类早期运输的一个重要过程。虽然人类很早就开始利用天然或人工水道开展运输,然而,在没有水域或水道的情况下,发展陆路运输几乎是唯一选择。早期的道路运输条件差,运输速度慢。据史料记载,1750 年以前,欧洲的一些国家,如英国,道路虽然不少,但条件非常差,路很窄,不仅两辆马车,就连两匹驮马也不能交错过去。美洲情况也是如此,很少有可以走任何类型有轮车辆的道路。于是,在不能利用水上运输的地方,大都是用驮马运输,驮马运输成为这一时期运输的主要特征。1750—1790 年,美国"所有重要城市都有人经营驮马运输的业务"。然而,驮马运输实在太昂贵,据资料记载,在美国,"从费城到伊利的运输费用为每吨 249 美元",相比较而言,"在很好的情况下,道路运输的运输费用可降低到每吨英里 10 美元。"因此,发展道路运输成为降低费用、提高效率的运输方法和途径。不过,修筑和维护道路需要投资,这笔费用从哪里来?显然要出自道路使用者。英国早在 1663 年议会就通过了第一个道路收费法令,这项法令的基本原则是要使用道路的人负担保养道路的费用,在收费制度广泛采用以后,道路情况开始明显变好。1750 年,英国各地有 143 个收费道路公司,维护着 5 471. 77 km 道路,到 1770 年,英国已拥有 2. 4 万 km 的收费道路,通行税制遍及整个国家。

美国在殖民时代,不仅道路数量少,而且情况差。1789 年后,私营公司修筑的良好道路逐渐发展起来,由于这种道路需要征收通行税,所以被称为收费道路(Turnpikes)。在收费处,道路中间有一栅门(Pole or Gate),它可以在立柱上转动,使用道路者只有在交纳通行费后,方可通行。1794年,由费城到兰开斯特的收费道路建成,由于这条道路在经营上的成功,导致了美国其他收费道路的修筑。到19世纪初,宾夕法尼亚州已成立了86个收费道路公司,经营管理约3 540 km道路;纽约州特许成立了135个收费道路公司,经营管理约2 414 km的道路。为鼓励收费道路的发展,美国很多州都给予道路收费公司一定的补贴。1822年以前,宾夕法尼亚州支付这种补贴近200万美元(每公里补贴约合1 000美元)。俄亥俄州认购了收费道路公司的股票达200万美元。最有名的收费道路之一是昆布兰路(有人称之为国家税收路)。该路在1806年由联邦政府修筑,总投资约680万美元。最初这条道路是由国会拨款维修,不收通行费,杰克逊总统执政以后,该路交给它经过的各州管理,于是这条道路途经的各州立即开始收取通行费。昆布兰路从马里兰州(Marryland)的昆布兰一直延展到俄亥俄州的威灵(Wheeling),后来又向西扩展,到达伊利诺伊的凡达里亚(Vandalia)。昆布兰路建成后,成为当时连接东部与西部的干道。在修筑这条道路之前,从巴尔的摩到达威灵旅行需要8天,修通后则只需3天。

不同收费道路公司所经营道路的路面并不完全一样。有些道路是用碎石压平铺成,有些道路是先铺碎石,再用卵石覆盖压平,而有些道路则仅仅是土路。木板路是美国道路发展过程中的另一种形式。这种道路是由铺在纵向行条上的厚木板构筑而成,它通常由私营公司修建,对通行者收取通行费。19世纪初,美国曾修筑了不少这样的道路。

约有3种不同类型的经营者在收费道路上从事运输业务,一种是合同运输者,他们为特定的货主服务,与货主签有长期合同,因此不向一般公众提供服务;另一种是沿路农民在农闲季节暂时性地从事此项业务;第三种是普通运输公司,他们拥有专业运输人员和许多车辆(马车)。

19世纪初,美国收费道路上曾盛行使用有篷大货车(Constoge Wagons),这种车有10.16~15.24 cm宽的车轮,能载重6~8 t,通常有6匹马牵引。在费城与匹兹堡之间最多有3 000辆这样的货车从事运输活动。

1830 年以后,马车运输逐渐走向衰亡,运河的发展和铁路运输的出现,使这种运输形式以及与之俱兴的各种活动走向终结。

2. 水运为主的时代

水运是人类最早利用的一种运输方式,不过,在运输市场处于萌芽阶段时,人类利用最多的还是天然水域和航道,利用人工修建运河,并且利用市场原则经营和管理则基本上是 18 世纪中叶以后的事。

我们先看看英国,英国是一个岛国,其沿海水运十分便捷,也十分发达。在内陆,道路运输虽然有过比较快的发展,然而它存在一个明显的问题,同时也是影响商品大批量、远距离运输的一个主要障碍,这就是运费昂贵。陆路运输不仅需要投资修筑道路,而且需要花钱制造车辆,运输过程中的费用也十分昂贵。于是降低运费就成为英国发展内河运输,特别是运河航运的一个主要动因。1759 年,英国开始修建其历史上第一条运河,主要用于运输煤炭。它起始于沃尔斯利,到达曼彻斯特,全长约 11 km。两年后,这条运河开通并运营,使曼彻斯特的煤价比原来减少一半。运河的建成给有关各方带来了巨大利益,也激发了英国建设运河的积极性。在建成第一条运河后不到 30 年的时间里,英国又修建了其他一些运河,形成了国内四通八达的内河航道,极大地活跃了当时的物资流通和商品交换,运输本身的交易活动也不断丰富。

美国从 18 世纪 90 年代开始建造运河,到 19 世纪初,美国已经形成了庞大的运河体系,总里程超过 7 081 km。1807 年,世界上第一艘用蒸汽机推动的轮船在美国哈德逊河试航成功,它标志着现代运输业的产生,同时也给水运业注入了强大的生命力,促进了内河运输的发展。

美国早期的几条运河是在宾夕法尼亚州,由私营公司建造和经营,主要用于运输煤炭,后来建造运河的多数是各州的企业。美国历史上最重要的一条运河是纽约州建造的伊力运河。这条运河从布法罗开始,一直延伸到哈得逊河上的奥尔班尼,全长 586 km,修建伊力运河耗资约 700 万美元。伊力运河打开了美国中西部之间廉价的运输通道,促进了运河两岸贸易和经济的发展,同时它在经营上也获得了巨大成功,仅仅 7 年的时间,其通行费收入就超过了全部修建费用。

伊力运河低廉的运输成本,加上经营上的巨大成功,激发了其他各州修建运河的积极性,导致了更多运河的通航。到铁路出现和广泛使用以前,美国的运河建造几乎到了无节制的程度,后来的事实证明,很多运河的建造是不合理的,为此一些州背负了较大的财政负担。尽管如此,开发运河仍然是美国运输发展史中一个十分重要的阶段,它在促进美国经济发展中起到了非常重要的作用。运河体系的建设,连通了五大湖及密西西比河,形成了美国近代强大的水运体系。运河的建设,大大降低了运输费用,加强了不同地区间的经济和文化交流,为社会运送了大量货物。铁路出现以后,一些重要的运河仍然在发挥着它的重要作用。1869 年,纽约运河中仍有 6 870 只船从事运输,这些船只在晚上看去灯火闪烁,犹如无尽的火炬行列。当其他运河由于铁路的使用而不复存在的时候,伊力运河的运量仍然保持了较长时期的增长,1880 年,运量仍然大于460 万 t。这也是为什么在一段时间内美国国内一直辩论究竟应该建设铁路还是应该建设运河这一问题的主要原因。直到铁路在美国迅速发展,并且它的优越性日渐明显后,运河才逐步失去它在运输市场中的主导地位。

中国建造运河的历史,早于资本主义发达国家。早在秦汉时期中国就已有了开挖运河的记录,例如秦汉时期开挖的灵渠把长江水系与珠江水系连接了起来。然而中国古代兴建运河的目的主要是用来运送粮食,为此,朝廷制定了相应的制度,设置了专门管理漕运的官员,组织了专门从事港运的漕军和漕夫,配备了专门的游船。漕粮的用途主要是朝廷用粮、军队用粮以及用于治河和救灾的需要。运河的建造主要是统治者为自己的统治服务,因而从它的修建到运营都不是按市场原则和商业原则进行的。因此,中国的运河发展没有在促进运输市场的发育上起到更大的作用。

3. 铁路运输为主的时代

1825 年,英国在斯托克顿至达林顿之间修建了世界上第一条铁路,从而揭开了铁路运输发展的历史,同时,也标志着铁路运输时代的到来。实际上,在这条铁路开通以前,铁路就已经出现,不过它不是用蒸汽机车牵引,而是使用骡马拖拽。在蒸汽机车发明之前,这种铁路也曾是陆路运输的一种改善,因为它利用了一个重要的机械原理,就是有轮车辆运行于平滑的轨道上,其阻力会大大减小。当利用蒸汽机车牵引车辆在轨道上运行的技术出现后,铁路运输在技术上产生了一个飞跃。

铁路运输产生以前,陆路运输的艰辛以及高昂的运费是它最突出的特征,这在很大程度上影响了没有天然水域的地区与其他地区的商品交流和文化交往。铁路运输出现之后,其运量大、速度快、成本低的特点明显地显现出来,修建铁路能够大大提高客货运量,降低运输成本,给商人带来巨大利润,于是修建铁路就几乎成为资本主义发达国家的头等大事。在世界上第一条铁路在英国出现后不到5年的时间里,法国、美国相继开通了本国的第一条铁路,随后德国、比利时、加拿大、日本等国也纷纷建起本国的铁路。

铁路的使用是人类在运输技术史上的一次突破和飞跃,它大大增强了人类克服空间障碍的能力。各国在铁路建成投入使用以后不久,就为它的高效率、低成本所强烈吸引和折服,于是又纷纷加大了发展铁路的力度。

(1)美国

美国是资本主义发达国家的后来者,从一定意义上说,正是铁路运输的快速发展才促进了美国综合国力的后来居上。美国1830年开通了国内第一条铁路,当时只有35.4 km,到了1900年铁路里程已经达到311 152 km,在短短的70年里,铁路运营里程增加约8 790倍。铁路的建设与发展极大地方便了人们的出行,加强了商业交往和贸易往来,促进了经济的发展。在铁路快速发展的19世纪60年代,美国出现了历史上第一次经济高涨期,其工业总产值比1810年增长了39倍,国内生产总值(GDP)比1830年增加了5倍。这一结果在很大程度上应归功于铁路的增长。在美国铁路的发展中,联邦政府给予了极大的支持和援助,如无偿赠送土地,将大量贷款用于修建铁路,允许铁路公司出售债券和股票等。大规模的铁路建设极大地促进了冶金、采煤、机器制造等行业的发展,促进了农业生产的增长,从而带动了经济的全面发展。1900年,美国出现了第二次经济高涨期,其工农业产值增长率超过了历史上的任何一个时期,煤、铁产量分别比1830年高出306倍和82倍,钢产量是1860年的1 035倍。在1860—1900年的40年间里,美国铁路营业里程由近5万km增加到31万km,1916年美国铁路的营业里程达到历史最高点——超过

40 万 km,如图 2-1 所示。由铁路发展而带动起来的钢铁、煤炭、机器制造、电器等行业在此时都已跃居世界首位。如同一些经济学者所说的那样,铁路建设是带动 19 世纪美国经济发展的中心。

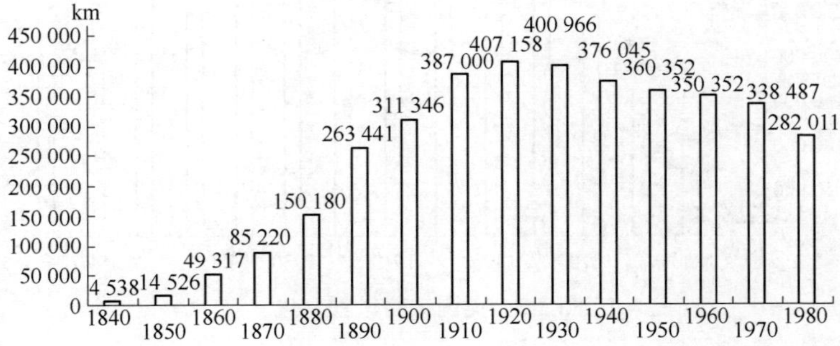

图 2-1　美国铁路里程变化(按 10 年计)

资料来源:(1)D·P·洛克林:《运输经济学》,1985 年 12 月。

(2)中国科学院经济研究所:《主要资本主义国家经济统计集》,世界知识出版社 1992 年版。

(2)英国

英国是最早出现铁路的国家,1840—1900 年的 60 年间是英国铁路的快速发展时期,铁路营业路程由 1 350 km 增加到 35 165 km,增加近 25 倍,如图 2-2 所示。铁路在速度、运量、成本等方面的技术经济优势使英国的内河航运失去了往日的光彩,铁路在运输市场中的"霸主"地位很快确立。铁路的发展极大地带动了其他行业和经济的发展,1840 年英国煤产量为 3 600 万 t,铁的产量为 142 万 t,到 1900 年,煤产量达到 22 880 万 t,而铁的产量则达到 910 万 t;国内生产总值 1840 年为 353 亿美元,1900 年则达到 1 435 亿美元。

(3)德国

德国是后起的经济发达国家,在 19 世纪 30 年代,当英国的工业革命即将完成的时候,德国的工业革命才刚刚开始。然而,经过 19 世纪后期的迅速发展,德国工业很快赶上了法国和英国,成为欧洲的头号工业强国。与 1870 年相比,德国 1900 年煤、炼铁、钢的产量分别增加了 4.4 倍、6.1 倍和 39 倍,GDP 则比 1870 年增加 2.2 倍。德国在 19 世纪的最后

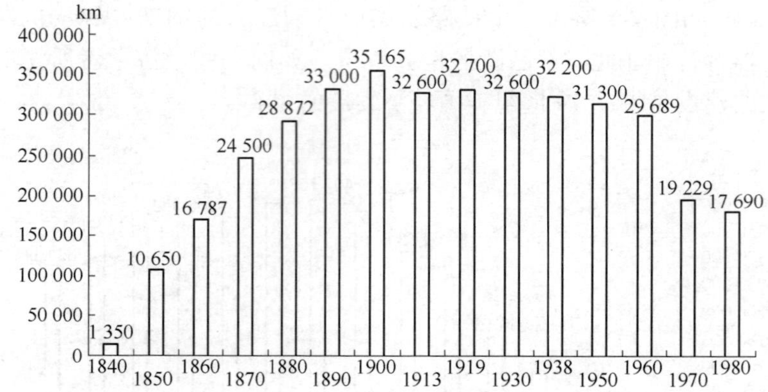

图 2-2　英国铁路里程变化

资料来源:同图 2-1。

30 年,出现了全境范围内的筑路高潮,铁路里程由 1870 年的 19 575 km 增加到 1900 年的 49 878 km,净增了约 3 万 km,如图 2-3 所示。铁路的发展得益于工业快速发展所引起的巨大运输需求,同时,铁路的快速发展也为工业和整个经济发展提供了必要的运输保证。

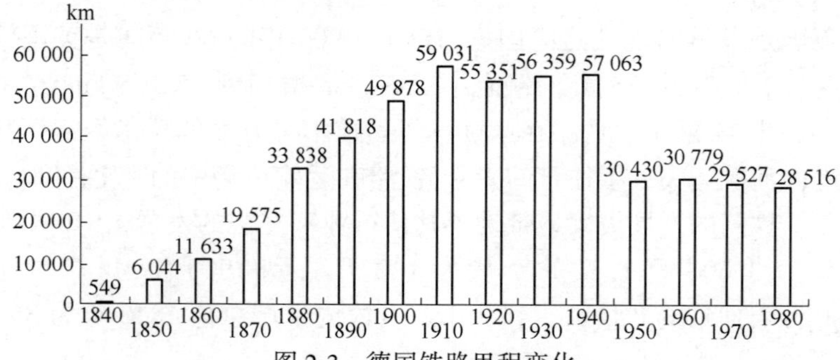

图 2-3　德国铁路里程变化

注:1950 年后数据为原联邦德国资料。

资料来源:同图 2-1。

(4)其他有关国家

在 19 世纪下半叶的几十年当中,法国铁路也有了迅速的发展。1870 年,法国铁路营业里程约为 1. 6 万 km,到 1900 年,铁路营业里程已达 3. 6 万 km,如图 2-4 所示。

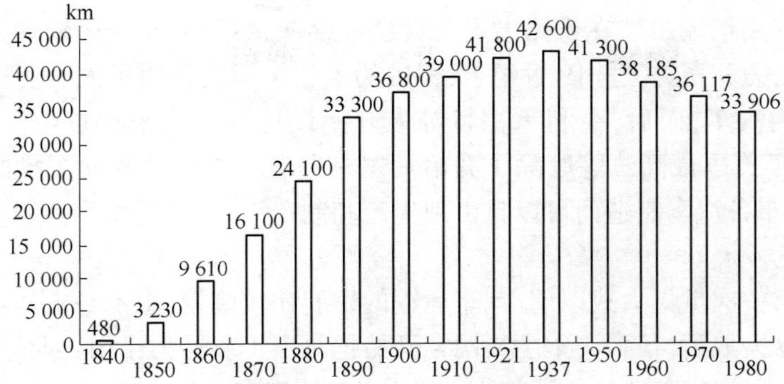

图 2-4 法国铁路里程变化

资料来源:同图 2-1。

在这一时期,俄国、日本等国也都加紧了铁路建设的步伐。俄国是1837 年才有了第一条铁路,但到 1870 年,铁路里程已达 6 400 km,而到1900 年则猛增到 5.3 万 km。日本建设铁路的历史更晚,1872 年日本开通第一条铁路,1900 年铁路里程也已增加到 6 000 km。

19 世纪后半叶到 20 世纪初,是世界铁路发展的高潮期,铁路作为工业革命的一个重要产物,作为"实业之冠",极大地推动了那些已经进入或即将进入工业化行列的国家经济和社会的全面发展。截至 19 世纪末,全世界铁路营业里程超过 65 万 km,而到 20 世纪 20 年代则已增至127 万 km。至此,工业化国家铁路网已基本形成。由于铁路能够快速、大量运送旅客和货物,具有高效率、低成本的特点,在长达一个世纪的时间里,它几乎垄断了陆路交通运输,也使工业布局摆脱了对水运的依赖,为经济发展深入内陆腹地提供了基本的物质基础和条件,铁路也因此成为当时工业高速发展的先导,极大地促进了工业化进程的步伐,促进了运输市场的活跃和繁荣。铁路在近一个世纪的时期内几乎成为运输的一种标志,是运输市场的主导者。

4. 公路、航空、管道运输崛起并迅速发展的年代

自 20 世纪 30 年代起,公路、航空、管道运输相继发展起来,成为运输市场中的新生力量。

(1)公路运输

道路运输虽然在铁路出现前就已经存在,然而那时的运输动力还停留在人力和畜力上。19 世纪末,德国的卡尔·本茨发明了人类历史上的第一辆汽车,而后,亨利·福特等人开始设计生产线来批量生产汽车。1911 年美国最高法院废除了乔治·塞尔登获得的汽油驱动车辆的专利权,宣布各汽车制造商可以自由地生产和制造汽车,从而大大推动了汽车工业的发展。

第一次世界大战以前,汽车运输的发展比较缓慢,也不稳定。在第一次世界大战后,很多资本主义国家开始把军事工业转为民用工业,这些国家对发展汽车工业给予了特别的关注,于是汽车的生产和制造开始迅速发展起来。

表 2-1 列示的是一些国家历史上不同时期的汽车生产量。

表 2-1 一些国家汽车产量 单位:万辆

年份	美国		英国		德国		法国	
	总量	小汽车	总量	小汽车	总量	小汽车	总量	小汽车
1900	0.4	0.4					0.2	
1905	2.5	2.4					1.4	
1910	18.7	18.1			0.9			
1915	97.0	89.6			1.9			
1920	222.7	190.6	9.5	7.1			4.0	
1925	426.6	373.5	16.7	13.2	5.7		17.7	12.1
1930	335.6	278.5	23.7	17.0	8.5		23.1	19.4
1935	394.7	325.2	43.0	33.8	24.3		16.5	14.3
1940	447.2	371.2	40.2	30.5			22.9	19.6
1950	800.3	666.6	78.4	52.3	16.2*	10.4*	35.8	25.7
1960	786.9	667.5	181.1	135.3	205.4*	167.4*	134.9	111.6
1998	1 200.3	555.4	197.6	174.8	572.7	534.8	295.4	260.3
1999	1 302.5	563.7	197.3	178.7	568.8	531.0	303.6	278.5
2000	1 277.8	554.3	181.4	162.9	552.7	480.3	318.4	288.3

注:* 为原联邦德国数据。

资料来源:中国汽车工业联合会:《中国汽车工业年鉴(2001 年)》,机械工业出版社 1989 年版,第 785~788 页。

以汽车工业发展最快的美国来说，1930年，私人拥有的小汽车已经接近2 300万辆，汽车总保有量达到3 000余万辆。

汽车运输发展的高峰是在第二次世界大战以后，这时汽车的制造技术已经比较成熟，一些国家在战后加大了在汽车工业方面的投资和建设力度。美国是最早发展起来的汽车王国，在第二次世界大战之前汽车工业就已经具备相当规模。第二次世界大战以后，法国、原西德等国家的汽车工业也迅速发展起来。在欧美国家的汽车产量和保有量激增的时候，战败的日本也在积极发展本国的汽车工业，并且很快登上了汽车王国的宝座，汽车生产能力的提高使日本汽车的保有量急速增加。欧洲、美国、日本等国家汽车工业的快速发展成为第二次世界大战以后最受人们关注的一件大事，形成了汽车生产与制造的三极世界，汽车工业成为带动这些国家经济快速发展的主要力量，同时也使交通运输的发展进入了以汽车为主的时代。20世纪50年代、60年代和70年代，世界汽车保有量的年增长速度分别为6%、8%和6%。

汽车数量的增加刺激了对道路的需求，经济发达国家开始花费巨资用于公路建设。第二次世界大战后，欧洲、美国、日本等经济发达国家先后建立起四通八达的公路运输网。以美国为例，1969年，公路通车里程已超过300万km，是铁路营业里程的15倍多。到20世纪70年代，西方经济发达国家已经基本建成了较为完善的公路运输网，在这以后，公路运输网在总里程方面的增长已基本停止，代之出现的是对现有公路网增加科技含量的技术改造。高速公路的发展，使公路运输跨入了一个新时代。高速公路的建设使得汽车运输在迅速、便捷、舒适等方面向前大大迈进了一步，也使公路运输的市场竞争力大大提高。

公路运输具有灵活机动、迅速方便等特点，这使它在短途客货运输中占据优势。随着车辆技术水平和公路等级标准的提高，尤其是大型载重专用货车、大型集装箱车和各种设施完善的长途客运汽车的发展，公路运输在运量和运输距离等方面都有明显的提高。在经济发达国家，公路运输已经成为运输市场的主导者。

从经济方面分析，公路运输的固定成本小，这一点与铁路不大相同。美国州际商务委员会的运输经济与统计局认为，汽车运输业固定成本不超过总成本的10%。相反,铁路运输固定成本较高,相对保守估计也超过50%,有时能达到总成本的2/3。比较而言,汽车运输市场的进入成本较低。

公路运输能迅速发展的另一个重要原因是,汽车运输企业的营业比率和投资回报率都高于铁路,见表2-2。

表2-2 美国一级铁路与城间一级汽车运输间的营业比率和投资报酬率对照

年份	铁路运输业		汽车运输业	
	营业比率	投资回报率	营业比率	投资回报率
1960	79.52	2.21	97.51	11.53
1961	79.16	2.04	96.11	17.83
1962	78.59	2.77	95.87	19.22
1963	77.95	3.07	95.90	18.53
1964	78.50	3.22	95.46	20.22
1965	76.90	3.73	94.80	22.56
1966	76.19	3.92	95.04	20.90
1967	79.15	2.48	96.36	15.07
1968	79.05	2.52	95.16	21.18
1969	79.18	2.38	95.96	17.14
1970	80.56	1.75	93.12	13.90

资料来源:D·P·洛克林:《运输经济学》,长沙铁道学院运输系1985年12月,第351页。

(2)航空运输

航空运输是20世纪产生并迅速发展起来的一种新型运输方式。1903年,莱特兄弟在美国的北卡罗来纳州试飞成功,拉开了人类航空运输的历史。第一次世界大战前夕,飞行器制造已有了明显进步,而战争促使飞机有了更进一步的发展。

美国最早使飞机进入民用运输领域。1918年,美国开始了航空邮件的运输,1925年开辟了第一条定期旅客运输航班(洛杉矶—圣迭戈),此后民用航空运输便走向稳步发展的道路。

1930 年,美国完成的航空客运量已相当于世界其他国家航空客运量的总和。到 1957 年,民航客运量已经超过铁路,成为公共客运的主要方式,见表 2-3。第二次世界大战以后,航空运输在其他一些国家,包括发展中国家,也获得了快速发展。

表 2-3 美国国内定期航空运输的发展

年份	始发旅客人数	接运货物吨英里
1930	385 000	
1935	763 000	1 098 000
1943	2 523 000	3 476 000
1945	6 541 000	22 175 000
1950	17 486 000	152 223 000
1955	38 221 000	229 966 000
1960	52 375 000	386 933 000
1965	84 460 000	943 128 000
1969	142 340 000	1 971 080 000

注:1 吨英里 = 1. 609 3 吨公里

资料来源:D · P · 洛克林:《运输经济学》,长沙铁道学院运输系 1985 年 12 月,第 414 页。

(3)管道运输

管道运输最早出现在 1865 年的美国,在宾夕法尼亚,美国修建了世界上第一条原油管道运输线,此后,前苏联等国也相继修建了管道运输线。管道运输技术的突破性发展是第二次世界大战期间,由于德国的海上封锁,迫使美国修建了当时管径最大、距离最长的输油管道。"第二次世界大战"之后,管道运输在世界各国相继发展起来。管道运输具有运量大、成本低、效率高、损耗小、不受气候条件影响、不污染环境等特点,因此成为许多国家运输政策中规定的重要发展对象。管道运输在货物运输中扮演着重要角色,特别是在原油、煤炭、天然气等产品运输上发挥着十分重要的作用。管道运输在货运市场的份额,美国 1993 年为 19. 3%,俄罗斯、德国、英国 1995 年分别为 54%、3. 9%、5. 4%,中国 1997 年为 2. 7%。

(二)成长时期运输市场的特点

从世界范围来看,运输市场的成长期基本上始于 18 世纪中叶,结束于 20 世纪 70 年代。发展中国家的情况很不平衡,很多国家运输市场的发展和发育相对较晚,其中也包括中国。作为国民经济宏观市场体系中的一个重要组成部分,运输市场在调节运输资源配置,促进资源的合理分配与使用,促进运输的发展,保持宏观上体系合理比例关系方面起到了重要作用。处于成长期的运输市场具有以下几方面特点。

1. 现代交通运输体系已经完全形成,运输能力大大提高

蒸汽机的使用是现代运输方式的开始,随着蒸汽机在水上和陆路运输中的使用,现代运输方式逐渐发展并壮大起来。工业革命的结果提高了运输动力系统的效率和水平,技术进步大大提高了各种运输方式的运输能力。人类社会几乎每一次重大的技术进步都能在运输部门得到体现,而有些技术革命本身就产生于运输领域。时至今日,驱动运输工具的动力系统以及所用燃料与蒸汽机与往日相比,已经发生了巨大变化。

以 5 种运输方式组成的现代交通运输体系形成并且完善于运输市场的成长时期。这 5 种运输方式在社会经济的发展中都发挥了重要的作用,不过在这一时期的不同阶段,其各自在市场中的表现以及发挥的作用存在较明显的差异。因此在运输市场总体上处于成长阶段时期,个别运输方式却可能经历了由成长到衰退的过程。然而一种运输方式的衰退往往是以另外一种或几种运输方式更加快速的成长为前提条件,各种运输方式相伴而生。成长时期的运输市场在满足经济和社会发展需要方面发挥了巨大作用,其本身虽然跌宕起伏,但充满了发展的活力。

运输业是一个需要耗费巨大投资的产业,为适应经济社会发展的需要,在高额利润的刺激下,经济发达国家在这一时期都对运输业投入了巨额资金。综合运输体系的形成以及运输网络的发展,使运输能力大大提高,也使市场范围更加广大。由于完善的运输体系的存在,经济全球化、市场一体化的目标得以实现。在运输市场的成长期阶段,人类在运输生产活动中的技术条件已经大大改善,克服时间和空间障碍的能力已经大大提高。正如罗依·桑普森所说:“运输系统是如此的完善和有效率,除非这个系统中的某一部分出毛病使我们感到不便,大多数人很少意识到它的存在。”不过,“这奇迹般的高效率和错综复杂的运输系统,如果没有过去的艰苦努力就不可能达到今天的先进水平”,“运输网的过去只是与

它现在的庞大规模相比,才让人觉得相形见绌。”在运输市场成长期阶段所形成的高效运输体系为人类社会经济发展提供了强大的物质保证。

2. 运输的专业化程度和运输效率明显提高

当运输市场处于萌芽阶段时,运输并没有成为一个独立的产业部门。商人从事贩运需要自己组织车马队,负责管理运输全过程;手工业者进行生产时需要自己解决原材料运输问题;农民在农闲季节可能提供一些临时性的运输服务……这个阶段,运输活动本身没有实现专业化,运输效率十分低下。

在运输市场进入成长期阶段后,运输逐渐脱离了其他行业,成为一个独立的生产部门,专门向社会提供运输服务。马克思认为,运输属于物质生产性活动,运输业是“第四个物质生产领域”,是特殊的生产和流通部门。随着运输活动独立性的增强和专业化程度的提高,运输效率和可靠性程度也大大提高,运输为经济和社会发展创造了必要的空间效用和时间效用,提供了高效的服务和保证。

专业化的运输服务不仅提高了运输的效率和可靠性,也使被服务者的运输费用大大降低。廉价的运输降低了市场的交易成本,促进了经济的快速发展。在市场的作用下,运输体系内部 5 种不同运输方式之间通过竞争与合作也实现了更加明确的分工。由于不同运输方式具有不同的技术经济特征,在竞争机制的作用下,各种运输方式向着最有利于发挥自身优势、最有利于降低运输耗费的方向发展,从而实现运输的高效率、低成本。处于成长时期的运输市场在提供运输服务过程中,分工愈来愈细,整个社会在运输专业化程度的不断提高当中获得了越来越多的利益和好处。

3. 运输需求不断扩大,运输量持续上升

社会经济的发展,工业化进程的加快,导致对运输需求的不断扩大。运输市场的成长期基本上始于工业革命的产生。工业革命的产生导致工业生产的急速发展,并引起社会运输需求的急剧增加,运输需求的不断增加又激发了运输的进一步发展。处于成长时期的运输市场经历了不同运输方式跌宕起伏、相继发展的不同阶段,在起伏与震荡之中,运输系统逐步趋向完善,运输市场也在成长与壮大,各种运输方式完成的运输量持续不断地上升。处于成长阶段的运输市场一个重要特点是,各国经济都出现了程度不同的快速增长(除去战争和其他特殊情况),市场的交易规模不断扩大,运输成为支持和保证经济发展最重要的部门之一。因此,在这一阶段,世界上大多数国家对运输发展都采取了积极鼓励和扶持的政策,运输基础设施在数量和规模上明显增加,完成的客货运输量也不断上升,运输市场在宏观市场体系中的地位和作用也格外引人注目。

在运输市场成长时期,新的运输方式相继出现,运输市场结构和格局发生了较大变化。例如,铁路的出现曾使运输市场长期处于垄断控制之下,而公路、民航、管道运输的产生和发展则使运输市场的竞争态势更加显著。运输市场正是在这种跌宕起伏中不断成长的。

三、成熟时期的运输市场

20 世纪 70 年代以后,运输市场的发展进入了一个新的阶段。宏观经济的发展已由主要依赖对初级产品加工、依赖产品的数量和规模,转向更多地依赖技术、依赖信息传递。信息产业成为经济发展的重要支柱产业,对信息进行收集、加工和传递成为促进经济发展的重要手段,其重要性也超过了完成物质空间位移的运输业。

信息化经济的发展使得产品结构发生了明显变化。粗、大、笨的初级产品运输需求相对减少,而高、精、尖产品的运输需求相对增加。这种状况使得运输业单纯从数量上看运量增加已十分有限,有些国家从运量总量上看已经基本停止了增长,甚至出现了下降的趋势。

美国著名经济学家库兹涅茨在对 57 个国家和地区的经济结构进行了分析后得出结论:当人均 GDP 低于 360 美元时,运输通信业产值占的比重在 5.2%~5.9%之间,变化幅度不大;当人均 GDP 在 360~864 美元时运输通信业产值所占比重增至 6.5%~9.3%,变化幅度较大;而当人均 GDP 达到 1 382 美元时,运输通讯业产值占的比重开始有所下降,并逐步稳定下来。

由于运输业曾是国民经济发展的新兴行业,在工业化进程的相当长的一段时期里,它是其他行业,包括能源工业、重工业、化学工业等行业和部门发展的先决条件,而这些行业和部门的发展客观上能够产生巨大的运输需求,由此将导致运输的迅速增加和运输产值的上升。所以我们在上面的分析中看到，在工业革命产生后一直到20世纪70年代的这段时期内，交通运输业在世界范围内有了迅速的发展（虽然在不同国家发展的速度并不一致），这一时期正是运输市场处于成长阶段时期。

当工业化进程和经济发展达到一定程度时，按库兹涅茨的观点，就是人均GDP达到1 382美元时，运输能力的积累已经基本满足经济和社会发展的需要，产业结构也会发生变化，深加工、高附加值的高、精、尖产品的比重会大大上升，而大宗原材料和粗加工产品所占比重则相对下降。其结果是，在运输业方面，运量可能在数量上达到峰值，然后出现若干幅度的下降。随着私人小汽车的发展，在公共客运方面运量的增长也将有所减缓。这些因素导致运输业产值比重有所下降。

表2-4列举了一些国家历年来GDP及部门的构成情况。

表2-4 一些国家历年GDP及部门构成（当年价格）

国别	年份	GDP	农、猎、渔、林业(%)	工业(%)	建筑业(%)	批发、零售、餐馆、旅馆(%)	运输、仓储、通信(%)	其他(%)
美国(GDP，百万美元)	1970	1 009 220	3	29	5	17	6	40
	1975	1 583 920	3	28	5	18	7	39
	1980	2 688 470	3	28	5	17	6	41
	1985	3 959 610	2	27	5	17	6	43
	1986	4 185 490	2	25	5	17	6	45
前苏联(物质生产净值，十亿卢布)	1970	290	22	51	10	11	6	—
	1975	363	17	53	11	13	6	—
	1980	462	15	52	10	17	6	—
	1985	578	20	45	11	18	6	—
	1986	587	21	44	12	17	6	—
原联邦德国(GDP，百万马克)	1970	675 300	3	42	8	11	6	30
	1975	1 026 300	3	38	6	11	6	36
	1980	1 478 940	2	36	7	11	6	38
	1985	1 831 850	2	36	5	11	6	40
	1986	1 936 950	2	33	5	不详	6	不详

续上表

国别	年份	GDP	农、猎、渔、林业(%)	工业(%)	建筑业(%)	批发、零售、餐馆、旅馆(%)	运输、仓储、通信(%)	其他(%)
日本(GDP,十亿日元)	1970	73 345	6	39	8	14	7	26
	1975	148 328	5	33	10	15	6	31
	1980	240 177	4	33	9	15	6	33
	1984	297 947	3	33	8	14	6	36
印度(GDP,百万卢比)	1970	402 630	43	15	5	10	5	22
	1975	743 440	38	16	4	12	5	25
	1980	1 358 120	34	19	5	11	4	27
	1985	2 617 330	20	21	5	11	5	38
	1986	2 927 870	28	21	5	11	6	29

注:(1)前苏联以物质生产净值代替 GDP 指标。

(2)除 GDP 标注单位外,其他指标单位均为%。

资料来源:郭廷结等:《交通运输领域重大科技决策》,人民交通出版社 1992 年版,第 8~9 页。

从表 2-4 中我们看到,工业发达国家的运输通信业产值比重 20 世纪 70 年代以后一直稳定在 6% 左右(发达国家的人均 GDP 在 20 世纪 50、60 年代已经超过 1 382 美元)。印度人均 GDP 低于 360 美元,其运输通信业产值所占比重为 4% ~5% 。说明其运输市场的发展尚未进入成熟期阶段。

从经济和客货运量的增长情况我们同样可以分析并得到相同的结论。表 2-5 列举一些经济发达国家的国民生产总值和客货运量增长速度之间的关系。

表 2-5 典型工业化国家国民经济与交通运输发展速度之比较

国别	年份	GDP 年均增长率(%)	货运总周转量年均增长率(%)	货运弹性系数	客运总周转量年均增长率(%)	客运弹性系数
美国	1950—1960	3.2	2.15	0.67	4.42	1.38
	1960—1970	3.9	3.95	1.01	4.22	1.08
	1970—1980	3.2①	2.53	0.79	2.78	0.87
	1980—1986	2.4	0.11	0.05	2.58	1.08

续上表

国别	年份	GDP 年均增长率(%)	货运总周转量年均增长率(%)	货运弹性系数	客运总周转量年均增长率(%)	客运弹性系数
前苏联	1950—1960	10.3	10.2	0.99	9.76	0.95
	1960—1970	7.2	7.3	1.01	8.3	1.15
	1970—1980	5.1	4.88	0.96	4.88	0.96
	1980—1986	4.07②	3.0	0.74	2.69	0.66
原联邦德国	1950—1960	7.7	7.18	0.93	3.7	0.48
	1960—1970	4.9	3.55	0.72	2.8	0.57
	1970—1980	2.5	1.88	0.75	1.8	0.72
	1980—1986	1.44	0.41	0.28	−1.03	−0.72
日本	1950—1960	12.1③	7.8	0.65	3.9	0.32
	1960—1970	11.0	9.5	0.86	9.2	0.84
	1970—1980	4.7	2.5	0.53	2.9	0.62
	1980—1986	3.7	−0.25	−0.07	1.90	0.51

注:①是 1970—1979 年数据;②是 1980—1986 年数据;③是 1952—1960 年数据。

资料来源:根据《国外铁路统计资料》计算。

由上表我们可以清楚地看到,20 世纪 70 年代以前,工业发达国家运量增长速度(年平均增长率)是增加的,同期的国民生产总值也是增加的。运输弹性系数大多数有增加的趋势,这些弹性系数有的接近 1,有的大于 1,说明运输量的增加与国民生产总值的增加基本保持同步,有的运量增加则快于国民生产总值的增加。在 20 世纪 70 年代以后,随着产业结构的调整,国民经济发展对于运输的需求相对减少,客货运量增长速度放慢,运输弹性系数普遍减小。

第三节　技术变迁与运输市场结构演变

一、运输技术变迁与运输市场结构变化

技术发展与进步是导致制度变迁的一项重要因素。人类社会运输发展史表明,运输领域中每一次重大的技术创新,都会导致运输市场结构的深刻变化,从而推动运输市场的变迁。

早期的人类社会在运输手段和运输技术方面都十分落后,陆路运输方面基本上是依靠人力和畜力,在有天然水域的地方则是依靠水的浮力和风力。这一时期的运输活动,不仅运输能力小,而且运输时间长,运输费用高昂。

蒸汽机的发明不仅开创了工业文明的先河,也使运输活动在技术方面出现了重大创新。人类历史上第一艘以蒸汽机推动的轮船下水,给古老的水运业注入了强大生机,同时也标志着人类运输活动进入了一个崭新的阶段——以机械动力为特征的现代交通运输阶段。与传统的以人力、畜力和自然力量为主要动力的运输相比,蒸汽轮船在运输能力、运输速度、运输成本等方面都有不可比拟的优势,它的使用不仅使运输能力大大提高,而且也带动了经济快速发展。资本主义国家早期工业的发展大都与水运有关,沿通航水道设厂,不仅使生产资料的运输更加便捷,同时也使产品成本大大降低。机械运输业产生的早期,水上运输一直发挥着主导作用,为促进当时的经济发展起了十分重要的作用。

直到19世纪30年代,水运业在运输市场中还一直占据主导地位,然而,铁路的出现改变了这一切。1825年,世界上第一条以蒸汽机车作为牵引动力的铁路在英国建成并通车,这是人类发展史中交通运输业在运输方式和运输手段上的一次巨大飞跃,是运输发展史中的一个里程碑,也是运输技术方面的一次重大变迁。铁路的产生使人类克服空间障碍的能力大大提高,在此后整整一个世纪的时间内,铁路运输在全世界范围内迅速发展,并以其特有的技术经济特征赢得了各国的认可,在各种运输方式中独领风骚,成为运输市场中的“霸主”。铁路的产生和发展为工农业生产发展提供了新的、强有力的运输工具和手段,也使社会生产力布局摆脱了对水运的依赖,铁路运输使经济发展开始向内陆腹地延伸,扩展了人类生存和发展的空间范围。铁路运输极大地促进了工业化进程,加速了经济与社会的发展。

工业革命的不断深入加快了技术创新的进程。从20世纪30年代开始,公路汽车运输、航空和管道运输相继发展起来,与铁路展开了激烈的竞争。汽车运输的发展是20世纪运输业中的一件大事,20世纪20年代,特别是第二次世界大战后,汽车运输在美国、欧洲和日本等国先后发展起来,并成为最普遍使用的交通运输工具之一。道路的不断扩展为汽车运输的发展奠定了基础,灵活、便捷等特点也使汽车运输越来越普及,于是,人类社会逐渐步入了汽车运输时代。航空运输的发展是人类在运输技术方面的又一次飞跃,航空运输的产生使人类克服空间障碍的能力获得极大提高,并且使运输速度获得了质的飞跃。航空运输的出现使得整个世界为之变小,也使各国之间、各个地区之间的商务、贸易、文化等方面交流更加方便。管道运输把很大一部分陆路运输转为地下,不仅增大了运输能力,也减少了对土地的占用,减少了环境污染。由于上述不同运输方式具有不同的技术经济特征,它们在不同类别、不同范围的运输活动中具有不同的特点和优势,在这些运输方式产生和发展起来之后,几乎持续了一个世纪的铁路垄断地位被打破,代之出现的是一个全新的市场情景和市场结构;铁路、公路、民航、水运和管道运输依靠各自的技术特点和优势,在运输市场中占据了属于自己的那部分份额,这其中,公路和民航的发展最为明显,它们的市场占有率增长幅度最快。

分析交通运输的发展历史可以看到,运输业每一次重大的技术创新都会导致市场结构的演变,从而推动运输市场的变迁。

运输技术的不断发展,导致了不同运输方式在运输市场上先后扮演了不同的角色,每种运输方式由于它们本身不同的技术经济特征使得它们在运输市场中所占有的份额也存在较大差异。人类社会的运输生产活动随着技术的进步经历了不同的发展阶段,从马车、水运为主到铁路迅速发展并主导运输市场,从汽车运输、航空运输和管道运输迅速崛起,到各种运输方式相互协调综合发展,运输技术变迁导致了运输市场结构的巨大变化。关于这一点,我们可以从一些国家不同运输方式客货运输所占比重的变化清楚地看到。

1. 美国

美国各种运输方式在历史上不同时期完成客货运量所占比重见表 2-6、表 2-7。

表 2-6　美国各种运输方式城际间货运周转量构成比例变化　　单位:%

年份	铁路	公路	河(湖)	管道	航空
1889	69.500	不详	不详	不详	不详
1916	77.200	—	18.400	4.400	—

续上表

年份	铁路	公路	河(湖)	管道	航空
1929	74.900	3.300	17.400	4.400	—
1939	62.300	9.798	17.700	10.200	0.002
1945	67.291	6.500	13.900	12.300	0.009
1950	56.200	16.270	15.400	12.100	0.030
1955	49.500	17.500	16.960	16.000	0.040
1960	44.100	21.700	16.800	17.340	0.060
1965	43.300	21.900	16.000	18.700	0.100
1970	39.830	21.300	16.400	23.300	0.170
1975	36.710	22.000	16.600	24.500	0.190
1980	37.500	22.310	16.400	23.600	0.190
1985	36.400	24.800	15.600	22.900	0.300
1991	37.500	25.800	15.800	20.500	0.400
1993	37.400	27.600	15.300	19.300	0.400

资料来源:(1)《国外交通运输业发展的综合问题研究》,铁道部科学技术司 1990 年版。
(2)《铁路主要指标手册》,铁道部计划司 1997 年版。

美国各种运输方式所占市场份额见表 1-1。

由表 2-6 中的数字我们可以看到,20 世纪 30 年代以前,在货物运输中,铁路占据主导地位(在此之前的马车和水上运输资料已无法获得),其市场份额占到 70% 以上。20 世纪 30 年代以后,铁路在货运市场中所占比重基本上一直处于下降状态,而公路和管道运输所占比重则一直处于上升状态。航空货物运输虽然完成运量比例不大,但一直保持上升状态。

表 2-7 美国各种运输方式城际间客运周转量构成比例变化 单位:%

年份	铁路	公路	河(湖)	航空
1916	98.0	—	2.0	—
1929	15.5	83.0	1.5	—
1939	7.6	91.7	0.5	0.2
1944	31.5	67.1	0.7	0.7
1950	6.4	91.4	0.2	2.0
1960	2.8	92.6	0.3	4.3
1965	1.9	91.4	0.3	6.4

续上表

年份	铁路	公路	河(湖)	航空
1970	0.9	88.8	0.3	10.0
1975	0.7	88.1	0.3	10.9
1980	0.7	84.9	0.4	14.0
1985	0.7	82.7	—	16.6
1990	0.6	81.9	—	17.5
1993	0.7	81.6	—	17.7

资料来源:同表 2-6。

在旅客运输方面,汽车运输从 20 世纪 30 年代初就在市场中占据了主导地位,而铁路在汽车运输出现后,基本上处于一种“衰退”状态,在市场上所占比例一直处于下降态势。航空运输的作用在 20 世纪 50 年代以后逐渐明显,在长途旅客运输中,航空运输具有其他运输方式不可比拟的优势,所完成的客运周转量占总客运周转量的比例一直保持上升态势。

2. 法国

运输技术的变迁同样使法国运输市场结构发生了明显的变化,如图 2-5 至图 2-7 所示。

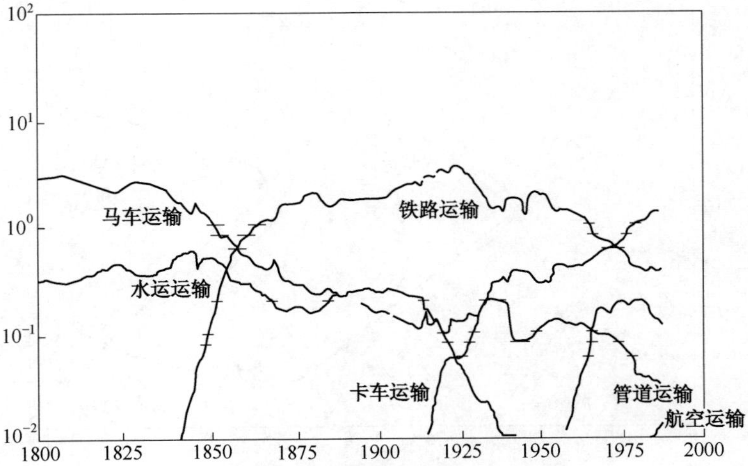

图 2-5　法国货运量结构演变

资料来源:Arnzulf Grubler, The Rise and Fall of Infrastructures, Physica-Verlag beidelberg, 1990, Figure 4. 2. 9, p216。

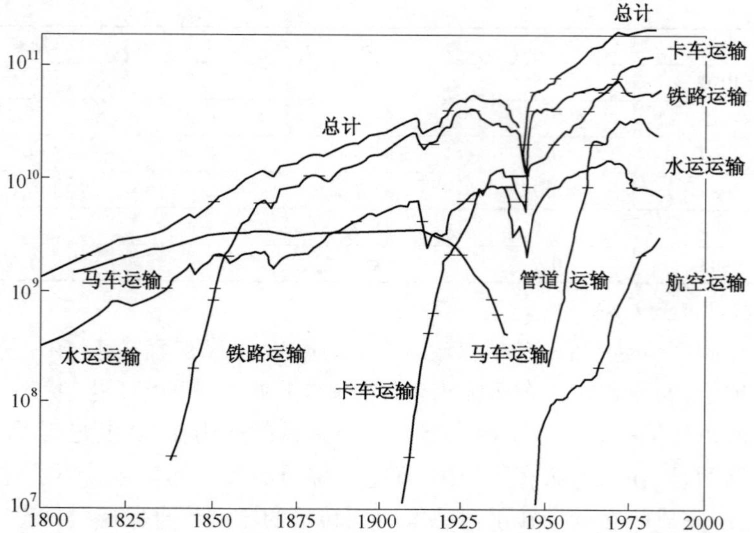

图 2-6 法国货运周转量结构演变

资料来源:同图 2-5, Figure 4. 2. 8, p215。

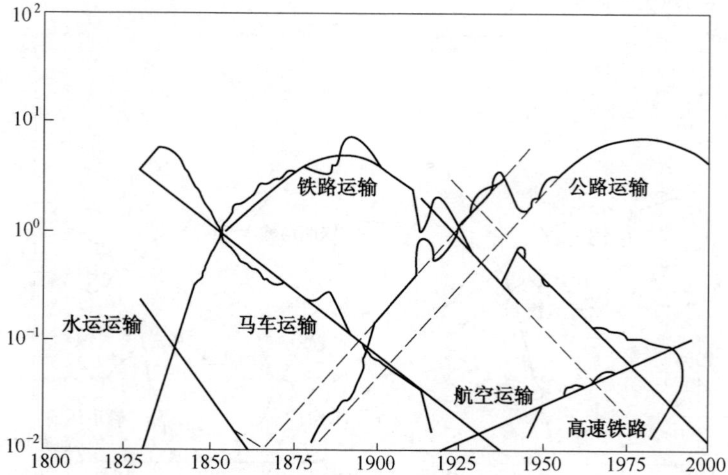

图 2-7 法国客运量结构演变

资料来源:同图 2-5, Figure 4. 2. 7, p209。

由这3个图可以清楚地看到,马车、铁路、汽车运输曾经在不同历史时期占据运输市场的主导地位。

3. 英国

英国早期的运输资料已经很难找到,不过所幸的是,从能够获得的材料来看,其运输市场结构由于运输技术变化而产生的变迁同样十分明显。

英国是铁路运输的发源地,铁路在英国经济发展中曾经发挥过重要作用,然而,在汽车和航空运输出现后,市场结构发生了巨大变化,公路运输成为重要的运输方式,航空运输在旅客运输中也发挥越来越重要的作用,见表2-8、表2-9。

表2-8　英国各种运输方式货物周转量构成比例变化　单位:%

年份	铁路	公路	水运	管道
1955	39.9	42.8	17.1	0.2
1960	30.6	49.3	19.8	0.3
1965	20.9	57.1	20.9	1.1
1970	19.4	61.5	17.0	2.1
1975	14.7	66.4	14.8	4.1
1980	10.9	57.1	25.8	6.2
1985	8.5	60.4	24.5	6.6
1990	7.3	63.2	24.4	5.1
1995	5.5	65.9	23.2	5.4

资料来源:(1)《国外铁路统计资料》,铁道部科技情报研究所。

(2)《铁路主要指标手册》,铁道部计划司1997年版。

表2-9　英国各种运输方式客运周转量构成比例变化　单位:%

年份	铁路	公路	航空
1954	18.3	81.6	0.1
1964	11.4	88.1	0.5
1977	7.3	92.2	0.5
1990	6.2	93.0	0.8
1995	5.4	93.7	0.9

资料来源:(1)P·C·斯塔布斯:《运输经济学》,上海城市经济学会,上海交通工程学会1982年版,第5页。

(2)《铁路主要指标手册》,铁道部计划司1997年版。

4. 原联邦德国

德国自第一条铁路1835年通车后,铁路营业里程一直不断增加,在国民经济发展中的作用一直十分明显。直到20世纪50年代,原联邦德国铁路运输完成的客货周转量在各种运输方式中仍然占据首位。不过,20世纪60年代以后,公路运输逐渐取代了铁路运输的地位。在旅客运输方面,20世纪80年代以后铁路基本上遏制了市场份额直线下降的局面,完成客运周转量所占比重有一定程度的回升,见表2-10、表2-11。

表2-10 原联邦德国各种运输方式货物周转量构成比例变化 单位:%

年份	铁路	公路	内河	管道	航空
1950	56.0	20.3	23.7	—	—
1960	37.4	32.0	28.5	2.1	—
1970	33.2	36.2	22.7	7.9	—
1975	25.9	45.0	22.3	6.8	—
1980	25.5	48.8	20.1	5.6	—
1985	25.1	51.9	18.9	4.1	—
1987	27.0	45.7	22.7	4.6	—
1990	21.0	56.7	18.7	3.9	0.1

资料来源:(1)《国外铁路》,铁道部科学技术情报研究所1991年版,第335页。
(2)《铁路主要指标手册》,铁道部计划司1997年版。

表2-11 原联邦德国各种运输方式客运周转量构成比例变化 单位:%

年份	铁路	公路	水运	航空
1950	52.8	41.8	—	5.4
1960	44.9	53.3	—	1.8
1970	37.6	56.1	—	6.3
1975	34.0	58.7	—	7.3
1980	32.5	58.8	—	8.7
1985	36.8	52.4	—	10.8
1987	34.5	53.0	—	12.5
1990	34.8	50.8	—	14.4

资料来源:同表2-10。

5. 日本

日本各种运输方式完成客货运输情况见表 2-12、表 2-13。

表 2-12　日本各种运输方式货物周转量构成比例变化　单位:%

年份	铁路	公路	沿海	航空
1950	52.4	8.3	39.3	—
1955	50.8	11.2	38.0	—
1960	40.3	15.1	44.6	—
1970	30.8	26.0	43.2	—
1975	18.1	38.3	43.4	0.2
1980	13.1	36.0	50.9	—
1985	8.6	40.7	50.6	0.1
1987	5.1	47.4	47.4	0.1
1990	4.9	50.1	44.8	0.2
1994	4.4	51.5	43.9	0.2

资料来源:(1)《国外铁路统计资料》,铁道部科技情报研究所。

(2)《铁路主要指标手册》,铁道部计划司,1997 年版。

表 2-13　日本各种运输方式旅客周转量构成比例变化　单位:%

年份	铁路	公路	沿海	航空
1955	82.2	16.5	1.2	0.1
1960	75.8	22.8	1.1	0.3
1970	66.8	31.6	0.9	0.7
1975	49.2	48.4	0.8	1.6
1980	45.4	51.0	0.9	2.7
1985	40.2	55.2	0.8	3.8
1987	39.3	57.0	0.6	4.1
1990	34.2	60.6	0.6	4.6
1994	32.9	61.5	0.5	5.1

资料来源:同表 2-12。

与其他经济发达国家情况有所不同,到 20 世纪 70 年代以前,日本铁路在各种运输方式完成的客货运输量中的比重仍占主导地位。20 世纪

70 年代以后,公路运输替代铁路,成为运输市场中的主导力量。在旅客运输方面,航空运输发挥着越来越重要的作用。

6. 中国

中国现代交通运输的发展起步较晚,1876 年中国才有了第一条铁路(长 8 km),1949 年中华人民共和国建立时,铁路总长度为 21 810 km。随后,中国交通运输走上稳步发展的道路。各种运输方式完成客货运输情况见表 2-14、表 2-15。

表 2-14 中国各种运输方式货物周转量构成比例变化 单位:%

年份	铁路	公路	水运	管道	航空
1952	79. 0	1. 9	19. 1	—	—
1957	74. 4	2. 7	23. 0	—	—
1962	77. 0	2. 8	20. 2	—	—
1965	77. 9	2. 7	19. 3	—	—
1970	76. 6	3. 0	20. 4	—	—
1975	58. 3	2. 8	35. 3	3. 6	—
1978	54. 4	2. 8	38. 4	4. 4	—
1980	47. 6	6. 4	42. 0	4. 1	—
1985	44. 9	9. 3	42. 5	3. 3	—
1986	43. 5	10. 5	42. 9	3. 0	—
1987	42. 6	12. 0	42. 6	2. 8	—
1988	41. 5	13. 5	42. 3	2. 7	—
1989	40. 6	13. 2	43. 7	2. 5	—
1990	40. 6	12. 8	44. 2	2. 4	—
1991	39. 2	12. 2	46. 3	2. 2	—
1992	39. 6	12. 9	45. 4	2. 1	—
1993	39. 2	13. 3	45. 4	2. 0	0. 1
1994	37. 5	13. 5	47. 2	1. 8	0. 1
1995	36. 0	13. 1	49. 1	1. 7	0. 1
1996	35. 7	13. 7	48. 8	1. 6	0. 1

续上表

年份	铁路	公路	水运	管道	航空
1997	34.5	13.7	50.1	1.5	0.1
1998	32.9	14.4	51.0	1.6	0.1
1999	31.7	14.1	52.5	1.6	0.1
2000	30.9	13.9	53.7	1.4	0.1
2001	30.6	13.3	54.6	1.4	0.1
2002	30.7	13.4	54.4	1.4	0.1
2003	32.0	13.2	53.3	1.4	0.1

资料来源：(1)《中国交通年鉴(2003)》。

(2)2003年数据来自《中国统计摘要(2004)》。

表2-15　中国各种运输方式客运周转量构成比例变化　单位：%

年份	铁路	公路	水运	航空
1952	80.90	9.13	9.88	0.10
1957	72.76	17.74	9.34	0.16
1962	78.97	13.03	7.73	0.11
1965	68.55	24.13	6.80	0.36
1970	69.44	23.28	6.89	0.17
1975	66.40	26.10	6.31	1.07
1978	62.58	29.91	5.77	1.60
1980	60.51	31.98	5.66	1.73
1985	54.38	38.88	4.03	2.63
1986	52.75	40.47	3.72	2.99
1987	52.48	40.48	3.62	3.36
1988	52.46	40.72	3.28	3.49
1989	49.95	43.82	3.10	3.07
1990	46.37	46.56	2.93	4.09
1991	45.72	46.48	2.87	4.88
1992	45.30	45.94	2.85	5.84
1993	44.28	47.09	2.50	6.08
1994	42.28	49.12	2.14	6.42
1995	39.35	51.13	1.91	7.57

续上表

年份	铁路	公路	水运	航空
1996	36. 25	53. 56	1. 75	8. 16
1997	35. 24	55. 11	1. 55	7. 69
1998	34. 70	55. 87	1. 13	7. 52
1999	35. 81	54. 86	0. 95	7. 59
2000	36. 01	54. 30	0. 82	7. 92
2001	35. 25	54. 79	0. 68	8. 30
2002	34. 00	55. 26	0. 58	8. 98
2003	34. 68	55. 72	0. 46	9. 14

资料来源:同表 2-14。

可以看到,直到 20 世纪 90 年代,中国铁路在综合运输体系中一直发挥着主导作用。20 世纪 90 年代以后,公路在运输市场中的作用明显加强,在旅客运输方面,公路运输已经超过铁路,成为市场的主导者。民航运输发展迅速,在运输市场中的份额持续上升。

上述国家运输发展历史表明,技术的发展与变迁导致了运输市场结构的巨大变化。技术创新可能导致一种新的运输方式产生,如轮船、铁路、汽车、飞机等,而一种新的运输方式产生和发展又会对原有的市场结构产生强大的冲击,使其发生演变。从根本上说,运输市场结构每一次重大调整和变化都与运输技术的发展和变化直接相关。世界主要国家的运输发展史反映了这样一个特征,即不同国家的运输市场结构变化并不同步,然而结果却是趋同的,也就是说由于技术变迁而导致运输市场结构演变的路径是基本相同的。技术变迁导致运输市场结构发生演变的过程是渐进的。不同运输方式产生的时间不同,其技术变迁的速率在不同的国家和地区也不相同,由此导致不同国家和地区运输市场结构的特征也不尽相同。

二、不同运输方式技术发展动向辨析

1. 铁路运输

蒸汽机车曾作为一种新技术的标志而使铁路运输风靡一个多世纪,

20 世纪 30 年代以来,铁路运输受到来自公路等其他运输方式强有力的挑战,为了应对竞争,提高运能,降低能耗,技术的改革与改进势在必行。自 20 世纪 50 年代以来,一些国家,特别是经济发达国家开始了以内燃和电力牵引取代蒸汽牵引的技术革命。经过 15~20 年的时间,这些国家基本上完成了这一改造过程,见表 2-16。

表 2-16 一些国家蒸汽机车停造、停用年份

国别	美国	英国	法国	原联邦德国	日本	前苏联
停造年份	1953	1961	1957	1959	1952	1957
停用年份	1960	1968	1972	1977	1975	1977

牵引动力的现代化技术改造,提高了牵引动力,降低了能耗和环境污染,同时,也为铁路在更广泛的领域内与其他运输方式抗衡和竞争打下了技术基础。

近几十年来,铁路运输技术的发展和变化基本上围绕着重载化和高速化两个主要内容来进行。

美国、加拿大、前苏联、澳大利亚和南非等国在发展铁路重载运输方面成绩显著,目前,这些国家重载列车重量已达 10 920~24 000 t。重载列车的开行在牵引动力、制动装置、车辆类型等方面都需要新技术的配套使用。例如,美国已大量生产的 6 轴 DASHS-40C 型和 SP-60 型的内燃机车,功率已分别达到 2 940 kW 和 2 793 kW。通过微机技术也可以提高牵引黏着系数,美国生产的 SD60、DASH8 型等机车通过采用微机处理技术使黏着系数由一般机车的 0. 18~0. 24 提高到 0. 27~0. 33,增加机车持续牵引力的同时也节省了燃油。

铁路运输技术发展的另一个重要内容是高速化。快速、可靠、舒适、经济与环境的良好兼容是铁路与其他运输方式竞争的重要内容。目前,世界上许多国家正在通过新建或改建重要的铁路干线,积极发展高速铁路运输,以实现振兴铁路。很多国家的高速铁路已经投入运行,有些正在积极筹建当中。日本的新干线高速铁路于 1964 年投入使用,法国的高速列车 TGV 1991 年已开始运行,德国的 ICE 1991 年正式通车。高速铁路的使用使铁路运输在技术上向前迈进了一大步,在很大程度上增强了铁路的市场竞争力。目前,提高铁路运输速度已经成为铁路技术更新的一种标志,无论是发达国家还是发展中国家,都在努力实现铁路运输的高速化,使铁路运输在经济和社会发展中发挥更大的作用。

2. 公路运输

公路运输具有机动灵活,方便快捷,中间环节少,可实现“门到门”运输等特点。20 世纪 30 年代以后,公路运输在经济发达国家迅速发展起来,在综合运输体系中的作用越来越明显。

公路运输在技术方面的发展主要体现在两方面,一是运输载体——车辆技术性能的优化,一是基础设施——道路等级的不断提高。近年来,交通管理系统、公路通信技术的发展同样对促进公路运输发展起到了十分重要的作用。

公路运输在技术上的发展主要体现以下几方面。

(1)拖挂化。在一些发达国家,汽车拖挂运输迅速发展,并成为公路货运的主要形式,它所完成的货物周转量占公路货物总周转量的一半以上。拖挂运输载重量大,油耗省,运营成本低。

(2)专用化。以专用汽车代替普通栏板式汽车,是车辆使用方面的重要技术变革。所谓专用车是指具有专门车身的载货汽车或挂车。由于专业车辆能够较好地解决运输车辆与货物之间的匹配问题,因而减少了所运货物的损失,提高了运输经济效益。专用车类型包括:自卸车、冷藏车、槽罐车、混凝土搅拌车、集装箱运输车等。

(3)柴油化。柴油汽车具有油耗低、可靠耐用、运营成本低、污染小等特点,是货运汽车的重要发展方向。日本 2 t 以上的货车,原联邦德国 3 t 以上的货车基本上实现了柴油化。20 世纪 70 年代后,美国开始重视发展柴油汽车,目前,其大吨位货车基本上都已柴油化。

(4)高速化。随着高速公路的发展,公路运输高速化日益明显。除私人小汽车外,公用客车的发展也向着快速型和舒适性的方向发展。

道路是汽车赖以行驶的基础,其质量如何,直接影响汽车运输的安全、快速和舒适。随着社会经济的发展,公路运输密集化程度不断提高;汽车数量的不断增加,要求公路既要具有相当的数量,同时又要具有较高的质量。20 世纪 70 年代以后,经济发达国家的公路在数量上已经基本饱和,公路总里程网的增加已基本停滞,代之出现的是对原有公路的技术改造。经济发达国家高速公路的建设和发展十分突出,20 世纪 90 年代初,美国高速公路里程已超过 8 万 km,基本上形成了州际高速公路网。欧洲从 20 世纪 60 年代起,就逐步将各主要高速公路连接起来,形成了高标准的国防干线公路网,即欧洲高速公路网。

高速公路具有设计时速高(一般为 80~150 km/h)、立体交叉、通行能力大(日交通量为 2 万~10 万辆)、控制出入、行车安全(事故率比普通公路少 1/3~1/2)、平稳舒适等特点。它体现了公路运输的发展方向和趋势。

3. 水运

水运是人类最早使用的运输方式,在现代交通运输体系中,它仍然发挥着十分重要的作用,具有无法替代的优势。水运的技术发展主要表现在以下几个方面。

(1)水上货运专业化、高效化。货运专业化、高效化主要体现在大型和新型船舶的开发和使用,筑港技术、港口机械的高效化等方面。

船舶吨位结构与其装载货物的重量、批量等密切相关,同时也与船舶造价、货物运价等紧密相连。为与货物相匹配,现在的运输船只基本上形成了油轮、矿散船、牲畜船等几十种专用船。船舶在技术上的发展主要体现在:①节能化。节省燃油,从而降低运营成本。②自动化。计算机应用于船舶的各个控制系统,使监控和操纵系统集中化,也使信号处理分散化,船岸通信数据化。③新型船只的研制和使用,如大型集装箱船,自卸船,浅吃水肥大船等。

(2)内河航运航道标准化,运输顶推化。内河航运是一种古老的运输方式,为人类的文明和经济发展都曾做出过重要贡献。通过技术改造,它将重新成为运输体系中的有生力量。

航道标准化是指建设统一水深、四通八达的标准化内河航道网。标准化航道网的修建需要以科技为先导,它需要首先对航道水流、泥沙、河床的变化规律进行勘察、调查和研究,需要开发和研制先进的航道勘测、疏浚、整治设备,需要对航道整治原则、方案、手段等进行合理筹划。

在内河航运中顶推化是一个重要的发展方向。美国密西西比河水运系统主要采用分节驳顶推船队方式;西欧国家主要采用机动驳或机动驳顶推船组方式。在美国密西西比河水系,顶推运输方式的运量约占总运量的95%,最大的顶推船队由30~40艘驳船组成,载重量可达4万~6万t。

从世界各国的内河航运来看,只要条件允许,发展顶推化运输是一个主流,其经济效益也十分明显。

(3)水运管理系统的电子化。微电子技术在水运管理部门的应用使得这一领域的科技含量不断提高。自20世纪60年代以来,发达国家逐渐将计算机和现代通信技术应用于水运管理,为水运管理信息系统的电子化提供了技术保证。在高新技术的支持下,水上通信导航和安全保障系统进入了采用电子信息技术为主导的新阶段,它使运输更加安全,也更具效率。

4. 航空运输

在各种运输方式中,航空运输的历史最短,从1903年莱特兄弟第一次试飞成功到现在,航空运输的发展仅100多年。然而,在这100多年的时间里,航空运输技术却有了突飞猛进的发展。从第一架飞机仅能飞行12 s到现在能够从事跨洋的洲际运输,从最初仅能承载2人到现在载客600余人,航空运输已经成为中长距离旅客运输,特别是国际间旅客运输的重要方式。

航空运输可以说是伴随着现代科学技术产生和发展起来的交通运输方式,它体现了现代科技的高度综合和利用,航空运输技术发展表现出以下几方面特征。

(1)运输工具大型化、超高速化。随着技术的发展,航空运输将向着大型化、超高速化方向发展。20世纪50年代的波音707代表了第一代喷气客机,20世纪60年代的波音727代表了第二代涡轮喷气客机,20世纪70年代的波音737、波音747等代表了第三代涡轮宽体客机,到20世纪80年代后,波音756、波音767、A310等则代表了第四代客机,几乎每10年就有新的一代飞机产生,新型飞机在自身规模、运行速度方面都比原来的飞机有更大的提高。航空技术的不断发展,飞机类型不断改进,使航空运输安全性能明显增强,载客人数不断增加,飞行速度也不断加快。

(2)安全保证系统自动化。航空运输的安全十分重要,为此,世界各国已经建立的有关预防系统有:全球卫星导航系统(GPS);离散询问信标系统(DABS);微波着陆系统(MLS)。

未来将在第五代智能化计算机基础上开发新的航行安全保证系统,实现智能化处理数据、图形和其他信息,使飞行管理和控制、发动机管理和控制、雷达数据实时处理等组成统一的光纤飞行信息处理和控制系统,从而实现飞行保证系统高度自动化。

(3)运输管理和服务电脑化。20世纪60年代,航空运输业的发展使原来在售票方面的手工作业开始承受不了大量预订机票的业务压力,于是,在欧美一些国家的航空公司开始发展计算机订票业务,同时,也开发出许多相关的业务管理功能,如旅客流量、流向统计分析,超员控制和自动拨发业务电报等。

20世纪70年代末,利用电子计算机和数据通信网络解决民航订票、售票,办理离站登记等已成为实现旅客服务自动化的主要手段。计算机的普遍使用和相应软件系统的开发,大大改进了航空运输服务质量和效率,提高了航空运输的竞争力和经济效益。

5. 管道运输

管道运输技术源于美国。世界上第一条输送货物的管道出现于美国,全长9.75 km,是由直径为50.8 mm的铸铁管建成。第二次世界大战后,管道运输迅速发展起来,成为石油、天然气、煤炭等产品的主要运输工具。管道运输技术的发展主要体现在以下几方面。

(1)高压力、大口径化。在运输量相同的条件下,高压、大口径管道比低压、小口径管道更为经济。目前,有些国家的运输管道直径已达到1 420 mm。

(2)管道运输自动化。在一些国家,管道运输中开始采用具有自动扫描、监视、显示和调节泵站和压缩机站系统的机组参数等多种功能的可编程序控制器,从而使管道运输技术大大向前迈进了一步。

除原油、天然气、煤炭等产品以外,人们还在积极探索利用管道运输矿石、粮食、水泥等,这些技术如获成功,对运输市场和其他运输方式的影响力将是十分明显的。

从上面的分析可以看到,不同运输方式的技术本身处于一个不断发展和演变过程之中,运输市场结构在运输技术的变迁中正在悄悄地发生变化。技术变迁是渐进的,它对运输市场结构变化的影响也是渐进的,随着运输技术的进一步发展和演变,运输市场的结构也将进一步发生变化。

第四节 运输管制及其变迁

市场经济之所以优于其他经济形式,就在于它可以通过竞争优化资源配置,从而取得经济运行的高效率。然而,市场经济不是无政府经济,市场竞争也不是无序的混战,市场的运行需要规范化和制度化,需要一定的规则加以约束。

运输市场无论从制度属性还是经济属性上都具有多方面的特征,在有些地方、有些时候,它可能极为高度地垄断,而在另外的地方和另外的时候又可能极富竞争性。过度的竞争和垄断对运输市场的正常运行都是不利的,于是政府通过制定法律法规,通过制定相关的运输政策等多种手段来约束和影响市场行为主体的活动,通过管制来规范市场运行就成为运输市场发展与变迁最明显的特征之一。

在市场经济比较发达的国家和地区,经济活动曾一度被看成是一种市场主体自由的活动,它受市场经济运行规律的调节和控制。对于自由的市场经济来说,竞争是必然的。然而,纯粹的自由市场经济是不存在的,因为市场存在自身无法弥补的缺陷。市场的不完善性为政府的调节和干预提供了合理的依据。政府对市场的干预和控制可能有以下几种形式:一是保持或加强竞争,如政府的反垄断行动;二是政府对竞争实行管制,一些国家对运输业的竞争曾经实行过或现在仍然实行着管制;三是政府直接拥有企业或者控制市场。管制的最初目的是能够建立或保持使经济资源得到充分利用的制度或秩序,然而,并不是所有的管制都能达到这样的目的,就像一些国家曾经对运输市场实行的管制那样。在各种类型的管制当中,运输管制可能是最具有特色、最值得研究的问题之一。

在运输市场的发展过程中,世界各国都曾对运输业实行了程度不同、内容不同的管制措施,以下以运输管制相对完善的欧美国家,特别是以美国为例,来说明运输管制的历史演进过程。

一、美国的运输管制

(一)早期的运输管制

19 世纪 70 年代以前,美国的经济发展一度十分迅速,社会对运输的需求十分强烈,那时,政府以及社会关注的主要问题是努力发展充足的运输体系,所以,对运输市场很少管制。不同运输方式之间虽然也存在一定程度的竞争,但市场上不同的利益集团之间并没有出现突出的矛盾,运输活动基本上是有序的。在这种情况下,运输市场中的各种行为基本上依靠市场本身的自发力量来调节,另外,有关的法律和政府的一些规定也对运输市场的行为起着规范作用。

这一时期政府对运输市场的影响和控制主要通过 3 种方式:习惯法与司法的控制,许可证制度,调查委员会。

1. 习惯法与司法的控制

习惯法源于英国,在它产生以后,就成为大多数讲英语国家的一种基本法律。习惯法是以法院判例或由以前的法院判决形成的法律原则为依据形成的,它的绝大部分内容是根据惯例,如果有人想找出特殊案件的法律依据,那么就必须研究过去类似案件的法院判决。习惯法体系的重要特点是它随着社会发展而不断变化。

早期的运输管制是在习惯法基础上产生和发展起来的,它是在美国州一级开始实行的。这种管制方法也被称为诉讼案件管理,顾客在运输中是否获得了相应的权利是以早期的诉讼案件为依据的。

2. 许可证管理

19 世纪 70 年代以前,美国政府对运输市场进行管制的另一种方法是许可证制度,早期的公路收费公司和运河航行都曾实行过这种管理方式,对铁路也实行了许可证管理。早期对铁路颁发许可证是给予组织铁路公司的权利,同时在许可证中做出一些保护群众利益的规定,比如,有的许可证包括了最高运价的限制,其他的许可证则可能规定资本的最高收益,还有一些许可证规定一些经营细节,如防止差别待遇的限制等。

许可证通常不规定时间期限,一个许可证本身就相当于一个特别法令,许可证并不是一种有效的管制形式,因为它很少能控制一些弊端的出现。如许可证规定的最高限价,往往高于铁路认为有利的运价,而且最高运价本身也不能解决差别待遇问题,因为差别待遇发生于对托运人的低运价而非受差别待遇者的高运价。规定的最高投资报酬往往失效,因为通常用股票报酬率来表示的最高赢利控制,很容易通过伪造账目或"股票掺水"的手段予以破坏。用许可证方法进行管理的另一个困难是,由于许可证按照最高法院的规定往往是一个合同,所以,如果不能通过立法对此加以变更,那么用它进行管理的困难就十分明显了。

3. 调查委员会

第三种形式是成立仅有调查权利的委员会,在19世纪30~40年代,新英格兰已经成立了这样的委员会,用以调查铁路有关方面的情况。后来,美国也成立了类似的机构。早期的委员会行使很少的控制权,而且无权过问运价,它被授权调查铁路公司事务并报告经营情况。它可以制定会计制度并取得统计资料,可以提出铁路是否违反许可证管理事项。在实行了一段时间后,这种管制形式因不能切实保护公众利益而逐渐被取消。

(二)对垄断加强管制时期

1. 管制的背景

在1870年以前,美国运输市场基本上是处于开放的自由竞争阶段,政府和社会很少对运输市场进行管制。随着铁路的不断发展,铁路运输在技术方面的优势日趋明显,从而打破了原有市场的利益格局和秩序。技术上的优越性使铁路逐渐占据市场优势,为了获得更多的市场利润,通过联合和兼并扩大企业规模,是铁路企业发展的一大特征,所以,这一时期铁路企业联合和兼并的案例不断增多。

铁路在其建成以前,与公众的利益基本上是一致的,因为社会需要铁路,铁路可以大量地解决人们生产和生活中的运输问题,提高人们克服空间障碍的能力;同时铁路部门也有修建铁路的高昂热情,因为铁路部门看到了市场潜藏着的巨大利润。然而,在铁路建成并投入使用后,情况发生了变化,公众希望铁路能尽量降低运价,而铁路则力求获得尽可能多的利润。利益上的冲突导致了公众对铁路的强烈不满。这种情况在美国中西部特别明显。这个地区曾经是美国重要的农业生产区，当地的农民曾经对投资创建铁路十分热情，但是当铁路建成并投入运营后，他们认为运价太高、服务低劣，特别是当农产品价格降低后，他们感到无力负担高昂的运价。对铁路感到不满的第二个原因是他们感到铁路存在着大量的差别待遇，例如，他们发现在有竞争的地方（不同铁路公司之间或铁路与其他运输方式之间），运价能够降到很低的水平，而在其他地方，则依然维持较高水平，他们认为铁路在无竞争地方运价的提高，是用来抵消在有竞争地方运价降低所造成的损失。差别待遇还体现在对不同公司和人员的优惠上，事实上，铁路有时通过运价优惠而使某个公司或个人获得在某种产品上的独占。对铁路不满的第三个原因，是他们感到铁路欺骗了他们。这些农民曾经在铁路建设初期对铁路给予了慷慨的帮助，他们中好多人都认购了铁路公司的股票，并且用其充当抵押品，他们期望能从铁路股票中获得优厚的红利，但铁路股票给他们带来的更多是失望。农民作为纳税人为铁路建设做出过贡献，当出现上述情况后，他们当然会感到强烈不满，于是他们成立了格兰其（Granger，即保护农庄社）这个农民组织，积极推进对铁路的管制。美国历史上把这场运动称为"农民运动"（the Grange Movement）。

2. 管制的实施

在 19 世纪 70 年代，美国很多州都通过了格兰其法令，这些法令包括的内容主要有：

（1）规定最高运价表。衣阿华州 1874 年的有关条例规定了各等级货物和特别货物几乎所有距离的最高运价。威斯康星州 1873 年制定的"保德法律"（Pottet Law）同样规定了铁路的最高运价。

（2）禁止地方差别待遇。一些法令规定，取消价格歧视和差别待遇。

（3）禁止铁路合并，要求铁路保持竞争。格兰其法令试图用禁止合并竞争线路的方法使铁路间保持竞争。

（4）禁止向公务员发放免票，以减少这种零星的受贿方式，从而使政府官员在公众利益与铁路公司利益发生矛盾时维护公众利益。

格兰其法令没有实行多久便告废止，这里有很多原因，其中，1873 美国发生的经济危机可能是最重要的原因之一，因为这次危机使很多铁路企业破产和倒闭,也使铁路建设一度停顿。铁路的经营者们声称铁路企业的破产和倒闭是由于管制造成的,加上格兰其法令中很多内容是不健全的,很多人认为是粗糙的,所以,在实行了不久以后,多数州都废止了这一法令。格兰其法令虽然存在的时间较短,但对运输管制的发展有着极为深刻的影响。

农民运动引起了政府的注意,因为铁路垄断似乎是一个全国性的问题。1872 年,美国参议院设立了一个特别委员会——温道姆委员会(Windom Committe),负责调查从内地到沿海间寻找廉价运输的可能性。这个委员会在 1874 年提交的报告是许多国会委员提交关于铁路运输垄断调查报告中最早的一个,在涉及当时铁路运输的状况时,报告指出:铁路的缺点和弊端是设备不足、不公平的差别待遇和昂贵的收费。该报告从公众的角度出发,提出竞争是运价最好的调节办法,并建议各州或国家拥有并经营铁路,参加竞争,并积极发展内河水运。这个报告在国会讨论与辩论中引起了人们的注意,但是委员会的建议最终并没有被采纳。这些早期的讨论形成了由众议院通过的涉及管理铁路的里根议案(the Regan Bill),但因参议院未采取行动而使其夭折。在这以后,又成立了一个特别委员会以彻底调查铁路垄断问题,这个委员会叫库劳姆委员会(the Cullom Committe),经过一段时期的调查,该委员会于 1886 年提出了调查报告。报告指出了铁路存在着垄断,而且存在着大量的差别待遇问题。这份报告对 1887 年商务管制法的形成有很大的影响。与温道姆报告不同,库劳姆报告着重提出了铁路垄断权利的弊端和差别待遇的各种现象,该报告加速了政府对铁路的管制。

1887 年 4 月 15 日,商务管制法(现在的商务州际法)经克里夫兰总统的批准生效,在几经修改和变化后,它的使用范围已包括除航空运输外的所有运输方式。

商务管制法是针对垄断的存在而制定的,几乎每一条款都涉及反垄断和反差别待遇的内容。该法的第一条规定,所有运价必须“公平合理”,“不公平和不合理的运价”是违法的。什么是运价的公平和合理,需要由委员会裁决和认定。该法的第二条强调禁止对人的差别待遇,所谓对人差别待遇是指在相同和相似的服务中,对不同的托运人采取不同的运价。后来补充了一些例外,适用于各级政府的客货运输和为慈善目的而进行的运输。该法第三条禁止在制定运价时存在不正当的优惠与偏差,即普遍禁止地区之间、托运人之间、所运商品之间的差别待遇,在条件相同时,如果存在运价差别就是违法的。第四条禁止长途运输和短途运输的差别运价,这种差别待遇通常表现在同种货物在同一线路、同一方向上运输时,短途运输的运价率要高于长途运输。第五条规定,禁止联营协议,这是社会希望铁路保持竞争以维护公众利益的集中反映,这与格兰其法令禁止铁路企业联营与合并直接有关。第六条规定运价与票价必须对外公布,以防止运输企业突然变更运价。

除了涉及运价管制和差别待遇外,商务管制法的另外一个作用是设立了一个由5人组成的州际商务委员会(ICC),这是美国在联邦政府一级建立的第一个可独立行使管制权的机构。委员会成员由总统提名,国会批准。商务委员会负责执行商务管制法,它要听取指控违反条例的诉讼,调查事实,取得证据。委员会有权作出裁决命令并确定由于违法造成的损失赔偿。如果运输企业对委员会的裁决不服,就必须交由法院判决。

由一个5人组成的半司法机构对运输市场实施监管,显然是一种制度方面的创新。建立之初,委员会的权利有限,但若干年后,它逐渐成为管理范围最为广泛、最有权利的机构。由于州际商务委员会的影响,美国其他地方也纷纷建立起类似的管制委员会,例如,1914年建立了联邦贸易委员会,1930年建立了联邦动力委员会,1930年建立了联邦电讯委员会,1938年建立了民用航空委员会。

州际商务委员会(ICC)作为一个专门机构,在管制方面能起到法院和宪法起不到的作用,不过它在行使职权时,仍需要接受法院的监督。法院是法律的唯一裁决者,管制法规是否符合宪法和法规,要由法院做出最终裁决。

在一段时间内,州际商务委员会(ICC)对运输实行管制比较成功,但很快也暴露出一些问题,一是法规中存在着折中的缺陷,一些案件需要有足够的证据,否则委员会难于做出决定;二是在很多案件中,ICC难以实施有效的管制,因为委员会的裁决必须通过法院的命令执行,运输企业有权向法院上诉。案件在审理时,运输企业不必遵守委员会的命令,而这一过程往往需要很长时间,所以这一时期的管制并不是十分有效。

在 19 世纪末的后 10 年,技术的优势以及市场潜在的利润,使铁路出现了兼并和联合的高潮,其结果是铁路企业规模的扩大以及垄断的进一步加剧。此时,社会公众要求加强对垄断管制的呼声越来越大,其结果是促成了 1903 年的埃尔金斯法(the Elkins Act)和 1906 年的赫伯恩法(the Hepburn Act)的出台。

埃尔金斯法又被称为反回扣法,该法对运输业和货主的一些故意回扣或者以回扣相诱以及给予其他好处的行为,规定了处罚条例。该法规定,接受回扣属于违法行为,背离公布的运价或者坚持被法院禁止的运价为非法。

郝伯恩法的出台旨在继续加强对运输的管制,加强州际商务委员会的权利,从而进一步制止铁路滥用垄断权利的行为。该法扩大了州际商务委员会的管辖范围,将其成员由原来的 5 人扩大到 7 人。该法还包括一些新的规定,如 ICC 有权通过规定最高运价以限制运价的变化;委员会的裁决对运输企业有严格约束力,并且在向法院诉讼时也应遵守;改变运价要有 30 天的通告期等。该法同时扩大了 ICC 对于个人差别待遇的管制,规定委员会有权制定对运输企业有约束力的规章制度。

1910 年以后,国会又通过了曼恩—埃尔金斯法(Mann-Elkins Act)。该法规定 ICC 有权终止运输企业改变运价,并对已经交付运费者给以补偿,重申了长途运输和短途运输的条款。该法还授权 ICC 可自行组织听证会以确定运价的合理性等。这期间还出台了另一些法律。1912 年颁布的巴拿马运河法规定,除非得到州际商务委员会的同意,否则铁路不能拥有、控制和参与任何与它可能有或已经有竞争关系的普通水运企业。1913 年通过的估价法要求州际商务委员会评估铁路资产的合理价值,以便于制定和检查铁路运价。

到 1920 年前,通过一系列的立法活动,对运输市场垄断行为的管制结构已基本形成。这一时期,国会和公众关心的焦点是铁路滥用垄断权利的行为,尤其是在运价方面,所以管制的宗旨一直是迫使铁路之间进行强有力的竞争,在没有竞争条件的地方则需要州际商务委员会的干预。通过立法,州际商务委员会的权利不断扩大,管制的实施使公众利益得到了维护。

然而,这一时期的管制同样存在着许多问题,例如,管制机制不完善,管制效率不高等。由于没有注意到运价的整体结构,所以一些运输管制措施看起来不尽合理,其结果是运价降低,铁路企业运输收入减少,财务负担沉重,甚至出现一些铁路企业倒闭。对运价的管制也造成了收入不足弥补上涨的营运费用,结果是铁路设备处于失修状态。

管制所带来的另一后果是,由于过分强调铁路的竞争,导致修建了一些不太需要的铁路,反而造成了许多浪费。19 世纪后期是美国铁路发展的高峰期,除了经济发展的需要外,管制(对垄断的管制)不能不说是另一个重要原因。对垄断的管制从制度安排上鼓励了铁路的扩张。

在对垄断进行管制的时期,管制的主要目的是限制垄断,鼓励竞争。然而对运价的限制以及过度的竞争导致了铁路财务状况普遍不佳。很多铁路企业信奉"停止生产比在成本以下生产更糟"这样一个原则,于是降低运价以吸引运量就成为铁路企业普遍的做法,这种状况导致铁路间的竞争走向极端甚至是毁灭,因为运价降到成本以下后,在竞争中毁灭的不是弱者,而是所有竞争者。

1917 年,美国参加了第一次世界大战,12 月 25 日政府接管铁路,到 1920 年 3 月 1 日,铁路重新由私人经营。1920 年后,对于如何管理铁路已引起了广泛的争论,在总结了前期对铁路管制的经验后,很多人认为,仅仅凭借鼓励竞争和通过州际商务委员会加以控制,并不是解决问题的根本出路,他们提出,管制的目的是应增强铁路财力,并使运输体系健康发展。于是,1920 年颁布的埃斯克—卡明斯运输法(the Esch-Cammins Act)在内容上出现了一些新的变化。在运价方面,该法规定了新的定价原则,即在"执行规定公平与合理的运价权利中……使铁路整体(或委员会随时指定作为铁路整体的每一运价组成或运价区),在诚实、有效和经济地管理以及为线路与建筑物及机车车辆维修的合理支出下,能获取年度铁路营业的净盈余,尽可能地接近等于铁路用于运输业务的那些铁路财产的合计价值的公平报酬"。为了保证铁路的利益,使竞争能够有序,该法还规定了州际商务委员会有权决定铁路的最低运价。1906 年,委员会曾规定过最高运价限额,这次规定最低运价是政府看到过低的运价将不利于铁路的发展。另外该法规定,ICC 有权修改禁止联营的禁令,使之符合保护托运人有关利益的原则,该法同时规定,州际商务委员会有权为自愿合并的铁路制定计划。

20 世纪 20~30 年代,美国的立法决定了管制的方向向着使运输企业能够提供良好的服务,能够取得合理的收入方面发展。因此,管制的内容已开始发生一些变化。

(三)对竞争加强管制时期

1. 管制出现的背景

从南北战争到 20 世纪 30 年代,运输管制主要是着眼于对垄断企业——铁路的控制,很少注意到其他运输方式。20 世纪 30 年代后运输市场发生了巨大变化,运输技术发展导致了运输市场结构的变迁,最为明显的是汽车运输、航空运输迅速发展起来,它们在不同的运输距离和不同的运输类别中与铁路展开激烈的竞争,争夺市场份额。管道运输在新技术的支持下,逐步控制了石油和天然气的运输。铁路过去那种垄断市场的局面被打破,代之出现的是各种运输方式相互竞争的市场格局。

公路汽车运输在 19 世纪末 20 世纪初在欧美国家就已经出现,20 世纪 20 年代以后,发展速度异常迅猛。美国是最早大规模生产汽车的国家,19 世纪末 20 世纪初,全国拥有的车辆数就已经达到相当规模,见表 2-17 和表 2-18。

表 2-17 历史上一些年份在美国登记的私人汽车数量 单位:辆

年 份	汽车数量	年 份	汽车数量
1895	4	1935	22 494 884
1900	8 000	1940	27 372 397
1905	77 400	1945	25 694 926
1910	458 377	1950	40 190 632
1915	2 332 426	1955	51 960 532
1920	85 131 522	1960	61 430 862
1925	17 439 701	1965	74 903 163
1930	22 972 745	1968	83 276 317

表 2-18　20 世纪初在美国登记的公用卡车数量　　单位:辆

年　份	卡车数量	年　份	卡车数量
1910	10 123	1945	5 076 310
1915	158 506	1950	8 598 962
1920	1 107 639	1955	10 288 804
1925	2 569 734	1960	11 914 249
1930	3 674 593	1965	14 795 051
1935	3 919 305	1969	17 885 836
1940	4 886 262		

资料来源:D·P·洛克林:《运输经济学》,长沙铁道学院运输系,1985 年 12 月,第 22 页。

由上面资料不难看出,汽车运输在美国的发展十分迅速。汽车的发展刺激了对道路的需要,1916 年出台的联邦资助法是一部鼓励加快公路发展的法律,1921 年的公路法又确定了联邦和各州的公路基金要集中使用于里程有限的公路上,于是有大量的资金开始用于改善公路。20 世纪 20 年代末 30 年代初,西方国家出现了普遍的经济危机,为了对付萧条,也为了增加一些就业机会,政府加大了用于公路建设的投资。这个时期的经济环境,造就了一些低收费和免收通行费的公路,其直接结果就是刺激了公路受雇运输业的发展。从事公路汽车运输的壁垒非常小,因为公路现成可用,不需运输经营者投资,从事汽车运输所需资金又很少,法律限制又不多,对运营者来说,不需要更多的文化知识和专业技术,于是越来越多的人加入到这一行列。经济危机使失业人数增加,很多人便自购或租用车辆从事汽车运输。

汽车运输可以实现门到门、灵活方便、服务较好,于是越来越多的运量转移到了这种运输方式上,铁路眼看着运量被别人抢走。

水运情况也类似,在 19 世纪末 20 世纪初,美国内河运输的发展十分迅速,国会曾拨巨资用于改善水路运输。20 世纪 30 年代经济危机时期,很多人加入到水运经营中,因为水道是现成的,购船资金也不需要很多。这一时期有水道的地方驳船竞争也很激烈。

航空运输起步较晚,但发展迅速,它具有其他运输方式不可比拟的优势,那就是速度快。一些长途旅行的旅客和对时间要求很高的货物运输和邮运成为航空运输的主要服务对象。

第二次世界大战后,管道运输也迅速发展起来,并在运输业中居于重要地位。“第二次世界大战”爆发后不久,美国政府开始进入管道运输业,建造了连接美国西南部油田和东海岸的主要炼油厂间的管线。管道运输完成的货运周转量占货运总周转量的比例由 1945 年的 12.4%,上升到 1970 年和 1975 年的 22.3%和 24.5%。

20 世纪 30~70 年代期间,由于新技术的不断发展,运输市场的结构发生了重大变化。如果说 20 世纪 30 年代之前运输市场的主要特征是以铁路为代表的垄断占主要地位,那么 20 世纪 30 年代以后的运输市场则是以各种运输方式的相互竞争为主旋律。

市场格局的变化导致运输管制内容的变化。20 世纪 30 年代之前管制的主要目标是限制垄断,鼓励竞争,而 20 世纪 30~70 年代期间管制的内容则逐渐转向对运输市场竞争的限制,因为不加控制的竞争造成的损失与浪费同样是严重,它导致设备重复浪费,运输企业财务状况不稳,服务水平和安全程度下降。过度的竞争使运输企业走向毁灭,最终也损害社会。

2. 对汽车运输的管制

对运输竞争的管制始于 1935 年的汽车运输法。这部法律基本上是为商业性汽车运输企业和经纪人制定的,它类似于铁路经营管制的综合性法规,1962 年成为州际商务法的第二部分。该法把从事州际和对外贸易的汽车运输业置于州际商务委员会管辖之下,并将汽车运输业划分为 5 种不同类型,即:普通运输企业,合同运输企业,自有运输,运输经纪人和在个别情况下不受管制的运输企业。州际商务委员会有权制定法规并监督汽车运输业的服务。

为了限制过多的经营者和过分的竞争,该法规定对于新进入这一领域的经营者要求必须有公众便利或必须符合公众利益的证明,合同运输企业则必须有经营许可证。在运价管制方面,州际商务委员会有广泛的控制权,其做法类似于对铁路的管制。

社会最关心的是对于进入该产业的控制问题。汽车运输业经营中所需资金不多,所以进入壁垒小,退出也比较容易。通过对进入控制,可以合理规划产业规模。该法的出台对汽车运输业提供一个比较周密的管制框架,也为运输市场上其他运输方式管理打下了基础。

支持汽车运输法的主要是铁路和已经从事经营的汽车运输企业。铁路部门从自身利益出发,认为管制应限制它的竞争者,因为铁路本身也受到了管制,所以公路的竞争性也应受到管制。已经从事运营的汽车运输企业也赞成这部法律,希望通过管制控制进入者的数量,避免更多的人参与竞争。

反对者主要来自农民集团,他们担心法律会阻碍和限制卡车的经营和运输市场竞争,从而使铁路重新恢复垄断。另外,已存在的合同汽车运输业对这一法律也持反对态度。

对运输市场竞争的管制始于运输市场结构和特点的变化,也始于对汽车运输的管制。在这以后,对竞争的管制逐渐延伸和完善,几乎持续了40 年的时间。

3. 对航空运输的管制

当竞争成为运输市场上的主要特征后,对它的控制就会成为管制的主要内容,并且逐渐扩展和延伸。

航空运输管制始于 20 世纪 20 年代中期以后。在 1938 年的民用航空法出台以前,有几个与航空运输有关的法律,这就是 1926 年的航空商务法(the Air Commerce Act),1934 年的航空邮件法(the Airmail Act)等。这些法律对运输内容、邮件的寄运、客票的收入等实施了有限的管制。

1938 年国会经过反复讨论和研究,通过了对航空运输实施管制为主要内容的民用航空法,该法建立了对航空运输的管制制度,根据这一法律,美国在 1940 年建立了民用航空局(CAB),它的职能和权限与州际商务委员会差不多,而且不会受到任何行政干扰。国会认为,对航空运输实施更严格管制是必要的,因为它是新兴产业,在国防中又有重要作用。

航空运输管制内容包括:进入和业务竞争的管制,运价管制和安全等方面的管制等。

4. 对水运的管制

1940 年出台的运输法开始了对水运的管制,该法的第三部分确立了对水运的经营管制制度。实际上,社会上控告水运企业的案件并不多,推动对水运业实施管制的动力,主要来自铁路。该法对水运的管制主要参考对铁路的管制模式,包括运价管制、许可证制度等项内容。

1940 年后,几乎对所有运输方式的管制制度都已形成,运输管制的构架已基本形成。政府希望通过对所有运输方式实行公正有效的管制以达到保持每一种运输方式的固有优势,促进和保护有效的运输服务,“制止任何歧视、不正当的优惠和受益,以及不公正或毁灭性的竞争”。

运输法明确了运输市场面临的问题不再是垄断,而是竞争,也明确了今后运输市场管制的主要目标是竞争。于是,管制的对象开始发生变化,由过去的垄断转向竞争。此后,对运输竞争的管制一直持续到 20 世纪 70 年代。

继 1940 年的运输法之后,又有一些新的法律出台,如 1942 年的货运代理修正案(对运输代理进行管制的条例),1948 年的里德—布尔温克法(修正州际商务法,加强竞争管制)等。比较重要的是 1958 年国会通过的运输法。该法最重要的内容之一,是修改了运价制定的原则,以保证不同运输方式间的运价竞争。该法提到运输企业的运价不需保持在某一水平以保护其他运输方式。

1966 年,国会通过了运输部法,建立了美国国家运输部。运输部接管了原来由州际商务委员会负责的铁路和汽车运营安全管理,并在运输政策制定方面发挥重要作用。运输部的组织结构如图 2-8 所示。

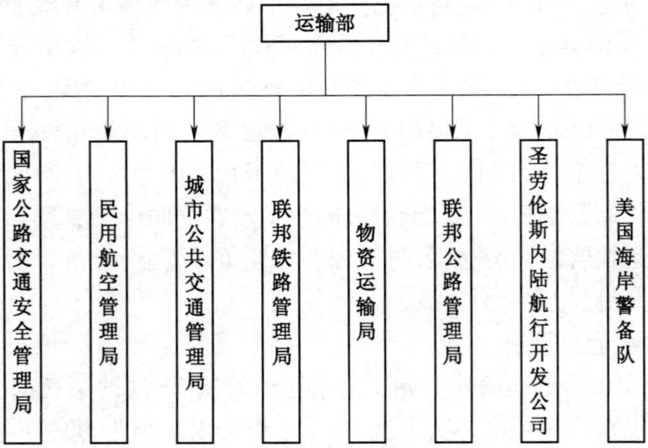

图 2-8　运输部的组织结构

运输部的成立,使运输政策制定和日常管理更加直接和有效。

市场结构的变迁导致铁路失去了垄断地位,也失去了往日的风采,铁路旅客列车在竞争中曾长期无利可图,出现了巨大的亏损。国会经认真分析认为,除非采取应急措施,否则竞争将导致城际间铁路客运业务的消失。经过努力,1970 年出台了铁路客运业务法,该法的主旨是要解决铁路客运长期亏损的问题,维持铁路客运业务的存在与发展。根据这一法律成立了国家铁路客运公司,一般称为 Amtrak。它成立后,接管了大部分铁路客运业务。它的主要目标是保持和提高铁路客运业务的质量,获得较多的运输收入,它在人口稠密的东北部的经营相对来说比较成功。

20 世纪 30 年代以后,随着其他运输方式的迅速发展,美国铁路开始每况愈下。20 世纪 60 年代后期,有若干铁路公司相继宣告破产,这其中包括原来规模很大的宾夕法尼亚中央铁路。铁路运输企业的大量破产,震动了美国政府,为了整顿和挽救铁路,1973 年国会通过了区域铁路改组法(3R 法,即 the Regional Railroad Reorganization Act)。根据这一法案成立了一个新的机构——美国铁路协会,由它负责改组破产铁路。另外,也成立了一个新的半国营公司——联合铁路公司(Conrail)。

美国政府挽救铁路的法规和行动,宣告了一个管制时期——对运输市场竞争的管制时期即将结束。为使运输市场均衡、协调、有序地发展,管制的内容也将随着运输市场的变化而变化。

(四)放松管制时期

1. 放松管制的背景

从 1935 年的汽车运输法开始,运输管制的对象和目标主要是竞争,这一时期正是各种运输方式蓬勃发展时期,市场竞争十分激烈。然而,过度竞争,甚至是毁灭性竞争的结果是导致市场混乱,运输企业走向灭亡。因此,对竞争进行管制无疑是必要的。

对竞争的管制主要集中在市场进入的管制、运输价格的管制、差别待遇的管制以及运输安全等方面的管制。在竞争管制时期,州际商务委员会对各类企业进入运输市场的控制是十分严格的,对运价的控制同样是十分严格的。由于控制市场的进入,美国汽车运输企业从 1935 年的 3.5 万家减至 1980 年的 1.5 万家,因为已经从事运输的企业之间存在相互合并的现象。对汽车运输业的日常运营也存在着许多限制,如要想拓展新的业务,就必须证明它们是合适、自愿和有能力,法律规定,运输企业只能在指定的线路经营和运送指定的货物。运输者也被告知,他们可以向一个地方运货,但回程不能捎货。

在航空运输方面,1941 年民航局决定不再准许新的经营者进入市场,运价也需要受到监控,并根据财务状况来决定。铁路运输已失去了垄断地位,但对铁路的管制几乎还在延续使用对垄断的限制政策,造成铁路运输企业长期财务困难,亏损严重,使得大批铁路破产。实际上管制的内容没有跟上运输市场的变化,公众也控告州际商务委员会和运输部没有有效地保护消费者利益。

很多学者对管制问题也进行了深入研究。他们中的很多人认为,运输管制导致了资源的错误分配,因而,造成的社会成本很大。

社会普遍对管制不满,推动和促进了对运输业的放松管制,在这种背景下,管制进入一个新的时期——放松管制时期。

2. 放松铁路管制

1976 年,美国国会通过了铁路复兴和管制改革法(又称 4R 法)。该法完成了对主要铁路的改组,体现了运输市场变化对管制内容改革的要求,使运输市场走向放松管制的重要一步,它的主要目的是拯救濒于崩溃的铁路运输业。

4R 法涉及的内容十分广泛,在管制方面改革的主要内容有以下几方面。

(1)放松对运价的管制。在最高运价和最低运价方面,该法有了新的规定。在最低运价方面,州际商务委员会对等于或高于可变成本的运价不能再认为是不合理和不公正的,这是铁路多年来一直争取的一项内容。在最高运价方面,除非委员会认为铁路企业已处于市场的支配地位,否则就不能认为其运价是过高运价。

4R 法还宣布,应放弃保护性运价政策(又称保护伞运价),除非改变运价会影响运输企业继续经营的价值,否则运输企业就不必固守某一运价,以保护其他运输企业或运输方式。除了对于运价水平放宽控制,对运价的调整也加大了自由度。该法规定,铁路提高或降低运价不需要提前很久向州际商务委员会提出申请,只要没有垄断发生,铁路可在 2 年内每年提高或降低运价不超过 70%,但州际商务委员会仍有权暂缓新运价的执行。这一规定为铁路企业变动运价提供了法律依据。

(2)加快了对一些事务的处理。对于一些事务的处理,该法规定法定程序和时限。如铁路兼并案件必须在 31 个月内完成处理,州际常务委员会必须在呈报建议运价后的 120 天内予以答复。

该法还有另外一些条款,如,当不影响公众利益时,州际常务委员会有权批准运输企业免除管制等。

1980 年 10 月 4 日,卡特总统签署了一项新法律,这就是斯塔格斯法(Stagges Rail Act)。如果说 4R 法在放松铁路管制方面迈出了第一步的话,那么斯塔格斯法则把这一进程推向深入。在 1980 年前的近半个世纪中,美国铁路几乎一直在走下坡路。1947—1979 年,美国各种运输方式城际间货运总量增长了 1 倍,而铁路货运量却减少了 1%,这期间铁路在运输市场的占有率降低了 50%,在 20 世纪 70 年代的 10 年间,有 10 家主要的铁路公司宣布倒闭,使占全美铁路总里程 22% 的线路处于破产法庭的审理之下。

1976 年的 4R 法虽然在放松铁路管制方面走出了一大步,但仍未达到目的,原因在于贯彻运价改革的过程中,州际商务委员会仍有广泛的处置权。而 1980 年的斯塔格斯法使这种任意处置权减少,该法的目的是使铁路获得在运输市场上进行有效竞争所必须具备的灵活性,这是在放松铁路管制方面具有里程碑意义的法律。

通过斯塔格斯法可以看到,国会的明显意图是要通过市场竞争机制来调节运价,斯塔格斯法指出:“过去的那种控制的做法无法与运输市场保持同步。”国会经过调查和研究断定:“许多影响铁路的政策法规在防止垄断上起过重要作用,现在则既无必要又无效率;美国大多数运输是相互竞争的,为了保持一个有活力、效率高而经济的铁路业,更多地依靠市场是十分必要的。”根据斯塔格斯法新的条款规定,约有 2/3 的铁路运价可以不受最高运价的限制。过去当铁路被认为处于“市场支配”地位时,州际商务委员会就会对其运价实施管制,现在,这种权利已受到限制。州际商务委员会每季度公布一次铁路成本指数,铁路运输企业可根据公布的成本指数上升百分比提高运价。在最低运价控制方面 4R 法已经确立了一个标准,即运价必须对铁路持续经营有所贡献,并规定,超过变动成本的运价即可以认为是贡献。斯塔格斯法重新强调了这个标准,并规定超过变动成本的运价即可确定无疑地认为对持续经营有所贡献。

在业务活动方面,只要州际委员会认为管制达不到有益的目标,或认为管制不符合社会公众利益,它就可以对任何形式的运输活动免除管制。

斯塔格斯法在放松铁路管制方面具有重要的历史意义。

3. 放松航空运输管制

自铁路之后,放松管制的运动延伸到航空运输领域。1938 年的民用航空法建立了对航空运输管制的基本框架,随着运输市场情况的变化,对这种管制的批评逐渐多了起来,例如民用航空局对航空公司的控制太严,航空公司基本上没有自主经营权;对于市场进入控制过严,对航空公司的保护过多等等。于是,从 1975 年起,民用航空局已经开始对管制有所放松,并且注意更多地依靠市场的力量,如在市场进入方面可以在比较灵活的基础上签发许可证,民用航空局的关注点不再是市场拥挤而导致过度竞争,而是客流密集地区是否有足够的机位与通道。

1978 年 10 月 24 日,卡特总统签署了航空运输放松管制法,该法取消了保护航空运输使其不受市场竞争影响的规定,同时还规定,民用航空局将于 1985 年撤销。

放松航空运输管制的主要内容包括:

(1)放松业务管制。允许航空公司每年增加一项新的业务经营,如在任何两地间增加一条新的航线,航空公司如果有能力,其业务也可以扩展到未利用的航线上。按时间计划表,从 1981 年底开始,民用航空局就不再控制任何航线,任何航空公司只要符合联邦航空管理局的安全要求,就可以在任何航线上经营。从 1983 年初开始,民用航空局也不再控制运价以及航空公司的合并。

(2)放松运价管制。该法规定,在一个特定的范围内,航空公司可以根据市场情况自行调节运价,可以在原来运价的基础上增加 5% 或降低 50%,这意味着航空公司在运价制定和变动方面有了更大的自由度和灵活调节的空间。不同的运输企业在相同运距的航线上也可以规定不同运价,在票价折扣方面该法也赋予运输企业更大的自主权。

4. 放松汽车运输管制

1980 年 7 月,经过 18 个多月的讨论,通过了汽车运输法。这是一部关于放松汽车运输管制的法律。

支持放松汽车运输管制的人认为,过去对汽车运输的管制阻碍了汽车运输业的增长,也影响了有效地利用资源和设备。对市场进入严格的限制,造成了现有汽车运输业的低效率,也使消费者无法享受竞争带来的好处。反对放松汽车运输管制的是已经从事汽车运输的经营者,他们从本身的利益出发,强调放松管制会使市场不稳定,也可能引起过度竞争。

国会在认真调查并听取各方面意见后,还是认为应坚持放松对汽车运输的管制。放松管制的主要内容包括:

(1)放松业务管制。新的管制措施更有利于新的运输企业进入汽车运输市场。如果州际商务委员会认为申请人适合并且能够提供某种运输服务,就可以根据进入条款颁发运营证。汽车运输法规定,州际商务委员会必须取消有关绕行和中转站的限制,取消对营运范围的限制,允许运输业企业扩大经营规模,允许为中转站点提供服务,可以往返运输,取消营运地域限制。该法规定,所有配合客运的汽车货运都可以免除管制。

(2)放松运价管制。在运价方面,汽车运输法允许运输企业在两年内变动±10%的运价,两年后,运价的浮动根据生产者的价格指数进行调整。运价的制定原则也做了调整,它以运输企业的营运收入和资本需求为主要参考依据。该法规定,1981 年 1 月 1 日后,只有有权参与运价建议的企业才有表决权。1984 年后,禁止讨论和投票表决单一运价。各运价局不再干涉单线运价问题。

汽车运输法的实施,使汽车运输市场出现了更多的竞争,运价也随之降低。放松运输管制后,自用运输可以进行商业性运输,而且这种情况在明显增多,合同运输也有了迅速发展。

二、英国的运输管制

英国是最早拥有现代化交通运输方式的国家之一,1825 年英国修建了世界上第一条铁路,在此以后,铁路迅速发展,在国民经济和社会事业中发挥了重要作用。铁路的发展大致经历了 3 个截然不同的时期:1825—1900 年是英国铁路发展的高峰时期。在这一时期,英国建成了跨越全国的铁路运输网,铁路运输处于市场的主导地位。1900—1950 年,英国铁路处于平稳发展期,营运线路基本保持原有规模,完成的客货运量比重变化不大。1950 年后铁路逐渐走向衰退,营业里程减少,一些亏损线路封闭,完成的客货运量比重持续下降。与此同时,公路运输呈现出蓬勃发展的趋势,公路通车里程不断延长,完成的客货运量比重也不断增加。

在管制方面,1925 年以前,英国对运输市场实行了较为严格的运输管制政策。1933 年的道路与交通法,对汽车运输市场的进入问题进行了严格的限制。与美国的情况有些类似,很多人认为,自由进入运输市场会造成过度竞争,从而导致资源浪费。于是,政府着力控制运输市场,使运输企业数量保持在一定规模内,控制的主要手段同样是发放许可证。

铁路是公路运输发放许可证的积极支持者,而政府发放许可证的原因之一也是要保护铁路。一个叫吉得的咨询委员会(the Geddes Committe)经过大量调查,于 1965 年向政府提交了一份报告,报告指出,发放许可证制度并未有效实现政府控制公路货物运输的目的,因此认为应当取消公路运输许可证制度。

1968 年的运输法取消了对汽车运输企业数量的控制,不过,同时加强了对进入者质量的控制,这仍然体现了对汽车运输市场管制的放松。1968 年以后,政府加强了对放松管制后市场情况的研究。调查的数字表明,公共运输业完成的货物周转量比重从 1969 年的 50% 增长到 1975 年的 58%,货运从铁路转入公路的现象并未大幅度增加,自营货运业也并未对公共货运市场带来冲击。这说明没有许可证制度,运输业仍然能够生存。于是,英国政府为使运输政策更加有效,把原来依靠严格控制改变为依靠市场的力量,让市场决定该由谁来承担多少运量。

在铁路方面,1921 年的铁路法将许多私人经营的铁路公司,合并为 4 个大公司。1940 年,出台了铁路管理法,规定了在运价、业务方面的一些管制条款。1947 年又出台了运输法,根据这一法律,1948 年英国将除地铁之外的 4 家私营铁路收归国有,组成了统一的英国铁路总局,实行了全行业统一管理，控制了全英铁路的全部资产、经营权和人事权。

英国铁路总局在政府运输部的直接领导之下，虽然对铁路的管理采用的是政企分开的办法，但实际上对铁路的管制是明显地加强了。政府作为股票持有者影响铁路，控制铁路的业务和财务目标。自英国铁路总局成立以来，英国铁路与政府之间的关系十分密切。他们每年讨论一次铁路总局工作计划、投资计划，讨论铁路借贷需要政府确定的财务限额，随时接触以讨论铁路经营策略，政府随时对铁路总局的工作目标和财务状况进行监管。另外英国政府也期望通过选举董事会主席来控制铁路执行政府的政策，所以 1947 年后，政府对铁路的管制大大加强了。

20 世纪 70 年代以后，对铁路的管制开始逐渐放松。1974 年，英国出台了新的铁路法案，该法案包含了放松铁路管制的重要内容。这项法案指出：铁路是社会公用事业，为支持铁路发展，对铁路实行减税和银行减息的政策优惠；对铁路客运放松控制，铁路客运票价的制定应主要按市场的购买力水平确定，票价低于客运成本而发生的亏损由政府补贴；政府对铁路的业务工作，除了考核客货运业务的投资收益率，不再作任何干预。

铁路法案的颁布是放松铁路运输管制的重要标志。可以看出，20 世纪 70 年代中期以后，英国运输市场变化的一个重要特征就是放松运输管制。政府希望通过放松运输管制，使运输业得到健康发展。

三、运输管制变迁：理论思考与分析

管制的存在是运输市场中最重要的特征之一，交通运输是受管制的重要行业之一。

企业在长期的发展中形成了基本的经营规则，而市场在其变化中形成了基本的运行规则，这些规则不是一成不变的。社会经济及制度环境的变化导致这些规则也处于不断变化之中，虽然在某一特定时间里这种变化可能并不十分明显，然而历史地、长期地观察这些变化，就可以发现其中具有的特征和存在的规律性。

运输管制是运输市场的一个重要经济特征，运输管制的演变几乎是运输市场变迁的重要反映。那么运输管制为什么会发生演变？管制演变的内在机制是什么？

(一)运输管制形成的历史原因

正如前文分析的,早期的运输市场很少有管制存在。在马车运输时代、运河时代,政府几乎没有对运输企业的直接控制,各种运输经济活动基本上依靠市场的力量来加以调节。如果说存在一些规范性管理的话,那就是基于市场经营原则对一些运输企业颁发营业许可证。不过,这种许可证多数是经营者合法经营的证明,而不是在市场进入方面的控制手段。

运输技术的发展导致了运输市场结构变迁。铁路这种现代交通方式的出现打破了运输市场原有的均衡,在它产生后将近100年的时间里,独领风骚,占据了市场鳌头。

在铁路新兴之时,很少有人想到设计一套经济法规对其管制。人们想象,市场的力量能够调节和控制其他行业和领域,那么它也能够调节和控制运输业。于是在铁路运输最初出现时,对运输市场采取的仍然是放任自由的态度。这很自然,因为早期收取通行费的道路、运河和天然河流的运营,政府都没有施加管制,但经营都是成功的,没有出现市场的无序。市场的力量比较好地解决了运输业的自身发展问题。

铁路的出现似乎改变了这一切。铁路运输发展到一定程度后,人们发现,本应相互竞争的公共运输业无法在同一条铁路上同时从事运输活动,铁路运输业的特点决定了铁路公司在其线路上运输的独占性。它可能存在的竞争基本上发生于两条平行的线路之间,而没有使用同一线路进行相互竞争的情况,这就使竞争的功效产生了很大差异。

铁路运输业是一个投资巨大的行业,它的资产专用性强,固定性也极为明显。铁路资产通常情况下只能用于运输,一旦某一铁路被证明没有存在的必要,其设备无法移作他用。铁路资产不仅专用而且是固定的,铁路线路这样的资产是无法在不同区域间进行调拨的,所以当一条铁路不成功时,其大部分投资都会陷在原地不能收回。因此,铁路的沉落成本非常大。

由于铁路的原始投资大,固定费用高,在很多情况下,竞争不能使铁路公司的收入保持在正常水平。如果两条线路存在着激烈竞争,对于经营这两条线路的铁路公司来说,为了使公司能够生存下去,都必须获得一定的运输收入,否则铁路将被废弃,最初的投资就荡然无存。如果能有些微利甚至是收支平衡,经营下去总比停止营业要好。

于是当铁路间存在竞争的时候,往往是激烈的甚至是毁灭性的,因为竞争常常使运价降到成本以下。在铁路运输成本中存在大量的固定费用,它们在一定时期内不能随运量的变动而变动。由于存在较高比例的固定费用(多数情况下占到总成本的 2/3),因此运价的变动往往可以根据变动成本的水平加以变化。如果一项运输在竞争比较激烈时不给予较低运价就不能运输时,以变动成本作为运价的下限而制定的运价对铁路公司来说是可以接受的,因为运价补偿了用于运输的直接耗费。当运价高于变动成本时,高出部分就可以部分补偿固定费用,这是对已有资产的补偿和贡献。于是在竞争的压力下,铁路公司往往会将其价格降到成本之下,以略高于直接费用的运价承运货物,"停止生产比在成本以下生产更糟"是对竞争中铁路公司的真实描述。

铁路公司间无限制的竞争导致在很多情况下运价降到无利可图的水平。19 世纪中叶美国铁路公司之间的运价战很普遍,在竞争的压力下,有时运价降到非常低的水平,"以致几乎不能支付运输货物的机车和车辆的车轮润滑油费用"。

在这种情况下,旨在通过扩大企业规模,减少内部竞争,从而获得垄断利润的联合与兼并开始逐渐兴起。从理论上讲,"旨在垄断的兼并是有利可图的。如果新厂商进入不是太快,兼并者可以在相当长一段时间内获得垄断利润"。于是,铁路的联合与兼并开始兴起。

联合与兼并的结果使铁路公司间的竞争相对减少,一些大的铁路公司是由众多的小铁路公司合并而成的。例如纽哈芬(New Haven)铁路公司是由 203 个铁路公司合并而成的;芝加哥、柏灵顿与昆塞铁路(Chicago Burlington and Quincy)是由大约 200 个公司合并而成;而宾夕法尼亚铁路系统则是由 600 多个公司合并而成。这些公司合并的目的主要是为了减少铁路公司相互间的竞争。

在铁路公司大量合并之前,社会对铁路已经存在不满情绪,对铁路的不满主要来自农民集团。农民对铁路的控诉很多,其中之一是他们认为运价太高,特别是在没有铁路竞争的地区;对铁路的不满的另外一个原因是差别待遇的存在。由于铁路成本中大量固定费用的存在,使得铁路运价在不同地区、不同货物间存在差别收费或称差别待遇。农民指控铁路运价过高(虽然指控并不一定完全合理)和存在差别待遇,强烈要求对铁路实施管制。于是在一些州农民运动促成了农民法律的产生,虽然这些法律存在的时间较短,但它足以引起政府的重视,而且对控制铁路运价也确实起到了很大作用。格兰其法是美国社会第一次对运输企业施加管制,并在习惯法之外建立的基本的法律体系。

对铁路的管制不仅是运价方面的,当许多铁路公司合并时,社会就已有所觉察。社会公众希望铁路间存在竞争,以防止运价过高。在对铁路公司合并进行调查时,州际商务委员会就指出:"铁路间的竞争像其他企业的竞争一样,是国家的既定政策。"为了防止铁路通过联合或兼并产生垄断,在美国约有 40 个州制定的法律和法规禁止相互竞争铁路之间合并,谢尔曼反托拉斯法是十分著名的反垄断法。"1904 年北方证券公司案件的判决表明反托拉斯法关闭了由兼并获得垄断利润的大门。"这起案件的起因是 J·P·摩根和 J·希尔试图利用新泽西北方证券公司(一家控股公司)兼并北太平洋和大北铁路公司。由于这两家公司所经营的铁路线路是平行的、相互竞争的,所以,政府以违反宪法对其起诉,最高法院判决这一兼并活动为非法,并要求解散北方证券公司。

对铁路的管制是在社会不同利益集团的监控和督促下开始的。正如前面所谈的,早期的运输市场很少有针对特定经济活动而存在的管制,社会普遍认同的观点是自由放任,由市场自身的力量调节。当铁路这种运输方式出现并迅速发展后,原有的市场均衡被打破。一些集团如农民集团利益受到影响,于是他们便行动起来,为保护他们的利益而斗争,他们的行动几乎接近了革命的爆发点。

农民运动推动了运输管制的进程。因农民运动而产生的格兰其法是美国经济史中第一次对企业施加管制。由于信息的不完全,格兰其法中有些内容并非正确,如关于运价制定与变动的规定。铁路运价本身是复杂的,它需要专业和训练有素的人专门整理材料并进行研究,但立法机构人员构成复杂,流动性大,所以很难科学准确地制定并控制运价。铁路对格兰其法持强烈反对态度,认为该法不公正,也不可行,在这种法律制度下无法经营。事实上也确实有一些铁路公司在这期间破产。于是,很多州都废止或修改了格兰其法律内容。

格兰其法虽然实行时间短暂,然而它却打开了运输管制这扇门,运输管制从此成为运输市场中一项最重要的特征。从理论上讲最初对铁路进行管制符合帕累托最优原则。政府通过管制使铁路垄断行为得以控制,它可以保证铁路在正常生产经营情况下,在其收益保持一定增长的情况下,不致影响社会其他成员的利益。政府有责任保护市场的正常运行,防止垄断,保证公平与效率,实现帕累托最优。不过,管制本身是有成本的,政府实施管制必须获得有关的信息,因而存在交易成本。管制的操作由于交易成本的存在以及信息的不完整性,使得管制结果与预想目的间存在很大差异。管制的实际效率能否达到帕累托最优取决于管制者能否获得充分与完整的信息。

市场失效是导致管制产生的另一个重要原因。运输市场具有与其他市场明显不同的特征,它在一段时期内可能极富竞争性,而在另一段时间内有可能极富垄断性。依靠市场自身的力量有时很难克服市场中存在的疾症,如垄断和过度竞争。这时,通过建立法律、法规规范市场运行,通过实施管制消除市场本身无法克服的弊端是一种必然的选择。

(二)运输管制变迁的内在机制

运输管制产生于铁路迅速发展之时,它是运输市场结构变迁的诱致"产品",也是政府克服市场失效,保证资源合理配置的必然选择。同时,它也是社会不同利益集团博弈的一种必然结果。

以运输管制相对完善的美国来看,运输管制从产生到不断发展演变,其中经历了曲折、复杂的变化。从很少管制到加强对垄断的管制,从实行对竞争的管制到放松管制,管制内容和形式不断变化。运输管制的演变,决定了运输市场变迁的基本走向。那么,是什么力量推动了管制的演变使它决定了运输市场的变化呢?

1. 推动管制变迁的主体

从运输管制产生和演变的过程看,它既是对市场失效的一种补救,同时更是不同利益集团相互博弈的结果。

制度变迁的主体可能是组织(政治组织、经济组织和教育组织或其他利益集团)、个人和国家。在运输管制方面,积极推动立法,从而广泛深入控制铁路的行动者是农民集团,他们是推动运输管制产生的第一行动集团。美国铁路发展初期,农民集团这个特定的利益群体认为他们自身的利益因为铁路而受到了损害。19世纪70年代,美国农产品价格大幅度下降。促成农产品价格下降的原因很多,包括农业技术的发展(如耕种方法)和出口贸易额减少等。铁路运输业的快速发展也是降低农产品价格的一个重要因素。

但是由于对铁路的强烈不满,农民集团积极行动起来,组织了声势浩大的农民运动,推动建立对铁路的管制制度。作为第一行动集团的农民组织认识到只有改变当时的运输制度结构,加强对铁路的管制,他们的利益才能有所改善。于是他们强烈呼吁政府加强对铁路的管制,他们的行动导致著名的格兰其法出台。格兰其法对铁路最高运价、铁路合并、差别待遇等方面制定了明确的控制条款。

正是由于第一行动集团的积极努力,政府开始关注并对铁路垄断行为进行更为广泛深入的调查,大量调查的结果证实了铁路垄断、差别待遇等方面问题的存在。于是,为了社会公众的利益,政府开始加强对铁路的管制。1887年州际商务法的出台使运输管制明显加强,政府成立了一个特殊的管制机构——州际商务委员会(ICC)——在以后的运输管制操作中扮演着重要的角色的机构。ICC是运输管制及其执行者和实施者,是第二行动集团。

推动运输管制变迁的第一行动集团并不总是同一主体。运输市场上最早成为管制对象的铁路,在市场结构变化到一定程度时,又成为运输管制变迁的积极推动者。

20世纪20年代后,汽车运输迅速发展起来,汽车运输灵活方便的特点使它很快成为运输业中的后起之秀,加之经营汽车运输的初始资金要求少(经营者不必投资于道路建设,只需购置车辆),所需专业知识和管理水平也不是太高,所以从事汽车运输经营的越来越多,社会运量也就越来越多地转移到公路运输上来。

汽车运输的发展无疑使运输市场结构发生了巨大变化,原有的市场均衡被打破。铁路看到了竞争对手,也看到了潜在威胁,于是开始积极推进对汽车运输的管制,积极推进此项管制的还有已经从事经营的汽车运输企业和一些社会公用事业机构。铁路部门的积极努力导致了对汽车运输管制的实施。

从农民组织作为第一行动集团积极推进对铁路的管制,到铁路(包括其他利益集团)作为第一行动集团积极推进对汽车运输的管制,运输管制在内容上发生了根本变化,它从对垄断的管制演变为对竞争的管制。铁路公司和已经存在的汽车运输企业看到,如果对汽车运输的发展不加控制,会使他们的市场份额和经营收入大大减少,控制汽车运输的快速发展(包括新经营者的市场进入)能够使他们保持或增加市场利润(因为运输需求在不断上升)。由于看到加强竞争监管能给他们带来明显好处,于是作为第一行动集团积极推进管制的变迁——由垄断管制转向竞争管制——就成为顺理成章之事。正如著名经济学家斯蒂格勒所说的那样,"铁路运输业意识到这是一个不断壮大的竞争者,用来控制卡车运输的方法之一就是国家管制"。

对于水运的管制同样来自铁路部门的督促和努力。在对水运管制之前,社会上没有什么人控告水运企业,或者表示对水运企业的不满,然而在很多地方水运是铁路的强有力竞争者,受到管制的铁路十分盼望控制竞争对手,于是便极力要求加强对水运的管制。水运管制是运输市场竞争的一个反应,也是社会各种利益集团博弈以及谈判的结果。州际商务委员会作为运输管制变迁的第二行动集团(管制的执行者)完成了管制由垄断为对象向竞争为对象的转变。

20 世纪 60~70 年代,美国社会对运输管制普遍感到不满,多数消费者认为运输管制影响了他们的利益,因为管制对运输业的保护多于对公众利益的保护。他们认为,管制的存在,在很大程度上限制了运输市场的竞争,使他们无法享受到由于竞争而得到的利益。

在消费者反对对运输实行管制的同时,学术团体通过研究指出,管制造成了较高的社会成本,并使资源分配效率大大降低。于是由于管制而导致了资源的错误分配几乎成了当时全社会的流行语言。

运输企业,特别是铁路的经营情况每况愈下,大量铁路公司由于管制(在价格,业务范围,合并,资本投资等方面)和其他原因而申请破产,继续经营的也是在苦苦支撑,勉强维持。

上述情况使得放松管制成为社会和运输企业的共同呼声,也推动了对运输管制的放松。20世纪70年代后期,美国政府开始放松运输管制,把竞争和市场力量看作是各项运输业务最好的调节者。

推动放松运输管制的力量主要来自社会公众,学术团体和运输业。政府放松运输管制的行为满足了社会不同利益集团的共同要求。1982年8月,美国农业部的一份研究报告——《1980年的斯塔格斯铁路法与汽车运输法对农业影响的评价》指出:“在各种运输方式之间及每一种运输方式内部存在着争夺运量的激烈竞争;货主(即使是那些以前被许多人看作‘被控制的货主’中的一些人)也从这种竞争中获益。”州际商务委员会在1984年3月《关于合同运价的报告》中说:“在绝大多数情况下,合同制度是铁路公司与货主彼此获益”(1978年以前,州际商务委员会认定铁路运输合同是非法的,斯塔格斯法则赋予铁路与货主之间相互协商运价和业务条件几乎完全的自由)。放松管制的结果是“双赢”甚至是“多赢”,它能使与管制相关的各方均可获益,于是政府积极推动了放松运输管制的进程。

从上面分析可以看到,市场潜在利润是刺激不同利益集团推动管制变迁的动力,不同的利益集团出于自身利益的考虑,成为管制变迁的初级行动集团。管制变迁的结果使这些集团的利益有所增长或至少不再下降。政府或者派出机构,如州际商务委员会,是管制变迁的执行者,也是次级行动集团。

2. 推动管制变迁的动力

运输管制的变迁是通过管制规则(有关的法律、法规)标准和实施的边际调整实现的。

运输管制变迁的诱致因素在于主体期望获得最大的潜在利润。所谓潜在利润就是外部利润,它是一种在现有的制度安排中主体无法获得的利润。制度变迁主体通过推动制度变迁,使显露在现存制度安排结构的利润(即外部利润)内部化。从美国运输管制变迁的历史可以看到,推动管制变迁的主体(初级行动集团)都是在争取外在利润,或至少使自身利益不受损害(在一定市场条件下,同样可视为一种外部利润)。

非均衡的制度结构必然导致制度变迁。管制变迁的另一个重要原因是其自身的不均衡性。管制本身也存在一个均衡与否的问题。例如,对垄断的管制基本上是针对铁路的,当汽车运输、水运以及民航迅速发展起来后,运输管制如果只限于针对铁路,则管制会出现明显的不均衡。事实上,这种不均衡曾严重地存在,当它发展到一定程度时必然导致运输管制的变迁(从针对垄断到针对竞争)。

3. 政府的作用

管制是政府对运输市场干预的一种手段,虽然政府不是推动运输管制产生与变迁的第一行动集团。政府对运输市场进行管制的一个重要原因是市场失效。

市场是资源分配的重要手段和方式,然而市场本身也存在缺陷。由于市场的缺陷,单纯依靠市场机制无法解决上述许多问题。运输市场具有一些独特的性质,它在一定时期可能极富竞争性,而在另一时期可能极富垄断性。实践证明,这些问题单纯依靠市场机制无法得以解决,于是,通过政府干预使运输市场能够保持有序就成为运输管制存在的重要理由。

从美国运输管制的发展历史看,政府不是推动运输管制产生和变迁的第一行动集团,在很多情况下,“管制或许正是一个产业积极寻求的”。按照施蒂格勒的观点,“管制通常是产业自己争取来的”。对汽车运输、水运加强管制的要求正是来自运输业内部。

政府为什么要听从一部分利益集团的要求,对整个运输市场或者其中某个运输方式进行管制？在市场经济条件下,政府的作用是保护社会公众的利益,保证经济运行的效率与公平,而这些恰恰是市场本身解决不了的。市场机制在一定条件下可以提高资源的配置效率,但它解决不了公平配置的问题。市场机制所形成的效率可能使一部分人或集团十分富有,而使另一部分人或集团生存不下去。这不符合政府工作目标,也不符合帕累托最优原则,解决这一问题需要政府发挥作用。

运输业是一个特殊行业,运输市场本身发育可能十分不平衡。市场的不平衡性完全依赖市场自身调节很难解决。这种不平衡性的存在可能使一部分人或集团获得超额利润,而使另一部分人或其集团负债累累。

于是为了使一部分人或集团的利益增加的同时不至于减少另一部分人或集团的利益,为了兼顾效率与公平,为了公众的利益,政府需要对运输市场进行管制。

政府不是推动运输管制产生和演变的初级集团,推动运输管制产生和演变的集团是那些由于存在管制或改变管制内容能使自己的状况比原来更好的集团。政府或其授权的机构如州际商务委员会是管制产生和变迁的实施者或称第二行动集团(次级行动集团)。

运输管制及其变迁的产生需要交易费用,其中内含大量的信息成本。管制机构能否获得完整信息是决定管制效率的重要因素。信息不完全性可能使管制在规则、标准和实施中出现偏差,从而影响管制的效率。事实上,在美国运输管制的演变中,由于信息不完整而影响管制效率的情况大量存在,例如对于运价和差别待遇的管制。

4. 运输管制的适应效率

导致制度变迁的另一要素是所谓的适应效率,有效的组织应为其内部组织提供适应效率。

运输管制是政府为规范运输市场秩序,通过制定市场主体行为规则而管理和控制市场的手段和方式。管制需要支付费用,需要大量完整、准确的信息。管制能否达到预想的效果,在很大程度上取决于管制者能否获得准确与完整的信息。

运输管制的演化与变迁在很大程度上取决于它为市场主体带来的适应效率。管制的内容和方式决定着适应效率。由于市场环境的变化以及信息的不完整性,当原来的管制无论在内容上还是在形式上都已不具效率时,改变原来的管制就成为必然。

多年来,管制是否必要,是否具有效率一直是经济学家们关心的事情。当整个社会认为管制已失去了效率时,管制的变迁就会成为必然的结果。欧美国家放松运输管制,在很大程度上是因为社会,包括运输业本身普遍认为管制已不具有效率,它束缚了市场主体,也影响了消费者利益。原有管制不具备适应效率是影响和推动运输管制演变的一个重要因素。

第五节　中国运输市场发展的历史沿革

一、1949 年以前中国的运输市场

中国交通运输发展起步较晚，铁路这种现代化交通运输方式在中国的出现比资本主义国家整整晚了半个世纪。1876 年中国境内出现了第一条铁路，它是以英国怡和洋行为首的英国资本集团擅自修建的吴淞铁路，这是一条长 15 km 的窄轨铁路。这条铁路的产生拉开了资本主义列强在中国修建铁路的序幕，此后，其他一些资本主义国家纷纷在中国兴建铁路，瓜分中国的资源。清朝政府的昏庸腐朽导致了铁路路权的大量丧失，也阻碍了民族资本修建铁路的热情，所以直到 1949 年，经过 70 多年的时间，中国仅仅拥有 2 万 km 铁路。

公路运输的发展也十分缓慢，到 1949 年，全国公路通车里程只有 8 万 km，其中高级、次高级路面的公路里程为零。

1949 年以前中国的运输市场是脆弱的、不完整的。在动荡的政治、经济制度环境下，运输业本身的发展受制于其他因素的变化。由于资本主义国家的侵略和强占，铁路和其他运输方式被分割，处于不同政治势力控制之下，全国统一的运输市场无法建立。

在局部的运输市场内，运输活动在一定程度上遵循了市场规则，也利用了市场机制，但这种情况十分脆弱，政治规则的变动可以很快使市场规则全然消失。

旧中国铁路的修建利用了市场机制，如：采用股份制公司体制，通过发行铁路股票和债券多渠道吸引资金修建铁路。在铁路建设中，采用了官办、商办的体制，并且也利用了大量外资。中国自办的第一条铁路——1881 年修建的唐胥铁路，是在清政府洋务派的主持下，由开平矿务局负责集资修建的。1886 年成立了中国第一家铁路公司——开平铁路公司，独立经营铁路业务。

1903 年，清政府出台《铁路简明章程》，规定向民间资本开放路权，鼓励地方和民间资本自筹资金修建铁路。但由于当时的民族资产阶级力量

薄弱,又受到外来势力的影响,所以利用民间资本修建铁路十分有限。

国民党政府统治时期,铁路曾经采用“国家资本商业化”方式进行经营,即政府担保进行铁路建设,铁路采用“商业化”方式进行经营。

旧中国的运输业发展虽然利用了市场机制,但带有明显的半殖民地半封建社会的痕迹。运输市场是分散的、脆弱的,在很多情况下无法发挥作用。

二、1949 年以后中国的运输市场

1949 年,中华人民共和国诞生,中国的宏观经济制度发生了根本性的变化。中国学习前苏联经济发展模式,否认市场和市场经济,建立了高度统一的计划经济管理制度。对于运输业来说,高度的计划管理是最明显也是最重要的特征之一,运输业本身完全在国家的直接控制和管理之下,运输活动不受价值规律和市场调节的影响。

这种情况一直延续到 1978 年。1978 年以后,中国开始了规模宏大的经济体制改革工程,宏观经济体制改革的核心是逐步摆脱高度统一的计划经济管理模式。宏观经济体制改革是一个渐进的过程,从对高度统一计划管理模式弊端的认识,到提出“计划为主,市场为辅”,到 20 世纪 90 年代初建立社会主义市场经济制度,中间经历了长时间的探索与实践。

中国运输市场的建立与发展同样经历了一个较长的过程,与其他行业相比,中国运输市场的发展与完善更加缓慢。

作为国民经济发展的基础产业,运输业对于调整和影响国民经济的发展有十分重要的作用。长期以来,运输供给短缺是中国经济发展中存在的一个突出问题。交通运输是国民经济发展的基本物质保证,宏观经济的快速发展依赖于强大的交通运输体系。由于各种各样的原因,中国在中华人民共和国成立后的几十年当中交通运输的发展远远落后于社会经济发展对它的要求。当宏观经济体制向市场经济过渡时,运输供给不足在很大程度上阻止了运输业进入市场的速度,因为短缺现象造成了运输资源仍然需要通过计划来进行安排。

无论如何,宏观经济体制改革带动了交通运输业的体制改革,伴随着

宏观经济的发展,中国交通运输也有了比较快的发展。按照宏观经济体制改革的原则,运输体制改革的实质也是要寻求市场经济的一般原则在交通运输业中的具体实现形式。

改革开放之前,运输生产活动基本上是在国家的计划控制与安排之下进行的,运输企业很少有自主权。各种运输方式中的运输企业均以国营为主,政府直接参与运输企业的生产活动。运输企业运什么、运多少,以什么样的价格运都是国家安排好的,可以说,市场机制几乎不发挥作用。

改革开放后,随着宏观市场经济体制的逐步建立,运输市场的作用逐渐显示出来。在运输业的内部,企业构成开始向多元化方向发展,除国营运输企业外,集体、个人运输开始迅速发展;运输投资主体也逐渐实现多元化,除了国家,地方、企业等成为运输建设的投资者,外资的利用速度也大大加快,运输企业还通过发行股票、债券等形式大量吸引社会资金。交通运输的建设已经向着市场化的方向发展。

在经营方面,运输市场同样发挥了十分重要的作用。运价曾经作为严格控制和管理的一项内容,政府已逐步放松了管制,在公路运输和民航运输中,运输企业有更多的运价制定和变动权力。在铁路方面,1998 年,国务院放开部分铁路票价定价权,使得铁道部可以通过下调运价来应对市场供需状况的变化;2000 年,春节客运高峰期间出现浮动票价,铁路票价初步实现了以不同时期的市场情形为基础进行调整;2002 年,召开了铁路客运实行政府指导价的听证会,随后颁布了相关政策性文件,自此,铁路客运改革开始实行政府指导价,定价权与调价权得到初步分离。在高速铁路方面,2015 年 12 月国家发改委出台了《关于改革完善高铁动车组旅客票价政策的通知》,赋予了中国铁路总公司对高铁的自主定价权,从 2016 年 1 月 1 日起放开高铁动车票价,可见市场作为价格水平的调节者已经发挥越来越大的作用。

运输市场的发育与完善还表现在市场竞争方面。近年来,为了适应我国社会经济的高速发展,交通运输业得到了迅猛的发展。特别是高速铁路的迅速崛起,在与其他运输方式共同满足日益提高的运输需求、推动运输业发展的同时也给其他运输方式带来了较大的冲击,而这种冲击无疑会带来各运输方式间的竞争博弈。不同运输方式为获得更多的市场份额,开始注重自身竞争能力的提高,运输企业普遍开展了市场调查与研究,加强市场营销工作。不同运输方式竞争的结果是运输市场更加活跃,服务质量明显提高,企业的各种行为更加接近市场的要求。

随着运输市场的发展与完善,运输企业的市场化改革也不断深入,各种运输方式纷纷开展了企业改制活动。以建立现代企业制度为目标的企业重组方兴未艾,企业重组导致运输企业的构架发生了巨大变化,随着运输市场的不断变化,运输企业的改革也会不断走向深入。

思考题

1. 市场是如何产生和发展的?
2. 运输市场变迁理论的核心是什么?
3. 运输市场变迁经历了哪几个阶段?
4. 萌芽时期、成长时期、成熟时期的运输市场各有什么特点?
5. 运输技术变化对运输市场结构产生哪些影响?
6. 探讨各种运输技术的发展动态和趋势。
7. 解释美国运输管制的演变过程。
8. 以美国为例,分析一些国家运输管制的特点、运输管制的主体和适应效率。
9. 分析中国运输市场、运输管制的特点。

第三章　运输市场营销概论

第一节　市 场 营 销

一、市场营销思想发展回顾

什么是市场营销？这是我们研究运输市场营销之前必须认识和解决的问题，而要认识和解决这一问题，回顾市场营销的历史发展过程无疑是重要的，也是不可缺少的。

作为一项实践活动，市场营销其实早已存在于人类社会的经济交往当中，很多经济学家曾从不同角度论述过这一问题，亚当·斯密关于“看不见的手”的阐释是较早对市场核心问题的分析与概括。

随着经济的不断发展，市场交换活动越来越复杂，交换行为越来越多样化，市场的起伏变化也越来越频繁和明显。在这种情况下，企业要想驾驭市场，或者退一步，顺应市场的变化，就必须关注并研究市场。

19 世纪后期到 20 世纪初是西方资本主义国家经济发展的高涨期。19 世纪 60 年代，美国出现了第一次经济发展的高涨期，工业总产值比 1810 年增长了 9 倍。这以后，即 19 世纪 60~90 年代，美国铁路运输达到了前所未有的高潮，短短 30 年，美国铁路由 6 万 km 猛增到 40 万 km。大规模的铁路建设既促进了美国经济的迅速发展，同时也使市场规模急剧扩大。1860 年，美国人均创造国内生产总值（GDP）为 1 574 美元，到 1890 年则达到 2 128 美元，增加了 35%，人均收入 1859 年为 134 美元，而 1899 年则为 185 美元，增加了 38%。

大规模生产促进了经济发展，使得商品供给日益增多，很多商品的生产超过了市场需求，买方市场的态势日趋明显。经济的发展也促进了社会分工的进一步细化，在生产者和消费者中间介入了中间商，他们在商品分销活动中起着十分重要的作用。生产厂商、中间商为了更好地促进产品销售,开始使用广告和其他促销手段。

在古典经济学占统治地位的时期,处于生产者和消费者之间的中间商被认为是不重要的。这一时期的经济学对中间商几乎没有什么研究。到20世纪,中间商的地位和作用日渐明显起来。原来手工业产品和农产品生产者到市场上直接出售自己生产的产品现象逐渐减少,代之以越来越多地通过专业分销商出售产品。中间商的职能在不断扩大,分工也越来越细,批发、零售逐渐分离,类型也在不断增多。

新的分销体制发展向传统经济学提出了一个问题,就是如何看待服务的价值问题,因为中间商并不创造新的具有实物形态的产品,而是提供一种服务,这种服务是产品从生产领域进入到消费领域所必需的。产品的价格也不仅仅依赖于其生产要素价格,而是包含了更为广泛的内容。低价可以刺激产品的销售,然而,很多情况下,高价也可以给企业带来丰厚的利润。

市场的复杂性和交换行为的多变性产生对这类问题的研究,也逐渐造就了一批理论家,也就是市场营销学家。

市场营销思想的出现和形成是20世纪初以后的事情,直到20世纪30年代以后,人们才逐渐从科学的角度来认识和阐释这门学科。

市场营销思想的产生和市场营销学科的建立对美国及西方其他国家经济和社会发展产生了重要影响。著名学者威力(Koland S. Vaile)、格瑞瑟(Edwald T. Grerer)和考柯斯(Reavis Cox)于1952年合作出版了《美国经济中的市场营销》(Marketing in the American Economy)一书,论述了市场营销思想及其活动对美国经济产生的影响。市场营销思想及其理论的形成与完善,改变了人们对社会、市场、交换、消费的传统看法和认识,为置于市场经济条件下的企业及其他社会团体建立了新的价值观念和行为准则。

二、市场营销的理论阐释

市场营销的思想、理论及其实践对人类社会、经济发展无疑已产生了深刻影响,然而,迄今为止,对市场营销概念定义尚不尽一致。著名市场营销学家菲利普·科特勒认为:“市场营销是个人和群体通过创造并同他人交换产品和价值以满足需求和欲望的一种社会和管理过程。”(《市场营销管理(亚洲版)》,1997年版)美国市场营销协会(AMA)对市场营销的定义为:“为满足个人和组织的需要,促进交换的发生,对产品和服务在经营观、价格、促销和分销方面的规划以及执行过程。”有的营销学家对市场营销的定义更为宽泛,认为它是“一种生活标准的创造和传播”。

笔者认为,上述定义从不同角度对市场营销作了分析和概括。市场营销既体现一种功能,也体现一种思想,是二者的有机结合。实质上,它是指在一种正确观念的指导下,从生产前调研到销售后服务的一个包含多项内容的系统过程,这一过程包括市场调查与预测,产品开发与投放,产品定价、分销、促销,售后服务及信息反馈等。

在对市场营销概念定义的时候,至今一个十分重要的问题是如何把市场营销与产品销售(或产品推销)区别开来。实际上,产品销售(或产品推销)代表的含义比营销要狭窄得多。著名学者彼德·德鲁克说:“如果市场营销是一座冰山,那么销售只是冰山上的顶点。”此话一语道出二者之间内在的深层关系。

第二节　运输市场营销的含义与特征

一、运输市场营销含义

毋庸置疑,市场营销对中国运输业来说是一个全新的问题。

从中国市场经济改革进程来看,运输业是速度较慢的领域和行业。在很多行业已经完全市场化以后,运输业还停留于要不要进入市场和如何进入市场的研究和探讨之中。这当然和运输业本身的特点有关,然而,对运输业、运输市场的研究滞后是一个不可忽视的影响因素。

在计划经济条件下,运输业作为国民经济发展的基础产业,曾被认为是应当由政府高度控制的行业,价值规律在这一行业不发生作用,价格要由政府集中掌管。在这种思想指导下,铁路运价在三十余年中被锁定在一个水平上。长期的高度计划经济管理模式在运输业中留下了深深的痕迹,甚至到今天,一些运输方式还处在与市场经济的“摩擦”接触状态中。

中国市场经济体制改革为运输业的市场化改造带来了机会,然而,在很多情况下,我们看到的仅是思想上的震动,在实践上还相当迟缓和落后。

运输市场在宏观市场经济改革带动下正处在发育与完善过程中,运输市场营销也如初生婴儿,蹒跚学步。习惯了计划经济管理模式的运输业人,正在用惊奇的目光观察他们从未预想到的市场变化,也正在准备用一种全新姿态迎接这种变化。

运输企业开展营销活动在实践中已经成为一种迫切需求,那么如何从理论上认识运输市场营销及其特征呢?

运输市场营销是运输企业(市场主体)旨在促进其总体发展的系统活动过程。在概念阐释上,它与前面阐述的市场营销没有什么区别。对于运输业来说,在营销中同样存在产品、价格、分销和促销问题,同样需要进行市场调查,同样需要正确的营销观念。所以,运输市场营销可以定义为在正确的营销观念指导下,运输企业从事市场调查、产品开发、价格制定、产品分销和促销的全部活动过程。

二、运输市场营销特征

1. 运输业在产业划分中所处的位置

虽然从概念上运输市场营销与其他产品的市场营销没有明显区别,但由于运输业本身的特点使它在市场营销方面具有特殊性。

(1)产业划分。经济学家一般将社会各类产业划分为三大部门,即第一产业、第二产业和第三产业。第一产业中的部门包括农业、林业及渔业,第二产业包括制造及建筑业,第三产业则包括运输业、通信业、仓储业、批发和零售贸易、金融业、房地产业、科学、教育新闻、广播、公共行政、国防以及社会服务等。显然,交通运输属于第三产业,也隶属于广义的服务业。

中国国家统计局参照联合国有关组织关于产业的划分,将第三产业又划分为两大部分,即流通部门和服务部门,二者皆为广义上的服务业。流通部门包括交通运输业、邮电通信业、商业饮食业、物资供销和仓储业。服务部门分为4类:金融、保险、咨询信息服务等为生产服务的部门;园林绿化、环境卫生等为居民生活服务的部门;教育、卫生、文化、体育等为提高科学文化和居民素质服务的部门;国家机关、社会团体、军队、警察等为社会公共需要服务的部门。

(2)对服务产业的划分。著名学者富特(Foote)和海堤(Hatte)认为可将服务产业做更进一步的划分。其内容为:三级产业(Teriary),包括餐厅、旅馆、美容院、洗衣店、房屋维修、家庭式经营服务业等;四级产业

(Quarternary),包括交通运输、通信、金融和行政管理等;③五级产业(Quinary),包括保健、教育和娱乐业等。

另外还有一些划分方法。例如惠特曼(Whiteman)把服务业划分为:交通运输,包括铁路、公路、航空和水运运输旅客和货物(惠特曼所指仅是公共交通运输,不包括社会各部门、各企业的自用车辆);通信,包括邮政和电话服务;银行、保险和其他咨询服务;分销业,包括零售和批发;专业性服务,如教育、保健等。

无论怎样划分,交通运输业都被列为服务业的范畴,在这一点上,经济学家和社会有关部门已经形成共识。

2. 运输产品的特性

运输产品作为一种特殊的服务商品,在生产和销售过程中有以下特点。

(1)非实体性。运输产品是旅客和货物的空间位移,它是无形无质的,看不见,摸不着,除非亲身去消费,否则感受不到它的存在和价值。非实体性是运输产品与其他有形产品的重要差别所在。

(2)不可分离性。有形产品从生产到消费是分别经过生产、流通和消费领域的,无论在空间上还是在时间上都是相互分离的。运输产品则不同,生产和消费同时进行,在时间上和空间上都无法相互分离。也就是说,运输业进行生产的过程,正是消费者消费运输产品的过程。运输产品的消费者只有加入到生产过程中,才能真正消费这种产品。

(3)可变性。可变性又称差异性。运输产品在很大程度上具有可变性,这取决于由谁来提供,以及在何时、何地以何种方式来提供这种产品。不同的运输生产者,在不同时间、地点提供的运输产品是有差异的,有的差异甚至非常明显。例如,一旅客从A地至B地可能有多种选择,即民航、铁路、公路或水运(在各种运输条件都具备的情况下)等,而选择不同运输方式的感受会有较大差别。民航运输速度快、服务质量好,但价格较高;铁路速度居中,但价格相对便宜,服务质量可能一般;公路运输方便、灵活,但长距离旅行舒适度不及铁路和民航;水运速度相对较慢。可以看到,在完成旅客空间位移的同样情况下,各种运输方式所表现出来的差异性十分明显。即使是由同一种运输方式来完成这一运输,由不同运输主体提供的运输设施和服务质量也不可能完全相同(区别于机械化生产和自动化生产,运输业中的服务质量检验很难采用统一的标准)。例如,乘坐两个不同航空公司的飞机会有不同的感受。

(4)不可储存性。与运输产品的非实体性和不可分离性一样,其不可储存性也十分明显。运输产品无法像有形产品一样被储存起来以备销售。虽然提供运输的设备和能力可能会提前准备好,但生产出来的产品如果不当时消费掉,就会造成经济损失(如车船座位的虚糜),当然,这种损失可能不像有形产品那样明显。铁路、民航等在旅客运输上座位虚糜时有发生,有些是经常性的,但只要不是特别严重,保证运输部门有利可图,运输就会持续下去(有些运输活动即使是亏损,也需要照常进行)。

(5)缺乏所有权。缺乏所有权(Absence Ownership)是指在运输生产和消费中几乎不涉及任何东西的所有权转移。运输提供的产品是无形的,不可储存,消费者在消费运输产品时,并没有“实质性”地拥有它。比如,旅客乘坐火车从一地到另一地后,除了手中的火车票外,再没有拥有任何东西(火车票是在上车前就购买的),铁路没有把任何东西的所有权转让给旅客,消费者也不能改变运输产品的数量和性质。缺乏所有权会增大购买的风险。

3. 运输市场营销的特征

由上面分析可以看到,非实体性是运输产品比较突出的特点,其他的一些特点,包括不可分离性、可变性、不可储存性、缺乏所有权都是基于这一点衍生出来的。运输产品的上述特性决定了运输市场营销区别于其他有形产品营销的特征。

(1)非实体形的运输产品比实物性产品在营销方面存在更大的困难,例如:产品陈列、展示,产品性能测试,产品质量宣传等。

(2)运输业中很多人还不肯接受营销观念。他们通常把自己看成是“生产者”,而非“服务者”,更不是服务的“营销者”。有些人对运输产品的服务特性还抱有质疑。

(3)供需直接见面。有形产品的生产与消费在空间上和时间上是分离的,供需也是分离的。然而,运输产品的生产和消费在同一时空上进行,从而决定了产品的提供方和需求方是直接接触的。供需直接见面决定了运输业的营销活动在很大程度上成为企业的全员营销,每一个人的行为和活动都会对企业产生直接影响。以铁路为例,旅客购票要与售票员接触,候车要与候车厅工作人员接触,上车要与检票员接触,上车后要与列车员接触……所有这些人都不是铁路的营销人员，但却与营销工作直接关联。

(4)代理制是分销运输产品的主要形式。运输产品的非实体性和不可储存性，使它的分销成为一个难题。如果越来越多的顾客集中于铁路车站去购票的话，势必给双方带来不少问题。对于顾客来说，不仅增加了排队时间，加大了购票烦琐程度，而且加剧了心理紧张程度。在这种情况下，顾客可能会重新选择，寻找购票和相关服务最便捷的运输方式。上述情况从营销学的角度来说就是产品分销渠道单一和狭窄。为了提高运输产品的分销效率，运输企业开始越来越多地采用代理制，民航运输是最突出的典型。美国民航在城市和农村设有为数众多的代理销售点，即使在农村或偏远地区，也能非常方便地购到机票。中国民航在全国各地有代理销售点。代理销售对运输产品的有效分销、增加产品的市场渗透力发挥了重要作用。

中国铁路在运输市场竞争日趋激烈的压力下，正在通过发展代理制来扩大其产品分销渠道，方便消费者的购买，增加产品的市场渗透力和竞争力。

(5)价格机制不尽一致。不同运输方式在价格形成和变化机制上存在明显差别。目前，中国铁路在价格形成和变化上的突出特点是僵硬、呆板。价格跟不上市场需求变化，有时甚至违反价格变化的一般规律(需求上升，价格上升；需求下降，价格下降)。相对来说，民航价格变化的灵活性更大一些。

当然，运价的变化要遵循一定的经济和社会规则(此问题将在后面专门讨论)，然而，不同运输方式在运价制定和变化上的差异性是十分明显的。

(6)内部营销和关系营销地位突出。内部营销源于这样一种理念，即企业职工是企业重要的内部市场，如果内部目标群体不能很好地市场化，那么企业针对外部市场顾客的营销也不可能成功。基于这一点，企业内部管理的核心是发展职工的顾客意识，以提高其服务水平。海斯凯特曾说："有效的服务，要求有理解服务观念的员工。"运输企业要做好市场营销工作的一个重要前提，是要搞好内部营销。

运输企业可以用 3 种方法提高其市场占有率，即：吸引更多的新顾客，增加既有顾客的购买数额(购买量)，减少顾客的流失。

吸引新的顾客仅仅是其中的一种方法,不幸的是,很多企业的关注恰恰是集中在这一点上。其实,对于企业来说,维系一位老顾客有时甚至比吸引一位新顾客更重要。美国哈佛商业杂志发表的一项研究报告指出:再次光临的顾客可为公司带来 25% ~85% 的利润,吸引他们再来的因素中,首先是服务质量的好坏,其次是产品本身,最后才是价格。另据美国汽车业的一项调查,一位满意的顾客会引发 8 笔潜在的生意,其中至少有一笔成交;一位不满意的顾客会影响 25 个人的购买意愿,争取一位新顾客所花费的成本是保住一位老顾客所花成本的 6 倍。美国可口可乐公司称,卖一听可口可乐才 0.5 美元,而锁定一位顾客买 10 年,即代表了 5 000美元的销售额。

运输业是与顾客高度接触的行业,通过提供优质服务维系顾客是营销工作中最为重要的内容之一。运输企业为培育、建立和加强与顾客的关系(特别是长期关系)所采取的行动,对其营销工作效果有着极其重要的影响,也是运输市场营销的重要特征所在。

第三节　运输服务与运输企业营销

一、运输服务与运输营销

1. 服务

上面已经谈到,从广义的部门划分来看,运输业属于服务业范畴,那么什么是服务呢?如何来准确地把握和认识运输服务呢?

关于服务的研究最早源于经济学领域,这可以追溯到亚当·斯密时代。18 世纪法国重农学派曾为经济学发展起到过推进作用,但他们却认为土地是财富的唯一实体形式,只有农业是生产性的,而其他一切非农业生产活动都是“没有孕育性的”。

经济学家萨伊认为,凡是存在效用且能使消费者得到满足的活动,如医师给病人治病等,都是生产性的。

经济学家们对服务有不同的看法和认识,甚至到今天还难于找到一个权威的定义能为人们普遍接受。

《辞海》对服务的解释有两层含义：一是为集体或别人工作；二是指劳务，即不以实物形式而是以提供活劳动的形式满足他人某种特殊需要的活动。

市场营销学界对于服务的研究是从 20 世纪 50 年代以后开始的，区别于经济学，市场营销学把服务作为一种特殊产品来研究。1960 年，美国市场营销学会给服务下的定义是："用于出售或者是同产品连在一起出售的活动、利益或满足感。"

在这以后，很多学者又从不同角度提出了服务的定义，这些定义各有所侧重。

实际上，服务的内容是包罗万象的，因此对服务也有一个分类的问题。

(1)按顾客参与服务活动的程度，可将服务分为三大类，即高接触性服务、中接触性服务和低接触性服务。

所谓高接触性服务是指消费者在服务活动中参与其中全部或大部分活动及过程，交通运输是典型的高接触性服务行业。

中接触性服务是指消费者部分地或在局部时间内参与服务活动过程，如银行、律师等提供的服务。

低接触性服务是指消费者与服务提供者接触较少，他们的接触大部分要借助于特定的仪器设备，如邮电部门提供的服务。

(2)根据提供服务的手段不同，可以划分为以机器设备为基础(如自动售货机、自动取币机)和以人为基础(如咨询服务、会计服务)及二者兼顾 3 种类型的服务。

(3)根据顾客在服务现场存在必要性的大小，可分为顾客必临现场和非必临现场两种服务，交通运输、理发等属于前者，而汽车修理等则属于后者。

(4)根据服务活动的特征，可划分为作用于人的服务(如旅客运输、理发等)和作用于物的服务(如货物运输等)。

对于服务还有很多的分法，这从一个侧面说明了服务的复杂性。

从上面分析可以看到，交通运输服务属于与顾客高接触性的服务(与旅客)，从服务手段上看，既依赖于机器设备(车、船、飞机)，也依赖于人(服务人员提供的服务)。在作用于人的旅客运输中,旅客是必须到场的,而在作用于物的货物运输中,货主可以不在现场。

2. 运输服务

运输服务具有什么样的性质,是公共服务还是非公共服务,或者是介于它们二者之间,对于这个问题,长期以来存在不同的认识。

要说明这一问题,必须从公共物品(Public Goods)说起。很遗憾,目前福利经济学关于公共物品还没有一个普遍被接受的概念,然而,关于公共物品,有两点是被人们广泛认可的。

(1)非竞争性。同一单位公共物品可被很多人消费,它对于某一人的供给并不影响对其他人的供给,当公共物品向更多的人提供服务时,其边际成本几乎为零。这一点被称为消费中的"非竞争性"。

(2)非排他性。公共物品具有"非排斥性"或"非排他性"。一旦某一物品提供给某些人,它就不能阻止或者需要花费很大成本才能阻止其他人从中受益。

不同的物品在非竞争性和非排他性方面表现的程度是不同的。根据非竞争性和非排他性表现的程度,公共物品可以进一步划分为纯公共物品和准公共物品。纯公共物品具有完全的非竞争性和非排他性,而准公共物品则只有局部的非竞争性和非排他性。

有一些物品,如国防、广播具有较明显的公共物品特性,而有很多物品,有时则难于界定其公共物品属性。例如,对整个世界都产生了重要影响的萨缪尔森的《经济学》,从1961年以来的每一版都举灯塔为例,认为这是市场所无法提供的公共物品。然而,1974年,同是美国经济学家,也同是诺贝尔经济学奖得主科斯,阐释了在19世纪的英国有多少灯塔是商业运作的产物。美国经济学家门柯(Gergorg Mankiw)在其所著《经济学原理》中,对灯塔是否是公共物品用不同的理论给予不同的解答。

很显然,纯粹的公共物品其数量是有限的,那么交通运输所提供的服务是不是公共物品呢,我们不妨用界定公共物品的标准来衡量和分析,如图3-1所示。

从竞争性和排他性角度来看,交通运输既非完全公共物品,也非完全私人物品,城市交通、铁路、民航等运输服务处于私人物品与公共物品之

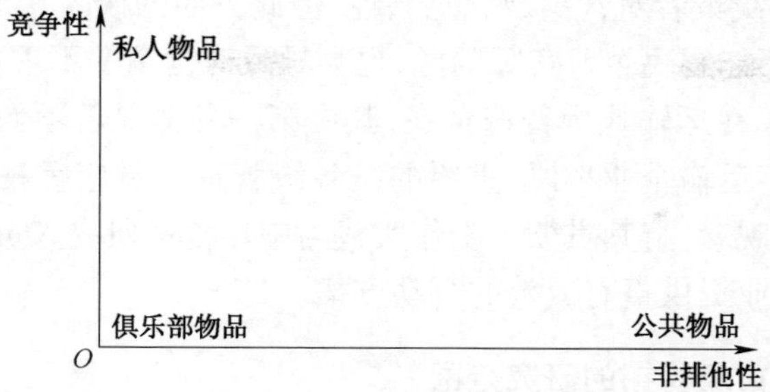

图 3-1　不同物品的竞争性和非排他性

间。随着运输市场的变化,一些运输服务项目的竞争特性会更加明显。

在以瑞典、法国、英国为代表的一些欧洲国家铁路实行“上下分离”后,过去被认为具有高度垄断性的铁路行业,其进入难度已经大大降低。由于体制健全,措施配套,所以,参与竞争者可真正实现来去自由(Go is easy,come is easy)。英国铁路设有机车车辆租赁公司,任何人只要花钱租机车车辆,花钱购买线路使用时间,就可进入铁路从事运营活动。

不同运输方式之间的竞争特性就更为明显了。

由此可以得出结论,与其他产业部门一样,营销在运输企业中同样具有十分重要的作用。

3. 运输营销

前已述及,运输服务是一种特殊产品,然而,在营销活动中它与有形产品似乎没有根本性的差异,两者的不同仅在于产品的性质不同。营销理论中所阐述的观念和原则适于所有行业,也同样适于运输业。从市场研究,到产品、服务规划和开发、定价、产品分销、促销、售后服务(保证),运输企业营销中一样也不能少。

营销在运输业中的地位比较矛盾,事实上,一些企业(如铁路)认为应更重视运输生产。导致这种现象的出现有以下原因。

(1)有些运输企业(如铁路)局部或整体运输需求量太大,连供应都来不及,所以不像其他企业那样努力适应市场。

(2)决策人员不了解营销。当决策人员不了解营销以及营销对企业成功的重要性时,不重视营销也就不足为奇了。

(3)即使决策者对营销观念感兴趣,但此方面的研究十分缺乏,现有的研究成果不能解决企业实际问题,也会导致对营销的不重视。

上述情况在运输业中普遍存在,其中第一种情况已不像原来那样明显。所以对于运输企业来说,重要的是各级管理人员应重视学习营销理论,培养营销观念,将其贯彻于工作实践当中。营销研究人员则要结合企业实际,为企业提供卓有成效的行动方案。

二、运输市场营销的研究范围

运输市场的营销研究是有一定范围的,通常包括以下几方面。

1. 市场的确认与测量

(1)总体市场;

(2)不同的细分市场;

(3)目标市场。

2. 运输市场特征分析

(1)运输需求分析;

(2)运输服务功能分析;

(3)服务质量与顾客满意分析;

(4)创造需求的方法;

(5)顾客购买行为分析;

(6)竞争状况及市场占有率分析。

3. 运输市场预测

(1)未来前景与市场机会分析;

(2)成长的动力或衰退的原因;

(3)运输需求变化趋势;

(4)环境变迁:社会、经济、政治、科技、人口、文化;

(5)总体市场价值的评估。

4. 不同细分市场营销成功的必要条件

(1)产品策略(Product);

(2)价格策略(Price);

(3)渠道策略(Place);

(4)促销策略(Promotion);

(5)人员素质(People);

(6)有形展示(Physical Evidence);

(7)企业形象(Public Image);

(8)政府力量(Power of Goverment)。

第四节　运输市场营销观念

市场营销观(或称为市场观念、市场经营观、市场导向、营销导向、营销哲学)是指在一定时期内,占统治地位的、贯穿于企业整个市场营销活动的总体指导思想和行为准则,它是企业营销之魂,指导着企业生产经营活动的总体方向,决定着企业营销战略和政策。市场营销观的核心内容是,以什么为中心来开展生产经营活动。

市场营销观的发展大致经历了5个阶段。

1. 生产观念

生产观念是一种古老的生产经营指导思想,其基本内容是,企业以生产为中心来带动和促进本身的发展。在这种思想指导下,企业的主要精力用于增加生产和降低成本上,很少或者根本不考虑消费者的需求情况。在生产力不十分发达,商品供不应求的情况下,易于产生这种观念。在实行了多年计划经济后,中国很多企业就抱有这种营销观念。他们的生产几十年一贯制,产品没有任何变化或者变化很慢,在步入市场经济后,这样的企业面临的困难很多,产品如果不适销对路,那么生产愈多,损失愈大。

2. 产品观念

产品观念也是一种古老的生产经营指导思想,不过它比生产观念已有所进步。这种观念认为,消费者总是喜欢那些质量高、性能好的产品,只要注重提高产品质量,就一定会顾客满门,市场无限。如果说生产观念强调的是"以量取胜"的话,那么产品观念奉行的就是"以质取胜",它虽然比生产观念增添了一层竞争色彩,然而终究没有脱离"以生产为中心""生产什么销售什么"的指导思想。

在生产观念和产品观念,亦即生产导向和产品导向阶段,由于消费者的需求特征被忽略,所以他们的消费就表现出很大的被动性。以美国福特汽车公司为例,过去曾经有很长一段时间生产的汽车只有黑色一个种类,消费者别无选择,尽管如此,该公司的汽车在当时依然畅销不衰。究其原因,是当时的汽车工业还不发达。时至今日,美国汽车工业已成为买方市场,消费者根据自己的喜好挑选不同款式和型号的车,美国的三大汽车公司为适应消费者的爱好,不断推出新型汽车。今天,如果有哪个汽车制造商不顾消费者需求特点,继续生产单一种类、单一颜色的汽车,那么结局将是十分明显的。

现代经济条件下,仅仅依靠提高产品质量来占领市场,扩大市场份额是远远不够的。事实证明,质量好的产品并不一定就会畅销。有这样一个实例,两个企业同是生产雨伞,雨伞的制作材料和质量相差很大。然而当两个企业的产品同时进入美国市场时,质量好的雨伞销售严重受阻,而与此同时,质量不如它的那种雨伞却十分畅销。这一现象使得产品滞销的企业大惑不解,为什么质量高反而不受欢迎呢?经过深入了解,他们才得知其中原因。原来,美国人对雨伞的要求并不高,他们多数人通常以车代步。在外出行走时,偶遇下雨,不过随便买一把廉价雨伞,权且遮雨,用上一两次后就会丢弃了。

很明显,不顾目标市场需求特征,从企业现有产品出发来追求高质量,是不会取得成功的。现在,有很多企业奉行的还是生产导向或产品导向的经营观,这种情况应该尽快得到纠正。

3. 推销观念

推销观念是一种以推销为中心内容的经营指导思想。当生产者不再担心是否能够足量生产,而是担心生产出来的产品能否卖出去时,这种观念就随之产生了。这种观念强调,如果不努力销售,消费者就不会大量购买。在推销观念阶段企业的基本点仍然是增加生产和降低成本,但由于市场上商品已经是供大于求,竞争加剧,企业都急于将产品卖出去,所以,推销也就成了中心任务。在这一阶段,各种各样的推销手段纷纷出现,甚至强行推销,这在很大程度上引起了消费者反感。由于推销观念依然是从既有产品出发,因而本质上还是生产什么销售什么。尽管如此,推销观念还是在生产观念和产品观念基础上的一个转变和进步，它客观地反映了市场需求的变化，反映了销售在经营当中的位置。

应当明确，反对推销观念、推销导向，并不是反对推销策略、推销手段。推销活动是现代市场营销活动的重要组成部分，只是企业应当以市场需求为中心生产和销售产品，而不是从原有产品出发，强化推销活动。

4. 市场营销观念

市场营销观念是一种不同于上述几种营销观的、全新的生产经营指导思想，即以市场为中心、以消费者需求为中心的营销观。它的基本内容是，把满足用户、消费者的需要作为企业一切活动的中心和最高准则，贯彻到企业生产经营的全部过程之中。市场营销观念的产生是企业经营思想的根本性变革，遵循这一营销观，企业考虑问题的逻辑顺序不再是从既有生产出发，而是从消费者出发，根据目标市场的需求特点组织、安排生产和销售。

第二次世界大战后，特别是 20 世纪 50 年代以来，西方多数企业的营销导向已从推销观念发展成为市场营销观念。这种变革是因为：第一，买方市场态势的出现，即产品生产扩大，商品供应丰富，出现了供大于求的局面；第二，消费者需求变化频率加快，企业必须时刻注视市场需求动态，跟上变化步伐；第三，这是多数企业长期生产经营实践经验的总结。

推行这一营销观，才能真正实现“顾客至上”“用户至上”。由于这种观念符合生产是为了消费这一基本原理，所以已经成为现代市场营销的主要思想。国外有人把市场营销观念的提出，作为可与工业革命相提并论的销售革命。

5. 社会营销观念

社会营销观念是对市场营销观念的重要补充和完善，始于 20 世纪 70 年代。它的基本内容是，企业生产产品不仅要满足消费者的需求，而且应当符合社会长远利益。企业要把自身利益、消费需求和社会利益有机地结合起来，在满足消费需求，扩大企业利润的同时，还必须考虑到消费者利益，考虑社会整体利益。

20 世纪 70 年代以来，很多企业为了最大限度获取利润，迎合消费者，采用各种方式扩大生产和经营，而不顾及对消费者和社会整体利益的损害,如大量生产销售对消费者身心不利的产品,只顾生产,忽视环境保护等等。为此,很多国家纷纷成立消费者保护协会和各种环保组织。一些人指出,许多企业并没有真正进行市场营销导向,另外一些人则认为,市场营销导向还存在一些遗漏,如有时消费者喜好并认为有益的商品并非真正有益,如吸烟和大量使用某种元素含量过高的化妆品。一些商品虽然满足了消费者需要,但它们的生产却给生态环境、社会环境造成了极大污染和危害等。因此,人们开始认识到,单纯的市场营销观念还不能解决消费者个别需求和社会总体利益之间的矛盾,便又提出了各种新的营销观念,诸如“理智的消费观念”(Intelligent Consumption Concept)、“生态营销观念”(Ecological Marketing Concept)和“人道营销观念”(Humanitarian Marketing Concept)等,凡此种种,均属于社会营销观念之列。

社会营销观念与市场营销观念并无本质差别,社会营销观是对推行的市场营销观的重要补充和完善。

通常,我们把生产观念、产品观念和推销观念称为传统的营销观,而把市场营销观念、社会营销观念称为现代营销观。两类营销观对照比较,见表 3-1。

表 3-1 两类营销观对比

营销观	营销出发点	营销策略	达到目的
传统观念	既有产品	增加生产或努力促销	通过促销达到短期获利
现代观念	消费者需求	综合运用各种营销策略和手段	通过满足市场需求达到长期获利

从表 3-1 我们已经看到,营销观与营销策略是两个不同的概念,反对传统观念,并不是反对某种具体策略,如产品策略、促销策略。相反,在正确的营销观指导下,还需要加强这些策略的实施和运用。

中国运输业在营销指导思想上经历了不同的发展阶段。

由于中国交通运输曾在相当长一段时间内供不应求,因此助长了运输企业生产观念的建立。在这种观念指导下,运输企业往往只重视生产,而忽视市场的变化,忽视客货运输需求的变化。“以我为中心”是运输企业在社会上的形象,“以生产为中心”是运输企业内部经营管理的指导思想。生产导向型的指导思想导致了很多运输企业“官商作风”“坐商作风”,“铁老大”也许正是在这种情况下所得到的“雅号”。

生产观念指导下的运输企业不适应市场发展和变化的需要,其根本出发点在于“我能提供什么,市场就要接受什么”。短缺情况下的中国运输业在一般时间内似乎根本不考虑——也用不着考虑市场需求。

铁路一度有“票难买,车难要”的情况,也一度有“门难进,话难听,脸难看,事难办”的情况。在生产管理上,车皮提前申请期最长的是 48 天。不言而喻,这是计划经济模式在铁路运输企业中的鲜明表现。

随着中国市场经济体制改革的不断深入,运输业与运输市场也在发生巨大的变化。当一些企业还沉醉于过去“卖方市场”条件下的幸福中时,危机已经悄悄来临。运输市场的不断完善,使得运输企业间的竞争日趋激烈。许多企业在竞争中日渐感到,过去的那种经营理念在新的市场环境条件下已经完全不适用了,他们开始注重产品质量、注重服务,同时也注重广告宣传。铁路、航空、公路开始纷纷采取各种措施和手段,“推销”自己的产品。有的企业经营理念转变得较慢,营销机制建立得较迟(也许到现在还没有建立起来),因此,在竞争中显得更被动一些。

营销观念虽然已有转变,但还停留于传统观念阶段。运输企业虽然开始关心产品质量以及推销,但思想上还停留于对既有产品的修补上,真正的以市场为导向的现代市场营销观尚未真正建立起来。这不能不说是一些企业发展受阻的一个重要原因。

美国著名营销学家西奥多·李维特(Levit)1960 年在《哈佛商业评论》上发表了一篇题为《市场营销近视症》的文章,在当时引起极大轰动。文章中,作者以美国铁路运输为例,说明在整个社会和技术发展的历史过程,美国铁路只看到自己现有的运输产品。他认为,美国铁路运输业的不景气,并不是因为其他运输工具替代了火车而满足了已有的运输需求,而是因为铁路运输企业的立足点仅停留在现有产品上,没有更快地向前发展,忽视了消费需求的变化。这样的企业患有市场营销近视症(Marketing Myopia)。

从西奥多·李维特对美国铁路运输业的分析,对照中国运输业,特别是铁路运输业的状况,可以说,市场营销近视症在一些企业中也程度不同地存在。

转变经营理念,树立现代市场营销观念是中国运输企业当前需要解决的一个重要问题。

第五节 运输市场营销环境

任何一个企业都是在不断变化着的社会经济环境中运行的,也都是在与其他企业、目标市场和社会公众的相互连接中开展营销活动的,运输企业同样如此。企业的营销活动既受自然规律支配,同时也受社会经济规律制约。优秀的企业是从不同角度看待自己的,它们能意识到市场营销环境中总是不断涌现新的机会,也可能存在着巨大威胁,因此懂得随时监测不断变化的环境并与之相适应是非常重要的。

分析运输市场营销环境可以从宏观和微观两个层次进行。

一、宏观环境

运输企业处于社会经济发展的宏观因素包围之中,这些因素可能给企业带来机会或危机,它们是企业必须随时监测和适应的“不可控力量”。宏观环境主要包括六大要素,它们是:政治、经济、文化、人口、自然和技术因素,如图 3-2 所示。

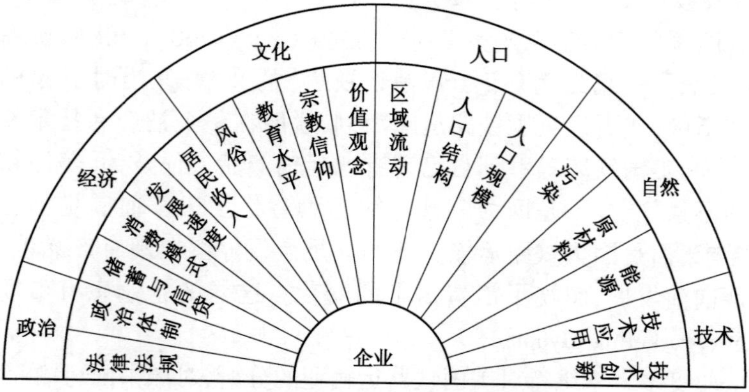

图 3-2 运输企业营销的宏观环境

1. 政治环境

运输企业营销决策在很大程度上要受政治环境的影响。这种环境由法律法规、政治体制和政府的方针政策等因素构成。

政府与企业的关系是一个重要问题,就运输领域而言,政企不分是最突出、最明显的特征。这种情况在铁路、民航等各种运输方式中都程度不同地存在。政企不分,势必影响运输企业作为市场主体从事营销活动。在运输市场的竞争当中,政府应更像一个裁判员,而不是运动员。

法律法规也是构成政治环境的重要因素。改革开放以来,为规范市场运行环境,国家加大了经济方面的立法工作。这些法律有些是为了维护市场秩序,有些是为了保障所有权,有些是为了保护竞争,有些则是为了保护消费者利益。很多法律与交通运输直接有关。

交通运输法规是调整运输活动中各种社会关系的法律规范总称,这些关系主要包括交通运输合同关系和交通运输管理关系。交通运输合同关系是运输者和运输使用者通过签订运输合同而建立起来的权利和义务关系。货运方面有货物运输合同;客运方面,客票本身即是一种合同的凭证。在西方国家,交通运输法规有私法和公法之分。一般来说,交通运输合同法被称为私法,政府为了加强交通运输管理而制定法律法规则称之为公法,这主要包括交通安全、运输设施保护、环境保护、运输建设规划等法律规范。

政府的方针政策是构成政治环境的另外一个重要因素。如果说法律是稳定的,那么政府的方针政策则是可变的。政府的各项政策,特别是经济政策显然会对运输市场和企业营销产生直接或间接的重大影响。中国政府近年来一直把交通运输作为重点发展对象,在经济政策上予以扶持,这对运输业的发展、运输市场的完善无疑是件好事情。

2. 经济环境

从企业营销角度来看,经济环境的影响在很多情况下表现得最为直接和明显。从宏观角度看,居民的人均收入、消费模式、经济的发展速度以及储蓄与信贷情况都会对客货运输产生影响。

居民的人均收入和消费模式对旅客运输会产生较为明显的影响。一般来说,当人们生活水平提高后,用于食物方面的支出比例会降低,而用于其他方面的支出比例(如交通运输)可能会有所提高。通常情况下,经济发展水平比较高的国家,人均出行次数较多。

在衡量和反映不同国家和地区居民生活水平时,经常用到一个系数,即恩格尔系数。由德国经济学家恩斯特·恩格尔(Ernst Engel)发现并总结的规律告诉我们。

(1)随着家庭收入的增加,用于购买食品的支出占家庭收入的比重(恩格尔系数)就会下降。

(2)随着家庭收入的增加,用于住宅建筑和家务经营的支出占家庭收入的比重大体不变(燃料、照明、冷藏等支出占家庭收入的比重会下降)。

(3)随着家庭收入的增加,用于其他方面的支出(如服装、交通、娱乐、教育、保健等)和储蓄占家庭收入的比重就会上升。

恩格尔系数的计算公式如下:

$$恩格尔系数=\frac{家庭食物支出总和}{家庭消费总支出}\times 100\%$$

根据恩格尔定律,当人们生活水平提高后,用于交通运输方面的支出就会增加。表3-2是摘自《日本经济新闻》的一组数据。

表3-2 支出系数变化情况 单位:%

年份	基础性支出					自由支配性支出				
	食品	居住	照明加热	服装被褥	小计	医疗保健	交通通信	娱乐教育	其他	小计
1963	39.7	9.8	3.1	12.5	65.1	1.4	2.8	11.9	18.9	35.0
1980	29.3	9.5	3.9	9.3	52.0	2.6	7.9	11.3	26.3	48.1
2000	25.0	11.3	3.1	8.8	48.2	3.6	8.3	9.9	30.1	51.9

由表3-2可以看出,日本用于食品方面的家庭支出1980年比1963年下降了10.4%,占基础性总支出下降总幅度的79.38%,是下降最快的支出项目。

3. 文化环境

文化环境对企业营销的影响是复杂的。人们所处的社会决定了人们的信仰、价值观念、兴趣和行为方式。这些对于人们的消费模式、购买行为都会产生很大影响。实际上,文化与交通运输也是密切相连的,很多文化内容是借助于交通运输得以传播的,而一定的文化对运输同样会产生很大的影响。

4. 人口统计因素

旅客运输量的大小与人口的关系是不言而喻的。不仅如此,人口众多的地区,由于生产、生活的需求量大,所以对货物运输同样会产生巨大影响。

人口对运输的影响不仅表现在数量上,同时也表现在结构和流动性上。人口结构既有年龄结构、性别结构,同时也有受教育程度结构等。人口的结构性变化显然会对运输产生巨大影响。对运输产生影响的还有人口的区域流动性。

5. 自然环境

自然物质环境对运输的影响主要表现在资源的分布上。从整个经济的发展来看,运输是实现资源优化配置的重要工具和手段。一个国家和地区自然环境对运输的作用和影响是十分明显的。

6. 技术环境

今天的世界,科学技术迅速发展是一个十分重要的特征,它似乎在改变着一切。历史上,交通运输曾是先进科学技术的代表和象征,今天这一点仍然十分突出。技术的改变时刻都在对运输产生着影响,对运输市场和运输企业产生着影响。

世界上所有的国家,包括中国,各种运输方式都在通过改变技术手段来提高竞争力。高速铁路、高速公路、安全性能更高的飞机等,都是技术不断发展的产物,也是各种运输方式竞争的武器。随着社会的不断发展,技术发展对交通运输的影响将会进一步增加。

二、微观环境

企业营销的微观环境影响着它为目标市场服务的能力。构成企业微观环境的各种因素形成了与企业竞争、协作、服务和监督的关系。运输企业营销能否成功,不仅取决于宏观环境因素,微观环境因素同样起着不可忽视的作用。

运输企业营销微观环境中的一项重要因素是企业内部的环境力量。企业内部营销机构的设置和工作情况,管理层的工作是否合理,目标是否一致,配合是否默契,从微观层次上影响营销管理决策和营销方案的实施。

如果说宏观环境是不可控的因素,那么微观环境因素则是企业能够掌握和控制的因素。

第六节 服务营销

回顾中国运输企业的发展历程可以发现,多数运输企业都过多地强调了企业的生产特性,往往将运输企业看作是一个产品制造企业,而忽视了它作为服务企业的特点。只重视运输企业的生产特性,忽视它的服务特性,这在经营理念上是一种“管状视野”。视野过窄的结果是营销乏力,经营低效,进而影响企业发展。

对于运输企业来说,建立符合市场要求的营销观念的根本在于建立服务营销观念。服务营销观念是市场营销观念的一种衍生,其核心是将运输企业看作是一个服务企业,这个企业的所有部分和环节都应当充满服务意识。运输企业是与服务对象“高接触性”行业,这一行业的所有人员都应当把发现顾客需求、满足顾客需求作为自己的首要任务,把运输企业打造成一个有统一目标的服务团队,并围绕这一目标开展市场营销活动。

运输企业是通过提供服务,或者说在服务过程中发现需求,满足需求并实现企业目标的;可以说,服务贯穿于运输企业生产经营活动全过程。对于运输企业来说,服务不仅是产品的重要内容,同时也是企业重要的营销手段。服务型企业的营销工作与其他类型企业的营销工作有着比较明显的差别,它不能仅依靠营销部门来完成。实际上,像运输企业等服务性很强的部门,其营销工作是全员的。它需要所有相关人员的参与,与顾客具有高接触性的服务人员,其作用更加明显。运输企业的服务营销,其营销过程包含了服务过程,或者说,服务过程是最重要的营销过程,如图 3-3 所示。

服务营销是由传统营销衍生出来的一种营销类型,其特征是更多地

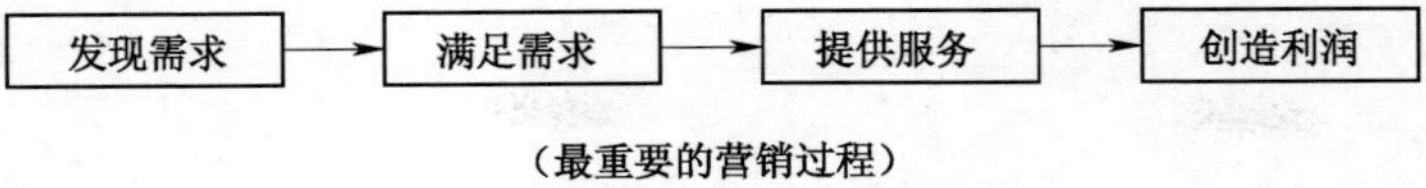

图 3-3　服务过程

考虑了服务型企业的特征。运输企业向社会提供的是运输服务，因此，运输企业的营销实际上是一种服务营销，从这个意义上讲，如何强调服务的理念与行为，如何采取措施提高运输服务质量与水平都不过分。在运输企业内部，企业首先要为员工服务（内部营销），员工要为旅客和货主服务，员工之间、部门之间要相互服务。运输企业的服务营销体系就像一张网，上至最高管理者，下至每一名普通员工，每个人都是服务营销网络中的一员，每个人都有特定的服务对象。他们可能是内部顾客，也可能是外部顾客。

运输企业在进行营销活动的时候，一定要站在服务业的角度，从服务营销的理念出发来从事这项工作，把搞好服务营销作为运输企业营销工作的出发点是运输企业赢得市场的重要保证。

思　考　题

1. 如何从理论上阐释市场营销？
2. 运输市场营销有哪些特征？
3. 运输产品有哪些特点？
4. 如何对服务进行分类？
5. 怎样认识公共物品？运输服务是什么样的物品？
6. 运输企业应推行什么样的市场营销观念？
7. 如何理解服务营销？运输企业如何搞好服务营销？
8. 中国的宏观经济环境对运输企业开展营销工作有哪些影响？
9. 结合实际分析微观环境对运输企业开展营销工作的影响。
10. 运能紧张的情况下，运输企业还要不要开展营销工作？如何开展？
11. 如何认识和看待不同运输方式的营销环境？
12. 分析中国开展国际运输市场营销的环境特征。

第四章　运输市场营销管理过程

第一节　运输市场营销过程

要理解运输市场营销过程,必须首先分析运输的业务程序。实际上,任何企业所做的业务都是向市场上传递一种价值,从而实现企业的目标利润。

在企业价值让渡上至少有两种不同的观点。传统的观点把生产和销售截然分开,认为营销是价值让渡的后半段程序(销售过程)。这种观点在短缺经济条件下极易获得成功,因为实际上企业只需生产出产品,然后再由专门部门卖出去,企业的任务也就完成了。然而,在极具竞争性的市场经济条件下,这种传统的观点显然无法适应实际情况。在市场供给十分丰富的情况下,人们具有充分的选择余地。在这种情况下,企业必须接受和贯彻新的观念,将营销活动贯穿于业务始终。这种业务程序包括选择价值、提供价值和沟通价值[菲利普·科特勒,《市场营销管理(亚洲版)》],见表4-1。

表4-1　价值创造和配送流程

选择价值			提供价值					沟通价值	
市场细分	目标市场选择	市场定位	新产品开发	服务项目和内容	定价	资源配置	分销	销售人员	销售促进

对于运输业来说,选择价值是营销人员所从事的市场细分、目标市场选择和市场定位,这一程序是战略营销的本质(Segmenting 市场细分、Targeting 目标市场、Positioning 定位,简写为 STP)。

当企业确定了目标市场并准备向其传递价值后,就要准备"提供价值”。这时就要确定产品(包括开发产品),制定价格,分销产品和服务。

第三个阶段是“沟通价值”。通过销售人员和各种媒体宣传企业和产品。

在运输市场向买方市场过渡的情况下,上述价值创造和配送过程是十分重要的。

运输企业的管理者在从事营销活动中,应首先审核其营销程序。一般来说,运输市场营销程序为:研究分析市场营销机会;市场细分与选择目标市场;设定营销战略和策略;制定营销计划;组织、实施并控制营销活动,如图 4-1 所示。

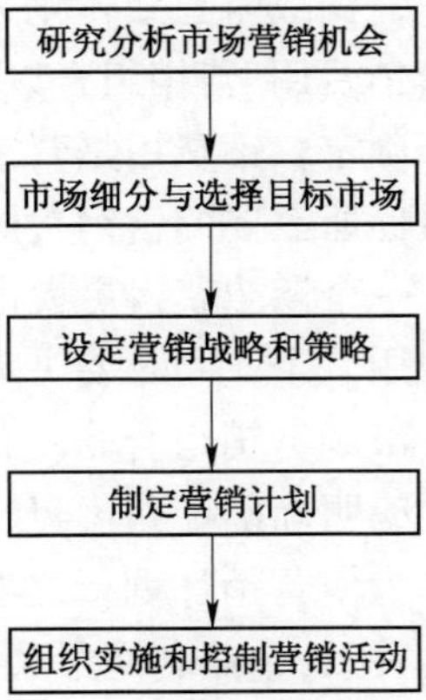

图 4-1　运输市场营销程序

1. 研究分析市场营销机会

分析运输市场营销机会的前提是分析运输需求。运输需求是社会经济发展的一种客观现象,运输企业要获得发展,必须研究运输需求的发展和变化,从而有效地捕捉营销机会。在运输市场竞争愈是激烈的情况下,捕捉营销机会愈是重要。

发现市场上未被满足的需求是重要的,然而,通过努力,创造一种新的需求同样是重要的,在今天的市场态势条件下,其意义更为明显。创造一种新的需求,就会给企业带来新的市场机会,也就给企业乃至整个社会带来新的经济增长点。

2. 市场细分与选择目标市场

市场细分可把纷繁的市场按一定条件进行整理,使出现在企业或研究者面前的市场秩序井然,特征明显,也易于发现新的、未被开发的市场。当发现了新的企业足以获利的市场后,就可以把它作为目标市场,研究进入的策略和在竞争中能够获胜的策略。

3. 设定营销战略和策略

营销战略和策略往往是企业在竞争中能否取胜的关键所在。这就像进攻一个阵地,或进行一个战役,没有周密的战略规划和战术部署,要想取胜是很困难的。

在制定营销战略中,把握企业及产品在目标市场中的定位(Position)是重要的,这是制定战略的前提和基础。显然,企业及其产品在市场中的定位不同,其战略导向也会不同。

4. 制定营销计划

营销战略必须转化为计划,这个过程是通过做出一些基本决策(例如营销费用、营销组合以及营销资源配置)来实现的。

确定营销费用是营销计划的重要内容。企业必须决定要达到预期营销目标所需要的营销费用,并且要设法了解竞争对手营销费用的预算情况。一个期望获得更大市场份额的企业,一般要花费超出正常比例的营销费用。企业同时要决定如何在营销组合各种手段之间分配营销预算。

市场营销组合是现代企业营销活动的一整套营销工具,也是营销计划中应明确确定和落实的。

为使营销计划行之有效,企业必须了解营销费用与销售额和利润之间的关系,企业利润最大化目标要求确定相应的市场营销费用水平,使市场营销资源达到合理配置。

(1)利润函数。一个确定的营销组合能够产生一定的利润水平,这可以通过利润函数得以计算。通常利润可以由产品销售收入减去各项成本得出,即:

$$Z = T - C$$

式中 Z——利润;

T——销售收入;

C——成本。

销售收入 T 等于产品净价 P' 乘以产品销售数量 Q;而产品净价 P' 则是其标价 P 减去包括运费、佣金和折扣的单位折让 K,即:

$$T = P'Q$$

$$P' = P - K$$

成本 C 由生产和分销的变动成本 c、固定成本 F 和营销成本 M 组成,即:

$$C = cQ + F + M$$

根据分析，有：

$$Z=(P-K-c)Q-F-M$$

式中　Z——总利润；

P——标价；

K——单位折让费，如运输折让、佣金、折扣等；

c——生产和分销变动成本；

Q——销售数量；

F——固定成本；

M——可控营销成本，如广告、销售促进。

(2)销售函数。要利用利润函数，必须要设计影响销售量的模型，即销售函数。假定 X_1、X_2、$\cdots X_n$ 是企业可控制的销售变量，Y_1、Y_2、$\cdots Y_n$ 是企业不可控制的销售变量，则有：

$$Q=f(X_1,X_2,\cdots X_n,Y_1,Y_2,\cdots Y_n)$$

如果企业估计 Y 变量及其对销售量的影响为：

$$Q=f(X_1X_2\cdots X_n \mid Y_1,Y_2\cdots Y_n)$$

上式表示 Y 为既定水平条件下，销售量是 X 变量的函数。前面谈到，X 变量是企业能够影响和控制的，它包括价格 P，折让 K，变动成本 c 和市场营销费用 M，当销售量是企业可控变量的函数时，就可表示为：

$$Q=f(P,K,c,M)$$

如果进一步分析，营销费用可分成为几个方面，如广告(A)、推销(S)、销售人员(D)和营销研究(R)，这样，销售函数就变为：

$$Q=f(P,K,c,A,S,D,R)$$

(3)利润最大化。如果企业希望找到一个利润最大化的营销组合，那么，对营销组合当中影响销售的每一因素进行分析和调整是必要的，一般地，可以用销售反应函数来描述销售数量和营销组合各因素之间的关系。

销售反应函数是指，在一定时期内，假定其他市场营销组合因素不变，只有一个因素变化时所引致的各种不同销售量。销售反应函数可能有以下不同情况，如图 4-2、图 4-3 所示。

图 4-2 是价格与销售量的关系曲线图，它表明，在其他情况不变的条件下，价格越低，销售量越大，这是我们所熟知的需求法则。

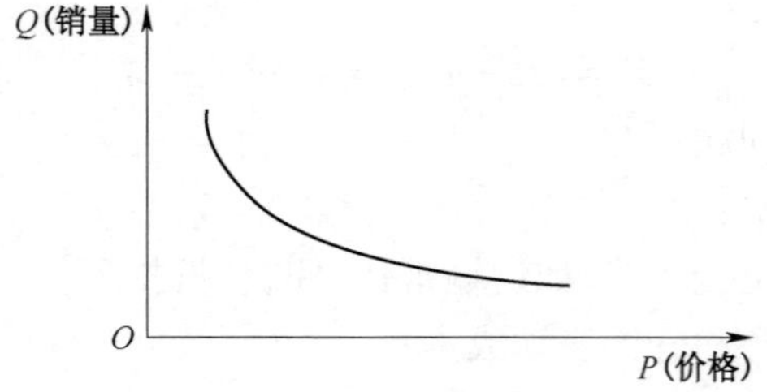

图 4-2　价格函数

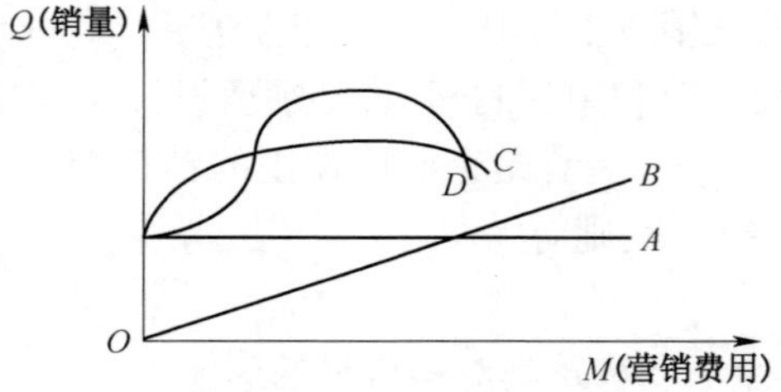

图 4-3　营销费用与销售量之间的关系

图 4-3 则反映营销费用与 4 种销售量之间的函数关系。*A* 表明销售量不受营销费用的影响,即顾客的需求和购买行为不受诸如广告、促销活动和营销研究的影响。实际上,这种情况几乎是不可能存在的。*B* 表示销售量随着营销费用的增长而呈线性增长关系。*B* 直线的截距为 0,这也是不具普遍意义的,因为实际上,即使没有营销费用,也会产生一定的销售量。*C* 是一个凸函数,它表明销售量以递减的比率增长。这种描述比较合理。多数情况下,营销费用在初期,或在一定范围内对销售量的影响是明显的,但不会呈线性增加,而是应当以递减的比例增加。*D* 是 *S* 形函数,它表示销售量先呈递增比率上升,然后呈递减比率上升。

随着市场营销费用的增加,边际收益是递减的,因为,不管是什么产品其在一定时期内潜在需求都有一个上限。需求强烈的购买者会在短时间内发生购买行为,余下的则是较难说服的潜在购买者。这时,要想进一步刺激需求,就必须进一步加大营销费用力度。实际上,越接近后期,企业面临的销售阻力越大,因为来自同行业的竞争也加剧了。

在对销售反应函数做出估计后,就可将其运用于利润最大化。下面以 S 形曲线为例加以说明，如图 4-4 所示。

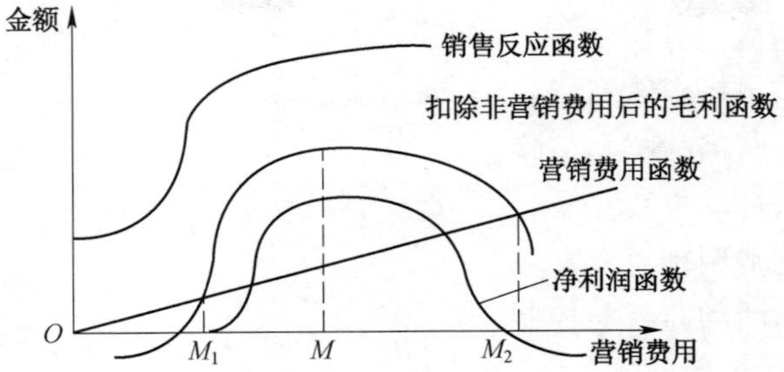

图 4-4　S 形曲线

市场营销费用函数是从原点出发，以 10 元花费中有 1 元营销费用的比例作一斜直线。另外，从销售反应函数中减去全部非营销成本，得出毛利函数，从毛利函数中减去营销费用函数后，就得到了净利润函数。净利润曲线表明营销费用的合理范围，即在 M_1 和 M_2 间企业获利，那么，M_1 和 M_2 间是市场营销费用的合理范围，净利润曲线在 M 处达到最高。因此，当营销费用为 M 时，净利最大。

(4) 市场营销资源配置最优化。将营销预算合理地配置到各个目标市场上去是营销资源配置的重要问题。对于运输企业来说，目标市场可能分布在不同区域、不同顾客群或不同运输类型上。研究营销费用如何配置使用是提高营销投入边际收入的重要内容。对于已经制定的营销组合，也需要研究优化资源在各种要素中的分配。

5. 组织、实施和控制营销活动

在市场营销程序中，一个十分重要的环节是组织、实施和控制过程。运输企业为保证营销活动正常进行，必须建立能够组织、实施并控制营销活动的组织机构。营销组织机构的设置每个企业可能有所不同。但都需要保证其目标任务的完成，承担营销工作管理、监督和控制职能。

上面是市场营销的过程和程序。这里，最重要的是市场营销计划，它是企业营销管理工作的重点所在。营销计划的主要内容包括以下几方面。

(1)计划摘要;

(2)企业营销现状描述;

(3)市场机会分析;

(4)确定市场营销目标;

(5)市场营销战略与策略;

(6)营销行动方案;

(7)营销费用预算;

(8)营销活动监督与控制。

第二节　运输业营销规划

运输业从事市场营销管理工作,需要有一个总体规划,以便将各项工作付诸实践。总的来看,营销规划包括以下内容,如图 4-5 所示。

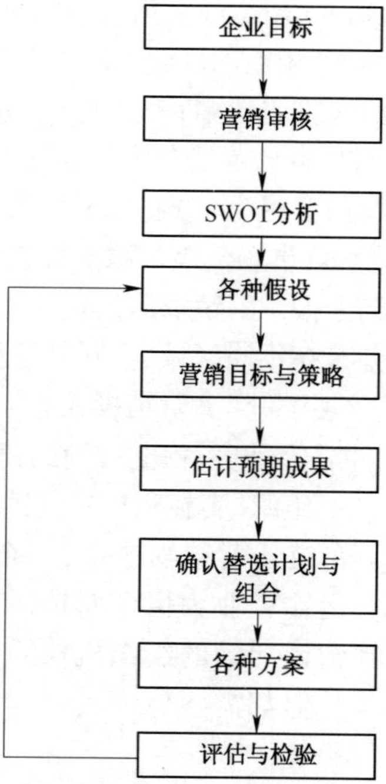

图 4-5　营销规划

注:资料来源于 Marketing: An Introduction for Acountants,1980。

上述过程阐释如下。

(1)从企业内部和外部收集有关信息。

(2)确认企业的优势和劣势、外在机会以及威胁(SWOT 分析)。

(3)设定企业营销成功要素的基本假设。

(4)确定企业的目标市场,通过分析已获得的信息,对各种假设和既定策略所做的 SWOT 分析。

(5)设计实现目标的详细计划和方案。

(6)检验计划完成的进度,必要时修正计划。

运输企业营销活动中的重要阶段和

步骤，如图 4-6 所示。

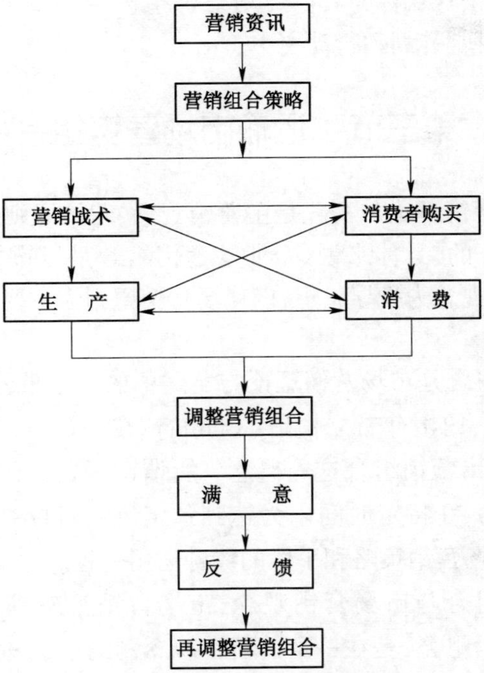

图 4-6　营销活动中的重要阶段和步骤

运输企业营销规划同样是一种管理程序，它的目标是形成和开拓企业的业务和产品，以期获得目标利润。

营销规划的宗旨是使运输企业能够健康地发展，促进企业业务增长。

营销规划的核心内容包括以下 3 项。

(1)确认企业的市场机会，确定企业的发展目标。SWOT 是帮助企业分析自身的优势和劣势以及外在市场机会与威胁的过程。通过这一分析，企业可以找到可能获得成功的各种要素以及一些不利条件，从而确定企业的发展任务与目标。

(2)选择合适的目标市场和增长机会。通过对已有信息的分析，选择和确定目标市场，并找出合宜的增长机会。营销规划对这一点的确定是明确的。

(3)确定实施和行动方案。规划要与计划相结合。在企业任务和目标明确后,要把宏观目标与具体计划结合起来,在投资组合、营销策略等方面要落实于日常计划和行动之中。

第三节　运输市场营销组合

现代市场营销理论与实践是由营销观念、营销原则和营销组合综合体现和反映出来的,具体来说,企业的营销组合是以市场营销理论为基础,以市场营销观念为指导思想,以市场营销原则为主要依据来制定和实施的。

市场营销组合是市场营销理论与实践中的一个重要概念,它产生于20世纪40年代,1948年古立顿(J. Culliton)在一篇研究报告《营销成本管理》中首次提出营销组合这一概念。所谓市场营销组合,是指企业对确定的目标市场,在特定时间内为达到预定经营目标,取得最大经济收益,而对各种市场营销策略和手段的综合运用过程。

市场营销组合与市场营销观念、市场营销策略等概念相辅相成。一定的市场营销组合,是在一定的营销观念制约下,企业对目标市场实施的营销策略和手段的集合,其内部各因素的排列是既有序又灵活的。经过多年的实践总结,营销学家对企业采用的市场营销策略概括归纳为4个基本要素,也是企业营销活动中最活跃、最重要的4个基本变量,它们是产品策略(Product)、价格策略(Price)、渠道策略(Place)和促销策略(Promotion)。由于这4个要素的英文单词第一个字母都是"P",所以通常称为"4Ps"。如果说企业市场营销的外部环境是不可控因素的话,那么4Ps中的各项因素都是企业能够控制和掌握的。一个企业市场营销活动的成功与否,在很大程度上取决于营销组合的恰当与否,取决于对4Ps各项变量的应用准确与否。所以现代企业无不重视市场营销组合。

表面上看,营销组合只包含4个变量,而实际上它的变化是多种多样的,因为每一个变量都包含许多子变量,见表4-2。

表 4-2　市场营销组合内容

产品策略	价格策略	渠道策略	促销策略
形状	基本价格	长分销渠道	广告
特性	折扣价格	短分销渠道	人员推销
质量	样本价格	宽分销渠道	营业推广
效用	试销价格	窄分销渠道	公共关系
外观	季节价格	代理制	⋮
色彩	浮动价格	⋮	
包装	⋮		
品牌			
附件			
劳务			
担保			
维修			
⋮			

对于运输业来说,上述营销组合内容不足以涵盖其业务范围和市场需求,因为,运输业本身具有与其他行业不同的特征。运输业的营销组合应包括以下方面内容,见表 4-3。

表 4-3　运输市场营销组合内容

要　素	内　容
产品(Product)	类型,质量,水准,品牌,服务内容,延伸服务,承诺与保证,区域,速度,舒适度,安全,准时
价格(Price)	水平,折扣,佣金(代理制),付款条件,保价,赔偿,顾客认知,差异水平
渠道(Place)	所在地区,可及性,代售密度,授权方式,管理方式
促销(Promotion)	广告,人员推销,宣传,公共关系
人员(People)	人员结构,文化程度,培训,聘用方式,激励方式,态度,人际行为,参与程度
有形展示(Physical Evidence)	环境氛围(装潢、色彩、陈设、噪声),设备情况(技术条件、质量、全新度)
企业理念(Phylosophy of Firm)	企业的营销哲学与营销理念
过程(Process)	政策、各项手续、便捷程度

以上是运输企业的营销组合内容,每一个企业将根据自身的条件和市场状况来调节营销组合的变化。

营销组合各项内容间是相互关联的,因此,在制定营销组合方案时,需要全面地考虑。运输企业制定一套市场营销组合可以参考以下步骤,如图4-7所示。

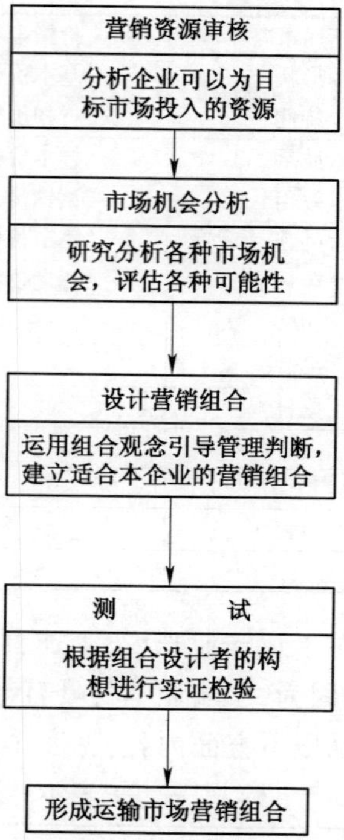

图4-7　运输营销组合建立步骤

在设计营销组合时,运输企业必须坚持这样的观念,就是企业的营销组合决策必须要以市场需求为基础,企业的各种行为和活动都要以满足顾客需求为中心。

营销组合设计是企业管理者为了控制所有可能影响交易的变量并使之系统化的管理过程,是企业转动市场这个“魔方”的最重要的手段。不同企业由于营销组合设计和实施的不同,导致营销绩效明显不同。

思　考　题

1. 分析运输企业的营销管理过程。
2. 如何确定企业的营销费用？如何理解市场营销费用函数？
3. 运输企业营销规划的核心内容包括哪些？
4. 运输企业如何科学构建营销组合？
5. 运输企业如何配置资源,使其营销绩效最大化？

第五章　运输市场购买行为分析

运输市场的运行有其特有的规律性。随着运输市场的不断发展与完善,运输市场的竞争将趋于激烈,同时也将趋于有序。在这种情况下,运输企业必须时刻研究市场,把握市场,跟踪并且主动引导消费需求的变化,这是适应市场规律,求得生存与发展的客观必然。为此,作为生产者和卖方,运输企业必须不断地研究消费者及其需求变化动态,研究他们的购买动机和购买行为,从而有的放矢,制定出适宜的市场战略和策略。

第一节　影响运输消费者购买行为的因素

在运输市场上,运输消费者(旅客、货主)是独立的主体,其购买行为是一个复杂的过程,受各种因素的影响。

一、经济因素

经济因素是影响运输消费者购买行为最重要的因素之一。

消费者(个人、家庭)经济状况取决于消费者可支配的收入、该收入的稳定性以及存款和其他财产。

消费者可支配收入是指消费者个人货币收入减去税款及非税性负担以后所剩下的收入,即个人能够用作消费支出或储蓄以及其他投资方式的收入数额。消费者用于运输方面的支出取决于其可支配收入的多少。

虽然中国的人均消费水平总的来说还不算高,年人均出乘次数比发达国家少很多,但是随着改革开放和城镇化的迅速发展,我国的居民消费水平已经有了明显提升。

中国城镇居民家庭人均收入见表 5-1,与 2000 年相比,我国城镇居民的人均可支配收入翻了不止两番。表 5-2 显示了中国城镇居民的交通支出及其占整个消费支出的比重的变化情况,从表中可以发现,中国城镇居民的交通支出的占比也有了较大幅度的增长。

表 5-1 中国城镇居民家庭人均收入情况 单位:元

年份	2000	2005	2010	2011	2012	2013	2014	2015
人均可支配收入	6 280. 0	10 493. 0	19 109. 4	21 809. 8	24 564. 7	26 467. 0	28 843. 9	31 194. 8

数据来源:《中国统计年鉴》。

表 5-2 中国城镇居民的交通支出及其占整个消费支出的比重

年 份	消费支出（元）	交通通信支出（元）	比重(%)
2000	4 998. 00	426. 95	8. 54
2005	7 942. 88	996. 72	12. 55
2010	13 471. 45	1 983. 70	14. 73
2011	15 160. 89	2 149. 69	14. 18
2012	16 674. 32	2 455. 47	14. 73
2013	18 487. 50	2 317. 80	12. 54
2014	19 968. 10	2 637. 30	13. 21
2015	21 392. 40	2 895. 40	13. 53

数据来源:《中国统计年鉴》。

二、社会因素

运输消费者生活在一定的社会环境中,其购买行为在很大程度上受社会因素的影响。

1. 文化

文化是人类社会在不断发展过程中所创造的物质财富和精神财富的总和。具体来说,它包括一定时期内的道德规范、教育水平、宗教信仰、生活方式和价值观念等。文化有多种,每一种文化都包含着某些行为规范,如共同遵守的信仰、准则、道德和习惯等,它时时刻刻影响着人们的社会行为,自然也包括人们的购买行为。

文化是引起消费者需求与购买行为差异的重要因素,具有不同文化特征的国家、民族、家庭和个人在对运输产品的购买和消费上同样存在明显差异。

一种开放的、注重交流的文化会对运输产生较大的依赖，而封闭的文化则会在一定程度上降低对运输的需求。有人称美国是“车轮上的国家”，这一点在很大程度上与其文化特征有关。

2. 相关群体

相关群体是指能够直接影响一个人的态度、行为或价值观的群体，包括社会群体、经济群体、职业群体等。相关群体成员中的相互影响是非常大的。一种新的社会时尚往往从相关群体中传播开来。例如，旅游成为人们喜好的项目后，相关群体成员的相互影响是最直接的，在去何地旅游，选择何种运输方式时，都会受到相关群体成员的影响。

3. 家庭

家庭是构成社会的基本细胞，它对消费者的影响贯穿于消费者生活的始终。不同家庭的人员构成、文化程度、价值观念对消费者的消费心理和消费行为会产生潜移默化的影响。

4. 社会阶层

一个社会按一定的社会标准将社会成员划分为不同的社会阶层，每一个阶层是由具有相似的社会经济地位、利益和价值观的人组成的群体。例如，美国著名社会学家劳埃德·沃纳将美国的社会阶层作了如下划分，见表5-3。

表5-3　美国社会阶层分类情况

社会阶层	成员构成	占总人口的百分比(%)
上上阶层	富豪世家	1.44
上下阶层	新富翁	1.56
中上阶层	各类专家与经理人员	10.22
中下阶层	白领工人	28.12
下上阶层	蓝领工人	32.60
下下阶层	非熟练工人	25.22

不同社会阶层的人在运输方面的支出是不同的。中层以上的人一般

拥有汽车,而且还会定期携全家外出旅游。而对下层人来说"度假是指待在城里,而外出是指路程不到两个小时的湖边或景区"。(《市场营销管理(亚洲版)》,第162页)

中国一些学者在分析中国社会构成及其不同社会阶层状况时,把社会上不同的人划分为5个层次,分别为:高收入阶层,中等偏上收入阶层,中等收入阶层,中等偏下收入阶层和低收入阶层,每个阶层人数比例依次为:2.5%,6.7%,16.4%,60.5%和13.9%。不同阶层的人由于支付能力不同,他们花费在交通运输上的支出也不相同(花费在交通运输上的支出既有私人支出,也有非私人支出,如因公出差等,此处仅指私人支出)。最近一些年,中国居民在境内和境外旅游人数有所增加,高收入阶层、中等偏上收入阶层人数所占比重比较大(境外旅游更为明显)。

三、心理因素

影响消费者购买行为的心理因素有多种,分析其在运输产品的购买行为中的影响时,主要依据一种动机理论。

动机是推动人们进行各种活动的愿望与理想。购买动机是消费者购买行为的基础。运输消费者的购买动机可以分为以下几类。

1. 健康动机

消费者外出的目的主要是就医、疗养等,出于健康需要,消费者购买运输产品。

2. 娱乐动机

很多人外出可能是单纯的娱乐,如旅游。

3. 文化与交流动机

很多人外出是为了求学或同他人接触与交流。每年出现的学生流是典型的代表。当然,还有很多人是为了特定目的,如文化交流、技术交流等,文化、艺术代表团,其他类型的参观访问团均属此种情况。

4. 业务动机

为了特定的公务或商务活动而产生的外出动机。这在中国目前的客流中占有较大比重。

四、个人因素

消费者的购买行为还受到个人因素的影响,包括消费者的年龄、性别、职业、受教育程度以及生活方式的影响。

1. 年龄与性别

不同年龄和不同性别的人对运输产品的需求和偏好有所不同。青年人活泼好动,喜爱旅行;老年人则行动稳重,喜欢安静。

2. 职业与受教育程度

不同职业的人对运输的接触程度大不相同。一些职业特性决定了从事该职业的人对运输的高度依赖。另外,受教育程度不同的人,对运输产品的消费观也有所不同。

3. 生活方式

生活方式显然也是影响个人对运输产品购买的重要因素。

第二节　运输消费者购买行为模式及购买决策过程

一、购买行为模式与类型

前面已经谈到,当消费者产生购买动机以后,就会发生购买行为。这一过程实际上是一个“刺激—反应”过程,亦即由于受到刺激,就会产生购买动机,最终的反应是发生购买行为,就是说购买行为是受到刺激以后所产生的反应。这种刺激来自内部和外部两个方面,内部刺激产生于消费者生理和心理需求,外部刺激则是一种“市场营销刺激”,即营销手段、促销方式的作用结果,如图 5-1 所示。

营销刺激是指运输企业通过各种方式和手段,如产品、价格、促销等激发消费者的购买欲望;其他刺激是指有关政治、经济、文化等客观因素对运输消费者购买欲望的影响。

购买者黑箱是指营销刺激及其他刺激引起消费者内在心里的活动过程,看不见、摸不着,像“黑箱”一样是不可捉摸的过程,这一过程包括购买者的特征和购买者的决策过程两个部分,直接影响消费者的最终反应。

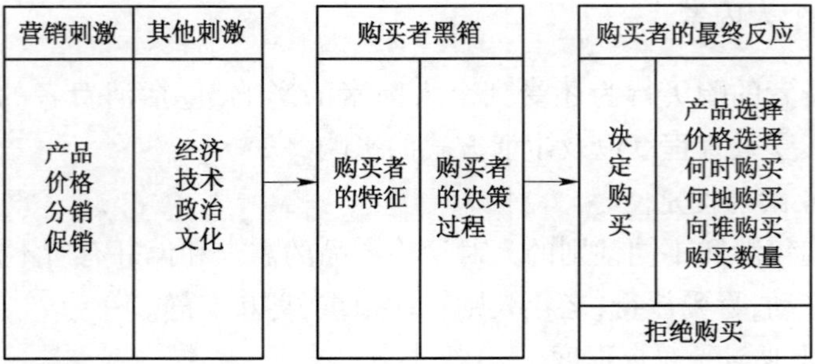

图 5-1 消费者购买决策行为模式

购买者最终有两种反应:一是决定购买,这就涉及产品选择、价格选择、何时购买、何地购买、购买多少等;二是拒绝购买。

在运输消费者的购买活动中,不同的消费者有着不同的行为方式,通常可分为以下几类。

1. 习惯型

习惯型是指按个人的习惯和对不同运输产品的偏好而产生的一种购买行为。消费者由于长期购买某一特定运输产品(如某种运输方式)产生了安全感和信赖感,从而不断重复购买。

2. 理智型

理智型是指以认真分析、仔细比较为主要特征的购买行为。这类消费者头脑冷静,行为慎重,在购买过程中,总是要做认真分析和比较,然后决定是否购买。此类消费者不易受广告和其他促销方式的影响。

3. 冲动型

冲动型是指易受外界诱导因素的影响,从而迅速做出决策的购买行为。这类消费者感情丰富、外露,随意性强,很容易受到广告和其他促销方式的影响,从而产生冲动型购买行为。

4. 价格型

价格型是指十分重视运输价格的购买行为。这类消费者往往以价格作为决定是否购买的决策依据。价格型在实际中又有两种表现形式:一类是廉价型,以追求低运价为主要目标;另一类是高价型,以高舒适度、高运价的运输产品为购买对象。

5. 质量型

质量型是指以追求高质量运输产品为主要特征的购买行为，主要体现在对运输产品的安全、迅速、舒适、准时等内容上。

6. 不定型

不定型是指缺乏一定主见，没有固定偏好的消费者。这类消费者通常缺乏旅行知识和经验，购买心理不太稳定。对这类消费者如果热情服务，耐心介绍一些情况和知识，有助于促使购买行为的发生。

二、购买决策过程

消费者的购买决策从实际购买前就已经开始，一直延续到购买行为之后，是一个动态的系列过程。一般来说，这一过程包括以下几个不同阶段。

1. 确认需求，萌发动机

由于各种需要(因公或因私)，或者由于外部环境的刺激，使得消费者产生了购买动机，开始了购买前的一切准备活动，购买决策过程从此开始。

2. 了解情况，收集信息

在消费者决定购买后，他就会开始注意市场，了解情况，收集有关信息。收集的信息包括不同运输方式，不同运输企业的产品情况(时间、速度、运价、便捷性等)。

3. 评价分析，确定选择

在收集信息阶段后，就要对得来的信息进行分析、整理，对可供选择的运输方式或运输企业进行分析、对比和评判，最后确定选择。评价过程如图 5-2 所示。

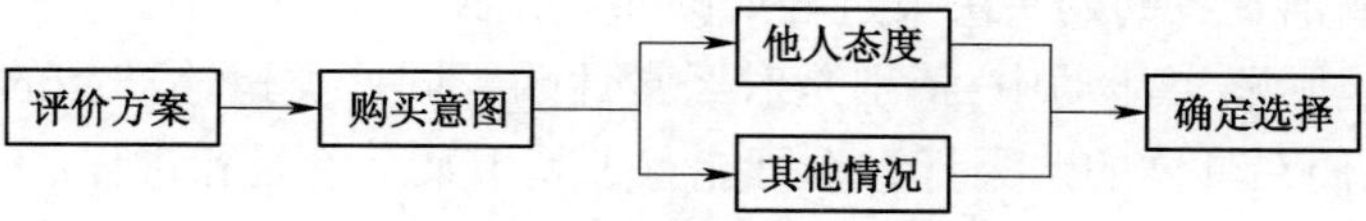

图 5-2　评价过程

这个过程是消费者对运输产品和运输企业的评价过程，消费者在对不同运输方式、运输企业的运价、运输安全情况、运输送达时间、便捷程度等情况分析对比后做出选择。

4. 决定购买

在认真分析比较后,运输消费者会最终决定选择何种运输方式或哪个运输企业所提供的服务。在这一过程中,还可能受到一些因素的影响,如相关群体成员的态度等。

5. 购买后行为

运输产品比较特殊,在实际消费前,消费者对产品本身感知甚少,只有在实际消费后,才会对产品本身有真正的了解。此时,消费者会对产品进行客观评价。若与期望值大体相符,就会感到基本满意,若超出期望值,则消费者会得到一种“剩余”,但若达不到期望值时,消费者就会感到失望,他得到的便是“负剩余”。

当运输消费者对购买行为基本满意或者有“剩余”时,对同一产品的重复购买就会发生,而当其购买行为得到的是“负剩余”时,除非别无选择,否则他的下一次购买肯定会发生转移。

因此,消费者在消费了运输产品之后,其购买行为并没有完全结束,他会对购买行为进行自我评价,也会对相关群体成员表示他的看法。菲利普·科特勒曾谈到,一般来讲,一个满意的顾客会将好的体验告诉 3 个人,一个不满意的顾客会向 11 个人诉苦。如果他们中每一个人再向其他人诉说,则相传坏口碑的人数可能会呈指数增长。

通常,消费者在出现不满意时,可能会出现以下行为举动,如图 5-3 所示。

所以,对于运输企业来说,做好运输过程中的服务,以及做好运输后的各项工作,处理好消费者不满意的问题是非常重要的。

运输消费者的购买决策过程如图 5-4 所示。

在实际购买活动中,特别是对经常性购买同一类运输产品的消费者来说,他们在具体的购买行为中可能省去其中某个阶段和过程。

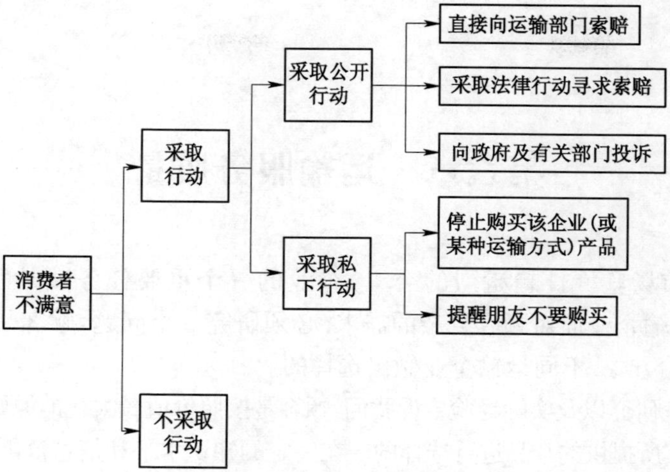

图 5-3　不满意消费者采取的行动

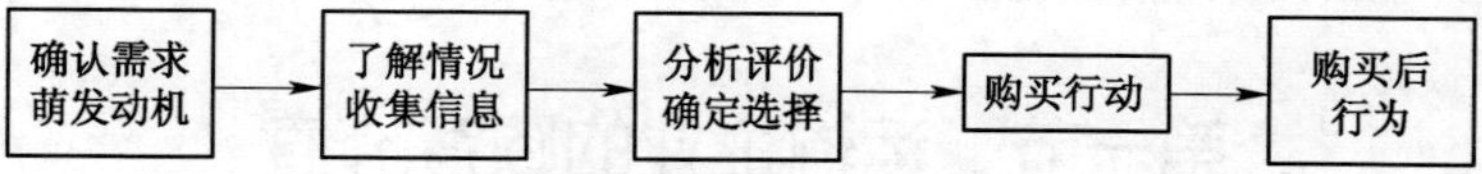

图 5-4　消费者购买决策过程

思　考　题

1. 影响运输消费者购买行为的因素有哪些?

2. 运输消费者的购买行为类型有哪些?

3. 分析运输消费者的购买决定过程。

4. 消费者对运输企业不满意时,通常会采取哪些行动?

5. 影响中国农村人口出行的最重要因素有哪些?

6. 试分析中国城镇人口和农村人口在选择出行方式方面的异同。

7. 试分析私人小汽车的发展对铁路、公路、民航、水运等交通运输方式会产生哪些影响。在中国,它会动摇上述运输方式的发展吗?

第六章　运输服务质量

在市场竞争日趋激烈的今天，企业的一个重要任务就是“创造需求”。运输企业面对顾客复杂的需求，必须研究一个问题：顾客是如何对不同运输方式、不同运输企业做出选择的。

理论研究以及实际经验告诉我们，顾客是按照价值最大化的原则对运输企业及其所提供的产品进行选择的。在一定的知识水平和信息范围内，顾客通常要对其个人成本和收入进行衡量，他们是价值最大化的追求者。在他们对运输产品的选择中，首先会形成一种价值期望并按此期望去行事。

第一节　运输企业的顾客价值

菲利普·科特勒在分析顾客价值问题时，首先提出顾客让渡价值的概念。他认为，顾客让渡价值是指整体顾客价值与整体顾客成本之间的差额部分。那么，什么是整体顾客价值和整体顾客成本呢？

科特勒认为，整体顾客价值是指顾客从给定产品和服务中所期望得到的所有利益。整体顾客成本所涵盖的内容远不止货币成本，如亚当·斯密在两个世纪前所观察的那样：任何一个物品的真实价格，即要取得该物品实际上所付出的代价，乃是获得它的辛苦和麻烦。它包括了购买者的预期时间、体力和精神成本。

所以，对运输业的顾客来说，其让渡价值如图 6-1 所示。

由图 6-1 可以看到，顾客是否购买，或者决定购买哪种运输方式（或运输企业）的产品，取决于他能得到的让渡价值的多少，顾客最终的选择会倾向能提供最大让渡价值的运输方式（或运输企业）。

1. 运输消费者从运输过程中能够得到的整体价值包括：

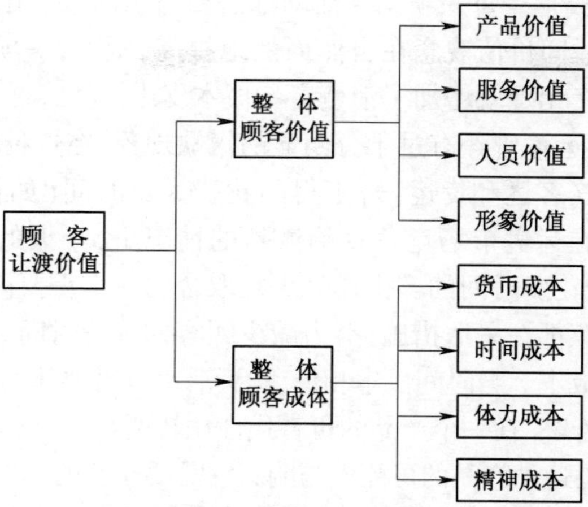

顾客让渡价值＝整体顾客价值－整体顾客成本

图 6-1　顾客让渡价值

(1)运输产品价值。这是运输消费者能够得到的核心利益,即旅客和货物的空间位移。

(2)运输服务价值。运输消费者在运输活动中自始至终能够得到的各项服务。

(3)运输企业人员价值。运输业是高接触性服务行业,运输企业人员的知识水平、工作责任感等能够使顾客从很多方面享受到利益,然而这种利益的大小取决于不同企业的人员价值。

(4)运输企业形象价值。良好的企业形象既是企业的财富,同时也会给它的顾客带来很多相关利益。从这个角度看,顾客更愿意选择形象好的运输企业。

2. 运输消费者在选择不同运输方式(不同运输企业)过程中,支付的个人成本(整体顾客成本)也完全不同。

(1)货币成本。选择不同的运输产品,消费者支付的货币成本有所不同。如铁路、民航、公路、水运等运价不同,对于消费者个人来说,需要支付的费用不同。货币成本的大小在很大程度上影响甚至决定消费者的购买决策。

(2)时间成本。每一项购买活动都需要付出时间。随着社会经济的发展,人们的时间价值观念在自然而然地提高,所以,一项购买活动如果支付时间太多,无疑就增加了消费者的成本支出。

中国交通运输曾经有过十分明显的短缺现象,在这种情况下,消费者为获得运输权(客运和货运)曾不得不花费大量时间(如排队购票,提前申请车皮)。在运输市场竞争日趋激烈的情况下,今天的消费者在运输选择上将会把花费时间的多少作为决定取舍的一个重要因素。也正因为如此,运输企业都在采取措施,努力减少顾客的等待时间。

(3)体力成本。与时间成本相似,购买活动也需要体力支出,亚当·斯密称之为"辛苦"。在一个产品的可替代性比较明显、市场竞争又比较激烈的情况下,购买这种产品的可能性与购买它需要花费的体力支出成反比。

这也是铁路、民航推行代理制,增加销售网点的重要原因。

(4)精神成本。购买行为不仅花费时间、体力,同时花费精力。从一定意义上讲,这三者是相互关联的。所以,对于消费者来说,它的成本支出可以分为两部分:一部分是货币成本,一部分是时间、体力和精神成本。对于很多人来说,在一些情况下,后者是决定购买行为的决定因素。

3. 从上面分析可以看到,企业让渡给运输消费者的价值实际上是整体顾客价值与整体顾客成本之间的差额。所以,对于消费者来说,单独拿出哪一部分都不是利益最大化的最终表现,决定消费者最终得到的是两者之间的差额。实际上,改变其中任何一部分,都会改变消费者的让渡价值。那么,运输企业在竞争中就要考虑,要给消费者以多大的让渡价值以刺激更多的需求。作为消费者来说,他也会理智分析,哪种运输方式(或哪个运输企业)能够给他更多的让渡价值,从而做出选择。

对于运输企业来说,在增加其产品价值、服务价值、人员价值、企业形象价值的同时,尽量减少顾客的个人成本。在价格水平一定的情况下,要通过减少顾客在时间、体力和精神方面的支出,从而增加让渡给顾客的价值和福利。果真如此,企业的竞争力将会大大提高。很多顾客在一些情况下,对于在时间、体力和精神方面的支出更为重视,他们甚至愿意增加一定的货币成本来换取时间成本、体力成本和精神成本的节省。

第二节　运输服务质量管理

一、服务质量

可以说,运输业的性质和运输市场的特点决定了运输企业主要任务是提供优质的服务。所以,服务质量是决定运输企业市场竞争成败的关键所在。美国一项调查表明,多数企业都把产品的质量和服务质量作为赢得市场的主要手段。

相对有形产品的质量来说,服务产品质量的界定似乎更为困难,因为服务产品从实体性上不可以被感知,所以很难制定明确的质量标准来对其进行检测,即使是同一种服务由同一个人提供,不同的人可能也会有不同的感受,而这个人在不同的时间、场合其服务水准可能存在很大差异。同时,顾客对服务质量的评价不仅要考虑服务的结果,更注重服务的过程。

由此,对服务质量的界定首先要从感知角度出发。可以说,服务质量是一种衡量企业服务水平能够满足顾客期望程度的工具。

服务质量是一个主观范畴,它取决于顾客对服务质量的预期同他真实感知到的服务水平的对比。

服务质量的测度可以从技术和职能两个方面完成。运输企业向顾客提供服务的技术手段和技术设备是它的技术质量,如铁路机车车辆类型、线路类型、运输速度等。而顾客在与运输部门人员接触中所得到的服务则是它的职能质量。显然,职能质量更多地取决于顾客的主观感受。

从中国各种运输方式的技术质量方面看,各有特点。

二、服务质量管理

运输企业区别于他人的一个主要方法是提供比竞争者具有更高服务质量的产品,达到这一目标的关键是满足甚至超过目标顾客的预期服务质量。

顾客的预期是由过去的感受、口碑、广告或其他渠道获得。顾客往往在预期的基础上来选择运输企业,购买它的产品。在购买并消费了运输产品后,他们会把感受到的服务和他们预期的服务进行比较,如果达不到预期设想,他们便感到失望和不满意,如果达到或超过预期,他们就会感到满意,并可能再次购买。

实际上,很多企业为了更好地提高企业服务水平和服务质量,推出了"零缺陷服务",这在运输企业是值得大力推崇的。

通常情况下,服务水平和服务质量决定于以下几方面要素。

1. 可靠性

可靠性是指企业能够完全、准确地履行预先承诺的服务的能力。许多以优质服务著称的企业都是以"可靠"的服务建立自己声誉的。例如,光顾麦当劳的顾客能够发现,无论在美国还是在中国,都能吃到具有同一质量标准的汉堡包。

对于运输企业来说,"可靠性"是其服务的最基本内容,在服务过程中,最令顾客接受不了的莫过于企业失信。运输的正点率,货物按时、完好地送达目的地,都是可靠性的具体表现。铁路的货主在很多情况下都不知道自己的货物何时能送达目的地,这是可靠性不足的表现,也是货主感到失望的重要原因。

2. 迅速反应性

迅速反应性是指企业随时准备为顾客提供快捷、有效的服务。运输企业对于顾客的各种要求能否及时满足,既表明企业的服务导向(即是否把顾客的利益放在第一位),同时也反映企业服务的传递效率。

3. 可信性

可信性是指运输企业工作人员的礼仪以及对工作的胜任能力。可信性好的企业能提高顾客对企业服务质量的信心和信任。工作人员态度不好或仪表不整会使顾客感到不快,如果他们对专业知识又懂得太少,自然会使顾客大失所望。

4. 移情性

移情性是指企业对顾客要关注和真情关心,了解他们的实际需要,并给予满足,使运输服务具有"人情味"。

5. 有形性

有形性是指运输产品的"有形部分",如各种设施、设备以及工作人员的服装、仪表等。运输产品是"位移",而不是实物,顾客通常只能借助这些有形的、可感知的部分来把握服务的实质,感受服务的质量。例如,宽敞、整洁、明亮的候车(机)大厅会给顾客一个良好的初始印象,提高顾客对服务质量的良好感知。

三、运输服务质量分析(以铁路为例)

一个完整的交通运输体系是由不同运输方式组成的,而不同运输方式的服务质量特性,包括技术质量特性和职能质量特性是不尽相同的。例如,航空运输以"快速"见长,在长距离运输中,其速度优势十分明显,能够带来的时间节省也相当可观。在短距离运输中,公路以"灵活"和"便捷"闻名,它可以实现旅客和货物的"门到门"运输。

铁路是一种运能大、成本低、运输过程连续性强的陆路运输方式。在中国,铁路在中长距离运输中一直占据主导地位,在短途和市郊运输中也发挥着十分重要的作用。近年来,国家积极实施"一带一路"倡议、京津冀协同发展战略、长江经济带发展战略,稳步推进新型城镇化发展,为铁路建设营造了良好的宏观氛围,铁路建设转型升级不断加速。在这种发展态势下有必要对铁路的运输服务质量进行分析,接下来,我们将从技术质量和职能质量两方面加以研究。

图 6-2 和图 6-3 是我国铁路线路的历年变化情况。近年来,我国的铁路线路里程不断增加,技术质量水平也逐渐提高。近 25 年以来,铁路正线钢轨延展历程由 67 549 km 提升至 186 522 km,增长了 1. 76 倍;电气

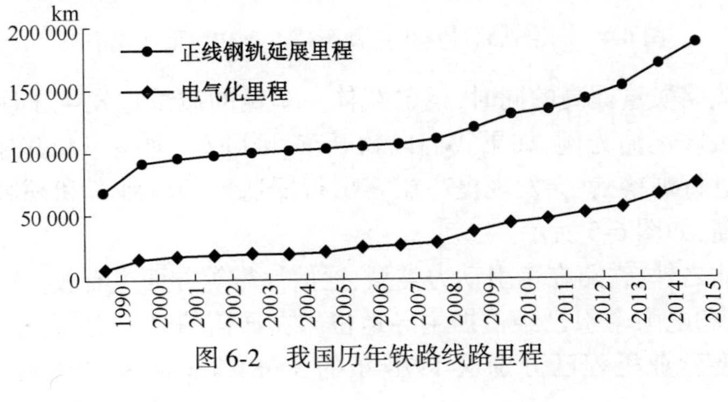

图 6-2　我国历年铁路线路里程

化水平快速提高,由 1990 年的 6 941 km 增加至 2017 年的 8.7 万 km,增长了 12.5 倍;高铁运营里程不断攀升,目前我国的高铁运营里程已排名世界第一。图 6-4 展示了国家铁路计算机连锁车站占车站比重变化情况,随着信息技术的不断发展,采用计算机联锁系统有助于提高车站运营效率,加速客货流动水平。

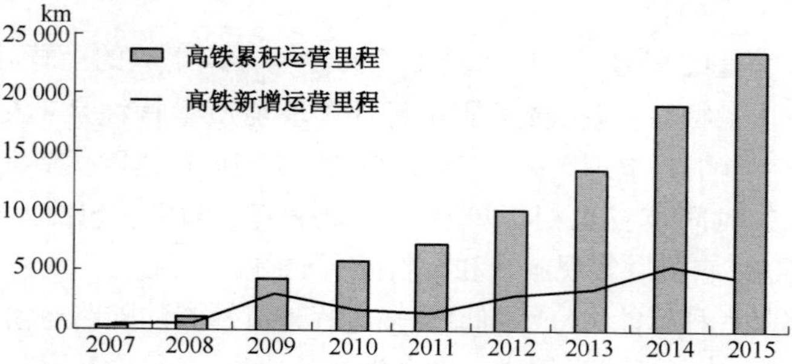

图 6-3　我国高铁运营里程

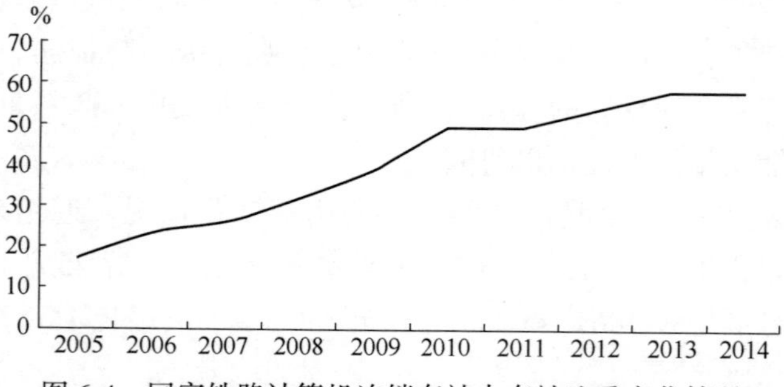

图 6-4　国家铁路计算机连锁车站占车站比重变化情况

在线路质量提高的同时,运输载体—车辆的质量也发生了明显的变化。以旅客运输为例,如果我们以软卧车、硬卧车、硬座车和其他类型车为对象进行观察,就会发现提高旅客出行舒适度的软卧车和硬卧车数量不断提高,如图 6-5 所示。

除此之外,铁路在牵引动力类型、通信信号等方面也有较大改善。目前,内燃和电力牵引已经占据主导地位。在通信信号方面,自动闭塞、半自动闭塞营业里程已分别从 1978 年的 5 981 km 和 34 795 km 提高到

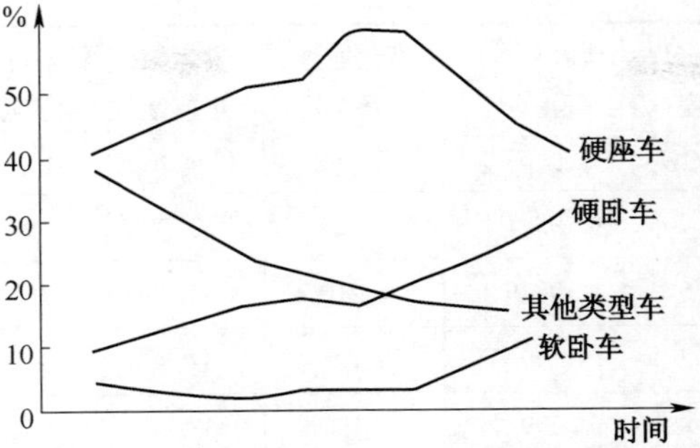

图 6-5　不同类型车辆所占比重的变化趋势

2014 年的 35 296 km 和 30 178 km,自动闭塞里程所占比重持续提高。

由上面分析我们可以看到,铁路运输服务在运营线路、机车车辆等技术质量方面的提高比较明显。接下来将从职能方面分析铁路的运输服务质量。表 6-1 反映了我国自 20 世纪 80 年代以来铁路部门在履行客货运输职能方面的相关质量指标数据。

表 6-1　铁路客货运输情况变化表

年份	客运旅行速度(km/h)	旅客列车运行正点率(%)	客运密度(万人公里/km)	货运旅行速度(km/h)	货运列车运行正点率(%)	货运密度(万吨公里/km)
1980	49. 8	94. 2	290	28. 7	91. 7	1 199. 0
1985	43. 9	94. 8	479. 4	28. 1	91. 3	1 612
1990	46. 3	92. 9	489	29. 2	92. 5	1 986. 1
1995	49	92. 7	648. 6	30. 2	94. 4	2 350. 2
2000	56. 8	97. 1	753	31. 8	96. 8	2 273. 6
2001	60. 5	96. 9	785	32. 1	96. 8	2 412
2002	62	97. 6	807	32. 4	96. 7	2 533
2003	62. 2	96. 5	765	32. 8	96. 5	2 726
2004	64. 4	95. 9	903	32. 2	96. 2	2 997
2005	65. 2	98. 4	938	32. 1	96. 9	3 140
2006	65. 4	99. 4	1 002	32. 1	97. 3	3 242

续上表

年份	客运旅行速度(km/h)	旅客列车运行正点率(%)	客运密度(万人公里/km)	货运旅行速度(km/h)	货运列车运行正点率(%)	货运密度(万吨公里/km)
2007	68.9	99.1	1 129	33.2	97	3 549
2008	69.6	98.9	1 210	32.8	96.8	3 697
2009	70.2	99	1 125	32.8	96.4	3 480
2010	70.8	99	1 194	33.4	95.2	3 747
2011	71.5	99.2	1 235	34	95.3	3 929
2012	70.8	99.1	1 200	33.8	95	3 798
2013	72.6	99	1 314	34.3	95.7	3 787
2014	75	99.1	1 323	35.6	95.5	3 493

数据来源:《中国铁道年鉴》。

从表 6-1 可以看到,客货运输变化基本呈相似的趋势。1980 年客运平均旅行速度为 49.8 km/h,而到 2014 年,平均旅行速度为 75.0 km/h,客运速度有较大提高;旅客列车正点率 1980 年为 94.2%,2014 年达到 99.1%。货物运输方面,货运密度增加较快,而货运旅行速度基本上停留在 30 km/h 左右,没有明显变化。货车周转时间、一次货物作业时间、中转时间都有所增加,这些因素可能影响缩短货物送达时间,从而影响货运服务质量。

由上面的分析可以看到,铁路运输服务质量中的技术质量有提高,也有基本不变的。线路和机车车辆技术状况有所改善,客运速度提高较明显,货运速度变化不大。

铁路运输曾在很长一段时间内供不应求,运量大于运能的矛盾十分突出。在最繁忙季节,主要干线客运平均超员率达 100% 以上,热门车超员率达 200%;货运每天装车只能满足申请车数的 60% 左右。可以说铁路在很大程度上以降低运输服务质量换取了客货运量提高。虽然这不完全是铁路部门本身的过错,然而,客观上却造成铁路部门服务意识和服务水准的明显下降。这也是我们要谈的职能服务质量问题。

前面谈到,职能服务质量在很大程度上是顾客的主观感受,它与提供服务的人员直接相关。铁路是与社会公众高接触性的行业,职能服务是整体服务中十分重要的一部分。铁路中很多人员,如车站售票员、值班员、检票员、列车员、货运员、行包员等,都与运输消费者有直接的接触,他们的工作对提高铁路服务水平有着直接的关联和影响。然而,有些人在工作中服务态度差、服务水准低,极大影响了铁路部门在消费者心目当中的形象,降低了铁路运输服务质量。

上述现象已经引起了铁路运输部门的高度关注。目前,铁路企业已经开始转变意识,把提高服务质量作为一项重要的工作内容来抓。事实上,铁路运输企业在完成其产品——旅客和货物空间位移的过程中,服务占据了主要地位,换句话说,铁路运输企业向社会提供的就是客货运输服务。哪一个企业的服务意识好,服务水准高,其社会需求就相对较大,反之,其社会需求就会受到影响。铁路部门由于服务意识差、服务水准低而使客货流转向其他运输方式的事例很多。随着各种运输方式以及综合运输体系的不断发展与完善,交通运输可能不再是国民经济发展的瓶颈产业,届时,服务将是决定运输企业发展的关键因素。

提高服务意识,是提高服务质量的前提。这两年,铁路在提高服务意识方面已经有了较明显的改观。存在决定意识,这是市场竞争的结果。现在,铁路企业正渐渐改掉"坐商"的作风,走出"家"门,主动开拓市场,挖掘客货源。意识上的转变带动了行为上的更新,铁路客货运方面有了较多的新举措,例如:设立12306网上购票系统,极大地方便了顾客购票,减少了"顾客成本";2017年中国铁路总公司颁布《铁路旅客运输服务质量规范》用以提高铁路客运服务质量。另外,根据社会热点,组织球迷专列、旅游专列等等。

为了使服务水准能有一个较大提高,铁路从1997年起,把提高旅客列车速度作为一项重要任务,为此,铁路不惜投入巨资。目前已先后进行6次铁路提速。1997年4月,中国铁路实施首次大面积提速,京沪、京广、京哈三大干线全面提速,最高速度达到140 km/h。1998年10月,实行第二次大面积提速,京沪、京广、京哈三大干线最高速度达到140~160 km/h。

2000 年 10 月,实行第三次大面积提速,重点是亚欧大陆、陇海、兰新、京九和浙赣线。2001 年 11 月实施第四次提速,范围基本覆盖中国大部分地区。2004 年 4 月,京沪、京广、京哈等干线部分地段线路基础达到时速 200 km 的要求,直达特快列车在京广、京沪等繁忙干线以 160 km/h 速度长距离运行。2007 年 4 月,实施第六次中国铁路大提速。这次提速出现了中国品牌高速列车 CRH,首次在我国铁路既有线上开行时速 200 km 的动车组,其速度目标值、技术含量、提速规模和范围都超过前五次,时速 160 km 及以上提速线路延展里程达到 1.4 万 km,时速 200 km 线路延展里程达到 6 003 km,标志着我国铁路既有线提速水平跻身世界铁路先进行列,旅客运输跨上了一个崭新的台阶。

货物运输也出台了较多的服务手段和措施。很多车站为方便货主,简化了手续,过去货主需要反反复复、在不同地点办的事情,现在在一个窗口就可以办完。申请车皮时间大大缩短,过去铁路车皮最长需提前 40 多天申请,现在当天就可以申要。

在运营组织方式上,为了保证货物的运到期限,维护货主利益,铁路开行了“五定”班列。所谓“五定”班列是指定点(固定装卸车站)、定线(固定运行线路)、定车次(固定班列车次)、定时(固定运行时间)、定价(固定全部运价)的列车。

从 2006 年启动赣州至厦门普通客运班列到 2013 年启动“五定”班列,平均每趟可以比原来普通班列节省 50 h。“五定”班列作为货物运营组织的新形式,是铁路满足市场需求的新举措,受到了社会的普遍认同和接受。人们认为这是铁路改善服务内容、提高服务质量的重要一步,符合社会对铁路运输的需求。然而,一个新事物的产生往往会遇到波折和困难。“五定”班列在开行了一段时间后也逐渐暴露出一些问题,主要表现在,规定的班列办理点每天每站装往全路各站的货物很少,要在较短时间内组织同一发站、同一到站的整列货源难度较大。一些发站为了集结成一个整列,等待时间不断延长。尽管班列在途中速度快,时间短,但如果集结时间过长,同样会影响货物送达时间。这个事例提示我们,在有了良好的战略构想后,还必须要有切实可行的战术上的策划与实施。“五定”班列的构想是符合市场的,然而在实施中可能需要更深入详细的市场调研并采用更符合实际情况的列车组织方式。

对于铁路运输业来说，提高服务质量的过程也正是提高顾客让渡价值的过程。提高顾客让渡价值可以通过两种渠道实现，即提高整体顾客价值，包括提高产品价值、服务价值、人员价值和形象价值，或者减少整体顾客成本，包括减少顾客的货币成本、时间成本、体力成本和精神成本。从这些方面考虑并入手，铁路就会出台更丰富的服务内容和营销手段。

第三节　留住顾客与扩大市场份额

对于运输企业来说，可以通过两种途径改变它的市场占有率：吸引更多的新顾客；维系原有顾客，增加他们的购买量。

企业一般比较重视第一种方法，即通过扩大市场范围，吸引新的顾客来提高市场份额，这无疑是十分重要的，因为这意味着新顾客对企业的认同和更多的市场机会。然而，对于成功的企业来说这是不够的，因为一些企业流失损耗的顾客常常相当于它吸引的新顾客。所以，对于企业来说，要提高市场占有率，既要重视扩大新市场，同时也要重视留住老顾客。

解释上述问题要从“漏桶”理论说起。如果把企业的市场绩效比做一个用木板做成的桶，那么经营管理工作的系统性和严密性就是决定木桶效率的决定性因素。当木桶到处存在漏洞时（服务质量差，员工未经训练，方便性差等），即使桶顶不断注入“新顾客”，但“老顾客”不断流失，其结果可能是木桶永远不满，这是一个代价极高的过程。解决的办法就是补上漏洞，减少顾客流失。

对于运输企业来说，现有的顾客代表着最佳的利润增长机会，因此，保持与现有顾客良好的关系，维系长时期的“合作”是十分重要的事情。运输企业应通过良好的服务创造“真正的顾客”，这些顾客（客户）因为得到了有价值的服务而与企业建立了亲密关系，他们不可能轻易转向其他竞争者。

拥有长期顾客（客户）的运输企业其市场营销成本大大低于顾客

(客户)频繁变动的其他企业,交易成本的降低是其中最为重要的影响因素。

中国运输市场竞争的情况十分清楚地说明了这样一个问题,就是竞争的核心既是一个吸引新顾客(客户)的过程,同时,更是一个留住老顾客(客户)的过程。

假定运输需求一定,各种运输方式的市场占有率就是对总需求的一种分配。多年的发展使得各种运输方式在运量上有了一定划分格局,某种特定的运输需求会相对集中于某种运输方式。市场竞争的结果可能是对既有格局的突破,在这种情况下,首先要确保既有市场份额的稳定,这在很大程度上是留住老顾客(客户)的问题。

铁路运输市场份额的不断下滑,除了国民经济宏观因素的影响外,老顾客的大量流失不能不说是其中重要的原因。造成老顾客大量流失(特别是货运)的原因也很多,而服务质量差(申请车皮时间过长,手续过多,时间不保证等)是比较突出的因素。

第四节　运输企业的 CS 战略

CS 战略有别于 CI 设计,它是当今流行于欧美西方国家和日本的全新市场营销战略。CS 源于英语 Customer Satisfaction,其含义为顾客满意。CS 战略要建立的是顾客至上的理念与行动,使顾客感到百分之百满意。

CS 战略发源于美国,它一经出现,就受到了美国政府的全力支持和各大型企业的全力推崇。为促进 CS 战略的推广和实施,美国政府制订了全国品质奖,专门审核了颁奖制度,还拟定了 CS 四大评估步骤。

日本本田财团在美国的本田公司使 CS 战略得到了充分应用和发展。从 1986 年起,本田公司就开始对一年前购入新车的顾客进行跟踪,就公司人员的服务态度、售后服务等问题每月进行一次 CS 问卷调查。对调查的结果迅速反应,采取措施彻底改变购车消费者不满意之处,并向公司代理商发表个别的顾客满意指数(CSI),对其进行强有力的指导。由此,5 年后该公司的汽车荣获美国最受欢迎的汽车项目第 1 位。

此后,CS 战略的成功经验开始在日本国内大力普及。1990 年,日本丰田、日产两大汽车公司率先引入 CS 战略，紧接着 JR 东日本铁道公司全面实施 CS 战略。1991 年，日立公司引入 CS 战略，从而在电器行业引起强大冲击，很快，这一战略内容又迅速扩展到银行、流通等服务行业。日本把 1992 年定为 CS 元年。

日本最大的 JR 东日本铁道公司实施 CS 战略后，创立了“绿色沟通系统”。公司在日本 12 个大车站设立了“绿色窗口”，设有专门人员向消费者提供咨询服务，同时，在 797 个车站设立消费者意见投诉箱，广泛收集和倾听消费者的意见和建议，经逐级汇总后，统一研究，提出改进措施。1990 年 4 月推行该系统以来，受到消费者广泛的好评，被誉为日本交通业 1872 年铁路通车以来最大的改革之一。

CS 战略最大的特点是使顾客满意，为了达到这一目标将采取一系列措施。CS 战略对于中国运输企业来说具有十分重要的理论意义和现实意义。运输企业应懂得 CS 战略的核心是顾客满意，因此，企业要把满足顾客需求放在首位，把顾客满意作为服务管理的核心，要站在顾客的立场上考虑和解决问题，而不是仅仅停留在“顾客就是上帝”的口号上。

事实上，目前真正站在顾客角度考虑问题，把顾客满意作为最高利益的运输企业还为数很少，如果真正做到了这一点，运输企业竞争力的增强是水到渠成之事。目前，很多企业的工作还停留于表面上，在深度上明显缺乏，这不能不说是一些企业竞争力下降的一个重要原因。做到顾客满意是运输企业吸引老顾客，创造新顾客最有力措施之一。

在市场竞争日趋激烈的情况下，运输企业要想保持或提高市场占有率，必须重视对 CS 战略的理解和运用，重视顾客的需求和满意程度。在实际工作中，可推行 CS 倒金字塔式的管理模式，即把顾客放在首位，其次是一线员工和管理者，最后是最高管理者。通过 CS 战略及管理模式的实施，最大限度地调动全体员工和管理者积极性，为满足顾客需求，进而达到顾客满意而努力。

思 考 题

1. 如何认识和理解顾客让渡价值？运输企业如何给顾客更多的让

渡价值?

2. 运输消费者在运输过程中能够得到的整体价值包括哪些?

3. 谈谈你对中国铁路运输服务质量变化的认识。

4. 什么是运输企业的CS战略?

5. 运输企业怎样才能留住老顾客?

6. 试对比分析中外运输企业在运输服务质量方面的差异。

7. 你对中国运输业(包括铁路、公路、民航、水运等)服务质量如何评价?

第七章　运输市场需求分析

第一节　运输需求的含义和特征

运输需求是购买运输产品的前提条件,是研究运输市场变化的核心内容之一。

什么是运输需求？这要从需求本身谈起。从市场营销学(经济学也如此)角度来看,需求与需要是两个不同的概念。

需要是一种要求,是人们在没有得到某些方面满足时的一种感受状态。人的需要多种多样,但总的来说可以分为两大类:一类是生理上的需要,比如解决饥饿、饥渴问题等;一类是精神上或情感上的需要,如得到尊敬、社会承认等。

需求与需要不同,它是指有能力购买并且愿意购买某商品的欲望。对某种商品需求的认可必须同时具备两个条件:第一,消费者愿意购买;第二,消费者有能力购买(即必须有支付能力)。如果给需求下一个定义的话,那就是指消费者在一定时期内,在不同价格水平下愿意并且能够购买的商品或劳务数量。

不难看出,需要是一种主观愿望、欲望和要求,它是无限制的;需求则是有支付能力的欲望和要求,它受条件限制,是由支付能力约束的需要。

显然,运输需求与运输需要也不相同。运输需求是由于社会经济发展使得人与货物在空间位移方面所提出的有支付能力的需要。具有实现位移的愿望,同时具备支付能力是形成运输需求的两个必要条件。

与其他商品需求相比较,运输需求有以下几方面特征。

1. 派生性

从需求产生的角度来分析,它可以分为本源性需求和派生性需求,运输需求大体上是一种派生性需求。所谓派生性需求是指对一种商品或劳务的需求是由另一种或几种商品或劳务的需求衍生出来的。引发派生需求的那种需求即本源需求。

运输需求的派生性十分明显。首先我们看货物运输需求。社会对货物运输需求的产生并不是源于货物运输本身,货物运输“是社会生产在流通领域的继续”,是实现工农业生产及产品交换的必要条件。因此,社会对货物运输的需求源于社会生产及产品交换。

货物运输需求的变化受制于生产及交换的规模、范围和结构。整个生产和交换的规模扩大以后,货物运输需求会随之扩大,否则,将会相应减少,它们之间是一种正相关关系。货物运输需求是生产性派生需求。

旅客运输中的很大一部分也是一种派生性需求,如出差、探亲、访友所产生的运输需求。同时也存在很少一部分需求,即单纯的旅行需求,或者把旅行作为主要目的的需求。旅客运输需求既有消费性派生需求,也有生产性派生需求。

2. 多样性

社会生产、交换以及经济生活的复杂性,决定了运输需求的多样性。从货物运输来看,货物种类千差万别,它们在重量、体积、形状、性质、包装等方面各不相同,对运输条件的要求也各异,因此,运输当中需要采取不同的技术措施和手段。例如,铁路运输中的危险货物运输、长大货物运输、冷藏运输等。

旅客运输方面,由于每个人的社会阶层、收入水平、个人爱好、出乘目的不同,决定了他们在运输方式、运输服务质量方面需求的多样性和差异性。

3. 时空特定性

对于个别运输需求来说,在时间、空间上具有特定性。例如,某一批货物,货主需要运输企业在要求的时间内从一地运到另一地,时间性和方向性都很明确。运输需求是由 4 个要素构成的,即流量(运量)、流时(运输时间)、流向(运输方向和目的地)、流程(运输距离)。一定量的货物在运输上对时间和空间的要求是具体、明确的,有时甚至是苛刻的。因为延误时间或运输方向,对货主来说都意味着巨大的经济损失。

对于总体运输需求来说,在时间、空间上能够表现出一定的规律性。中国春节期间,客流达到高峰已经成为一种规律,而在 3~4 月间客流大幅下降也是一种客观现象。空间上的规律性也同样十分明显,以铁路为例,京广、京沪、京哈三大干线的客货流量明显高于其他线路,中国东部地区的客货运量明显高于其他地区。

4. 可替代性

和其他很多产品一样,运输产品也具有可替代性。例如,同是由 A 地发往 B 地的货物,货主既可以选用铁路,也可以选用其他运输方式。运输产品的可替代性是运输市场存在竞争的基本条件。

可替代性既表现在运输业内部,也表现在运输业与其他行业之间。例如,通信业的发展和通信手段的现代化,代替了原来应当由运输部门解决的很多问题,这种情况既表现在城市之内,也表现在城际之间。

第二节　运输需求的影响因素

一、影响旅客运输需求的因素

影响运输需求的因素很多,在旅客运输方面包括以下几点。

1. 社会经济发展水平

旅客运输需求,既有生产性派生需求,也有消费性派生需求。因此,旅客运输需求与社会、经济发展,以及市场繁荣密切相关。当社会稳定、经济繁荣时,这种需求会明显上升,反之,则会下降。

改革开放以来,中国社会稳定,经济持续发展。农村经济体制改革极大地促进了农村经济发展,也促使大批剩余劳动力走了出来。多年来,出现在铁路及其他运输部门的民工潮一浪高过一浪。

经济的发展强化了城市与城市、城市与农村的联系,整个社会的流动性愈来愈明显。

2. 居民生活水平和消费水平

居民生活水平的高低影响其消费水平,而消费水平又将直接影响旅行需求。

中国经济与社会的发展,使人民的生活水平和消费方式发生了巨大变化,旅游成了中国人生活方式变化的突出表现。2000 年,中国国内旅游已达 7. 44 亿人次,近些年来,这一数字不断递增,如图 7-1 所示。旅游的范围也由原来的国内发展到亚洲、欧洲等不同国家和地区。

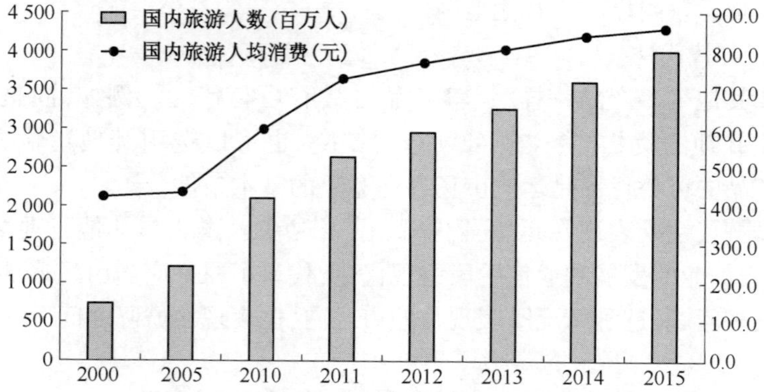

图 7-1 近年国内旅游情况

3. 人口数量

人口是构成市场的要素之一,人口的多少在一定程度上代表着市场的大小。旅客运输的对象是人,所以,人口数量是影响旅客运输需求的重要因素,中国有 13 亿多人口,这意味着中国在旅客运输方面存在着巨大潜力。

4. 运输价格

旅客运价是旅客运输产品的销售价格,旅客运价的高低直接影响客运需求的多少,在我们这样一个生活水平还不是很高的国度里,情况尤是如此。理论分析和实践经验告诉我们,旅客运价上涨会抑制客运需求,而旅客运价下降则会刺激客运需求。

5. 运输服务质量

服务质量是影响运输需求的最重要因素之一,而旅客运输质量中最重要的一项指标就是安全。在各种运输方式中,铁路运输的安全性比较好,这也是它能够长期吸引众多旅行者的重要原因之一。在社会经济迅速发展的今天,除了安全、迅速、准时,舒适同样是旅客运输质量的重要体现。在安全性不断提高的情况下,人们更多地注重迅速、准时和舒适,所以,运输的时间效用和舒适程度成了人们选取不同运输方式的主要参考指标。高速铁路、高速公路的发展正是顺应了运输需求的变化。

二、影响货物运输需求的因素

影响货物运输需求的因素主要包括以下几方面。

1. 经济发展速度和水平

货物运输是完全意义上的派生需求,这种需求的大小决定于国民经济发展速度和水平。一个国家在一定时期内,物质产品的产出数量及交换频率决定这一时期的货物运输需求。在工业化水平比较低的时期,社会在原材料、粗加工产品、大宗散装货运方面的需求较大。随着工业化水平的不断提高,高、精、尖产品比例不断增多,原材料和粗加工产品比例不断减少,因此,货运需求在数量方面增速减慢。

从经济发展速度与货运需求之间的关系来看,当经济发展较快时,社会上会产生更多的运输需求,而当经济发展放慢或停滞时,运输需求也会随之减少。

2. 货物运价

同旅客运输一样,货物运价对其运输需求也会产生很大影响。在经济发展的不同时期,这种影响表现的程度不尽一致。考虑到运价对运输需求的影响,不同国家在制定货物运价时也采取了不同的办法,其中很多定价是从刺激货物运输需求的角度考虑的。

3. 运输服务质量

同旅客运输一样,货物运输也存在服务质量问题。与旅客运输稍有不同的是,货运服务质量更多地体现在便捷、迅速、准确上。

作为货主,在办理货运手续时,希望能够便捷,能更多地节省时间、体力和精神成本,同时希望货物能按要求准时到达目的地,货物运输不发生地点上的误差。

4. 产业结构和产品结构

国民经济产业结构和产品结构的变化和调整将对运输需求产生明显

影响。例如,重工业产生的货物周转量通常要大于轻工业,而轻工业又大于服务业。不同的产品的厂外运输需求不同(这一点可以从产品的产运系数上得以反映),因而,产品结构也会影响运输需求。

第三节 运输需求测量与运量预测

运输业不仅要对运输市场进行各种定性分析,同时要进行大量的定量分析,在运输需求的分析方面尤其如此。

一、市场需求测量

需求测量的主要概念是市场需求和企业需求的测量。市场需求和企业需求的测量都包括需求函数、预测和潜量等概念。

1. 市场需求

在研究和评价市场营销机会时,第一步就是要估计和判断市场需求。

根据前面的分析,运输市场需求实际上是指在特定地理范围、特定时间、特定市场营销环境条件下,消费者可能购买运输产品的数量。

为定量测算运输需求,需要根据有关的影响因素,建立一定的函数关系。

如果以 Q 表示运输需求量,以 D 表示经济发展水平,以 P 表示运输价格,以 N 表示人口,以 M 表示运输资源供应与分配,那么,运输需求函数的一般关系式就是:

$$Q = f(D, P, N, M, \cdots)$$

铁路、公路、民航、水运等不同运输方式,可根据各自具体情况,按客、货分别建立相应的运输需求函数。

由上面的函数可以看出,运输市场需求不是一个固定的数值,而是给定条件下的函数,受经济发展、运输价格、人口数量等多项因素的影响。正因为如此,市场需求也被称为市场需求函数或市场反应函数。

运输需求也受市场营销费用的影响,在特定的营销环境条件下,运输需求是市场营销费用的函数,或者说,运输需求与企业的营销努力程度有关,如图 7-2 所示。

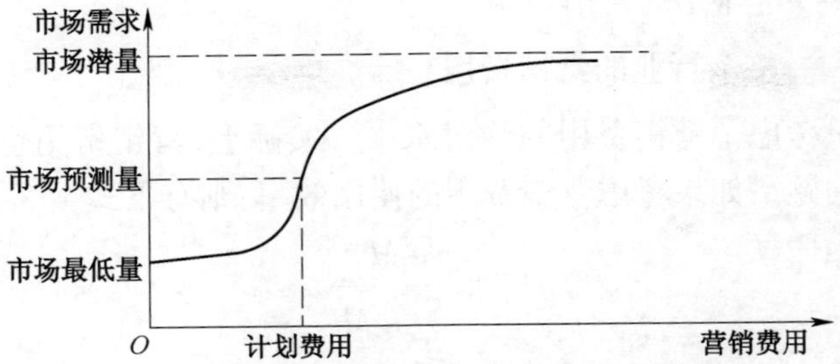

图 7-2　营销费用—市场需求曲线图

由图 7-2 可以看出,运输业在不支出任何营销费用(包括广告宣传)时,运输需求通常表现为一个基础值(市场最低值)。随着营销费用的提高,需求量逐渐上升,先以逐渐增加的比率,然后以逐渐减少的比率增加。在市场营销费用超过一定数量后,即使再增加,运输需求也不会进一步增长。市场需求的最高界限称之为市场潜量。市场最低量与市场潜量之间的距离表示运输需求的市场营销敏感度,它可以反映企业营销对运输需求的影响程度。

图 7-2 只表示市场营销努力与当前运输需求的关系,并不反映时间与运输需求的关系。

2. 企业需求

企业需求是运输市场总需求中不同企业所占的需求份额,即:

$$Q_i = S_i Q$$

式中　Q_i——企业 i 的需求;

S_i——企业 i 的市场份额;

Q——市场总需求。

同前面谈到的市场需求一样,企业需求也是一个函数,它依赖于产品、服务、价格、促销等因素。在其他因素都相同的情况下,企业的市场份额则依赖于它的市场营销费用相对于竞争者而言的规模与效果,如下式所示:

$$S_i = \frac{M_i}{\sum M_i}$$

式中 M_i——企业 i 的营销费用;

$\sum M_i$ ——整个行业的营销费用。

上式只考虑了营销费用的绝对水平。实际上,营销费用也存在一个使用效率问题。如果考虑营销费用的使用效率,则有下式:

$$S_i = \frac{a_i M_i}{\sum a_i M_i}$$

式中 a_i——企业 i 营销费用的效率水平($a=1.0$ 表示平均有效率);

$a_i M_i$ ——企业 i 的有效营销费用。

上式的建立隐含一个假定,即市场占有率同企业的有效营销费用所占份额之间存在着一定比例关系,但实际上,它们之间在一些情况下并不存在这种关系。由此,对上式调整如下:

$$S_i = \frac{(a_i M_i)^{e_{mi}}}{\sum (a_i M_i)^{e_{mi}}}$$

式中 e_{mi}——企业 i 有效营销费用对其市场占有率的弹性。

二、市场调查与运量预测

(一)市场调查

1. 市场调查的含义与意义

市场调查和市场预测是市场营销决策的依据,也是进入市场的前提和基础。决策者只有按照一定的市场调查程序,恰当地运用各种市场调查方法,及时、充分地掌握准确的市场信息,运用市场预测的基本原理,借助于一定的科学预测方法,才能做出正确的营销决策,减少市场营销中的盲目性,有效地运用市场营销组合,最终实现企业的市场营销战略目标。

运输市场调查是以运输市场中的供给、需求、消费者情况、货主情况以及其他方面有关内容为对象,用科学的方法,系统地收集和整理有关信息和资料,并予以分析研究的过程。

市场调查在企业的营销管理过程中,具有十分重要的作用,概括地说,主要表现在以下几个方面。

(1)市场调查是企业了解市场的重要手段。在企业市场营销管理的每一个环节,营销管理者都需要信息,需要关于消费者、用户、竞争者、中间商或其他与市场营销有关的信息,而市场调查是取得这些信息的一个最重要的途径。

(2)市场调查是进行营销决策的基础。企业要做出正确的营销决策,就必须通过市场调查,准确及时地掌握市场情况,使决策建立在坚实可靠的基础之上。只有通过市场调查收集到比较全面和准确的信息,并对信息做出科学合理的分析,企业的营销决策才能切合实际,才能降低企业营销决策的风险程度。在营销决策的实施过程中,企业还可以通过市场调查检查营销决策的实施情况,及时发现决策中的失误和外界条件的变化,起到反馈信息的作用,为进一步调整和修改决策方案提供新的依据。

(3)市场调查是企业开拓市场、开发新产品的依据。企业要想不断发展,就需要不断地开拓市场,根据消费者需求改造已有产品或开发新产品。通过市场调查,企业可以了解到运输产品在某个特定市场、某一地区或某一消费者群中是否达到饱和状态,为企业开拓新的市场提供依据。同时,通过市场调查,了解和掌握消费者的消费趋向、新的要求以及对本企业产品的期望等,及时改造老产品,开发新产品,使企业继续赢利。

2. 市场调查的类型与内容

(1)市场调查根据不同的标准,划分为不同类型。

按调查目的划分,可分为探测性调查、描述性调查、因果关系调查和预测性调查。探测性调查,也称非正式调查,是当需要调查的问题不甚明确时,在正式调查之前为确定调查课题及调查重点而进行的调查。描述性调查,也称结论性调查,是对某一问题的发展状况的调查,旨在说明“什么”“何时”“如何”等问题,并找出事物发展过程中的关联因素。因果关系调查,是在描述性调查的基础上,进一步调查、分析市场发展过程中变量的相互关系,寻因索果,解决“为什么”“原因何在”等问题。预测性调查是对市场变量的未来发展状况的调查、分析,为预测提供依据。

按调查对象的特征划分,可分为普遍调查和抽样调查。普遍调查是以调查总体为对象进行的调查。抽样调查是从总体中按一定标准和方法抽取部分个体作为对象所进行的调查。

(2)市场调查的内容包括以下几方面。

①市场环境调查。

a. 政治环境调查。政治环境调查是对一定时期内政府关于运输业发展的方针、政策等情况的调查。

b. 经济环境调查。经济环境调查是对工农业生产及整个社会经济发展情况的调查和分析。通过调查,研究经济发展和变化对运输可能带来的影响。

c. 社会文化环境调查。社会文化环境调查是对运输企业生产经营活动涉及地区的居民文化特征、宗教信仰、生活习惯等情况的调查。通过调查,分析社会文化特征可能对购买行为的影响。

d. 自然地理环境调查。自然地理环境调查是对有关地区地理位置、气候条件、运输条件等情况的调查。通过调查,了解有关地区的潜在需求。

②市场需求调查。市场需求调查就是通过调查研究,估计市场需求情况,把企业产品的市场需求情况用数量表示出来。满足市场需求是企业市场营销活动的中心,因此,市场需求调查包括现实需求和潜在需求的调查。它主要有对市场需求容量的调查,运输结构及其发展变化趋势的调查,国家经济政策的变化对市场需求结构所产生的影响,企业各种营销策略所引起的竞争者的销售变化,以及对市场需求量的影响等的调查。

③消费者调查。消费者调查是对消费者或用户及其购买心理、购买行为的调查。调查内容主要包括消费者类别(货主、旅客,对旅客的调查又包括民族、性别、年龄、收入、职业、文化程度等);消费者购买能力(收入水平、消费结构、消费水平等);消费者运输需求偏好等。

3. 市场调查方法

(1)按选择调查对象的方法划分有以下几种市场调查方法。

①全面调查。全面调查就是指对市场调查内容有关的应调查对象无一例外地进行调查。全面调查主要用于收集那些不能或不宜通过其他调查取得的、比较全面、精确的统计资料。

②典型调查。典型调查是以某些典型单位或典型消费者为对象进行调查。典型调查的主要特点在于,它是由调查者在现有总体中有意地选择若干具有代表性的典型进行调查。典型调查的关键在于正确选择典型。

③抽样调查。抽样调查是从应调查的对象中抽取一部分有代表性的对象进行调查,然后根据抽样的结果推断整体的性质。抽样调查具有很高的科学性和准确性,所以,在市场调查中,大多采用抽样调查的方法。

抽样调查的方法很多,一般可分为以下几类。

a. 随机抽样。随机抽样就是从总体中按随机的原则抽取样本的方法。总体中的每个个体被选样的机会完全相等,完全排除人们主观的和有意的选择。

b. 等距抽样。等距抽样又称系统抽样或机械抽样,它是先把调查总体中的各个个体按一定标志排列,然后按事先确定的样本数 n,将总体平均分为 n 段,然后按相等的距离或间隔抽取样本。这样选取的样本,能代表各种水平的情况,误差较小。

c. 非随机抽样。非随机抽样是根据调查人员分析、判断和需要来进行抽样,有意地选取有一定代表性的对象作为样本,用以估计总体性质。

(2)按收集资料的方法划分有以下几种市场调查方法。

①固定样本连续调查法。固定样本连续调查法又称固定样本小组调查法,是指用抽样的方法,从总体中抽出若干样本组成固定的样本小组,在一段时期内通过对样本小组的反复调查来取得资料的方法。

②观察调查法。观察调查法是由调查人员到调查现场直接进行观察以收集资料的方法。

③询问调查法。询问调查法是最常用、最基本的一种调查方法,它是调查员用询问的方式向被调查者了解市场情况的一种方法。其特点是通过直接或间接的回答方式来了解被调查者(消费者、用户、企业)的看法和意见,询问的主要内容一般是要求被询问者回答有关具体事实、态度、动机及意见和建议等。

(二)运量预测

1. 运量预测的内容

运输业所完成的运量在很多情况下与运输市场上的需求并不一致。运输需求是旅客和货主(用户)在人与货物空间位移方面有支付能力的需要;运输量则是指这种需要的实际实现量。在运输供给大于运输需求时,运输量是运输需求的实际反映;而当运输供给不能满足运输需求时,运输量就不是运输需求的完全和充分反映。这时,运输量在多大程度上反映运输需求主要取决于运输供给的限制和约束。

运输业进行运量预测十分必要,它是制定近期、远期发展目标和规划,落实有关营销措施的前提和基础。

运量预测的种类很多,范围也很广,从不同的角度可以把运量预测分为不同的类别。

(1)按预测的内容和对象,可分为客运量预测和货运量预测。对客运量和客运周转量的预测属客运预测范围,对货运量和货物周转量的预测属货运预测范围,两者的综合为总运量的预测。

(2)按预测的范围和层次,可分为全国运量预测、区域运量预测、不同运输企业运量预测、某方向运量预测等。

(3)按预测的部门,可分为铁路运量预测、公路运量预测、民航运量预测、水运运量预测和管道运量预测。

(4)按预测时间的长短,可分为长期、中期和短期运量预测。

2. 运量预测的方法

运量预测的方法很多,总的来说,可以分为定性预测和定量预测两大类。

(1)定性预测方法。定性预测方法又叫判断分析法,是依据人们在市场活动中获得的经验和分析能力,通过对影响市场变化的各种因素的分析、判断和推理,来预测未来的发展变化。

定性预测方法的特点是简便易行,特别是在不可控因素和不可定量因素比较多时,采用这种方法进行短期判断有其明显的优势。然而,这种方法也有其缺陷,它不能提供以精确数据为依据的预测结果,主观随意性比较大,有时易发生疏忽和失误。

定性预测方法即使在今天也是一种不可忽视的预测方法,特别是当不具备定量分析条件时就需要通过对市场发展变化进行定性分析,推测市场未来的发展趋势。使用定性预测法,挑选行家、专家非常重要,这些人一定要具有专门知识,经验丰富。

常用的定性预测方法有以下几种。

①经验判断法。经验判断法也称主观估计预测法,是以一部分熟悉

业务、具有经验和综合分析能力的人所作出的判断为基础,来进行预测的一种方法。这种方法比较简单、省时、省力,由于参加预测者有着丰富的经验,熟悉情况,对预测项目能做出比较客观的判断。但是,预测的准确度容易受到主观因素的影响。为克服这一缺陷,预测时往往在经验判断基础上进行统计处理,然后做出最终预测。经验判断预测方法很多,最常用的有经理人员判断法、营销人员判断法、专家意见法等。

a. 经理人员判断法。经理人员判断法是指由企业的经理(主管领导)把与市场有关和熟悉市场情况的人员召集在一起,请他们对未来市场的发展形势或某一重大市场变化发表意见,作出判断和估计,然后,经理人员在此基础上做出预测。

这种方法简便易行,花费的时间短,是一种常用的预测方法。例如经常性的业务碰头会,业务分析会等都属于这种方法。

b. 营销人员判断法。营销人员判断法是指由主管负责人召集有关的营销人员预测未来一定时期内各自负责的地区或项目的市场情况,然后由企业主管人员加以综合,做出预测的方法。

营销人员判断法的优点在于,营销人员一直与市场打交道,他们了解消费者,熟悉市场情况,所提供的信息以及所做的预测往往比较接近实际。当然,这种方法也有局限性,营销人员有可能从自身利益出发,低估预测数字。

c. 专家意见法。专家意见法是指由有关专家对市场发展趋势做出预测的方法。专家意见法既可以发挥专家的优势和作用,也可以克服企业人员进行预测可能出现的主观性和片面性。

专家意见法按其运作过程不同又分为:专家会议法、德尔菲法等。

专家会议预测法又称为头脑风暴法,一般是由预测组织者邀请有关专家有准备地参加座谈会,由专家们对预测问题进行讨论,找出问题的关键所在,得出比较接近实际的预测结果。专家会议预测方法在实际操作过程中易受到参加会议人数、与会者心理因素的影响,当面对面交换意见时,容易受到权威人士意见的影响,从而出现意见"一面倒"的情况。

德尔菲法又称专家征询法,是采用函询即调查表的方式征求专家意见,从而得出预测结果的方法。德尔菲法是美国兰德公司的研究人员在

20世纪40年代末创立的一种定性预测方法,它比较适用于缺乏市场统计数据、同时市场环境变化较大的预测项目。德尔菲方法的实际操作过程是,组织专家小组,由10~30位专家组成,经过反复征询,在“征询—答复—反馈—再征询—再答复—再反馈……”这样多次反复过程中,每位专家可以多次提出和修正自己的意见。由于每位专家都是独立发表意见,他们之间互不联系,所以,可以排除心理和其他因素的干扰,提高预测结果的客观性和准确性。

德尔菲法的预测流程如图7-3所示。

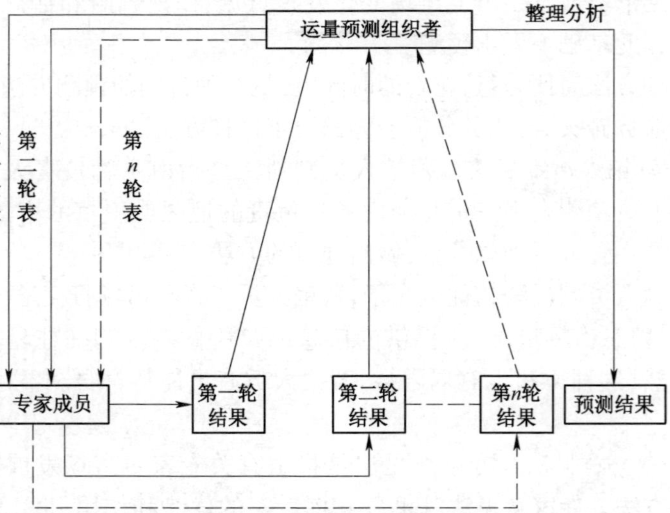

图7-3 德尔菲法预测流程

②顾客意见调查法。顾客意见调查法又称用户调查法,是直接征求顾客意见,了解顾客购买意向和心理动机,从而预测未来运量情况的一种预测方法。

顾客意见调查法一般采用抽样调查,既可以采用口头询问方式,也可以采用书面询问方式。现在,很多运输企业在车站、机场、港口等地对顾客进行调查就属于这种方法。

(2)定量预测方法。定量预测法又称数量分析法或数理统计预测法,它是根据市场调查所取得的数据资料,运用数字模型进行计算,并据此预测未来市场变化的一种预测方法。这种预测方法的一个显著特点是运用数学、统计学和计算机等方法或工具，用数据对未来进行客观描述，因此，其科学性、严密性更强。一般来说，在历史资料比较完备和准确、事物发展变化趋势比较平稳的情况下，这种方法的优势更为明显。当然，这种方法也有不足之处，这就是它只能根据量的变化来寻找规律，当存在着复杂的非量的因素变化时，这种方法就会受到局限。

运量预测中常用的定量预测方法有时间序列法、回归预测法、季节性预测法等。

①时间序列预测法。在社会经济发展过程中，很多经济变量的发展变化都表现出与时间呈某种特定关系，运输需求也是如此。基于此，我们可以通过对运量的时间数列外推的方法预测未来运量变化趋势。时间序列预测法的特点是把预测变量看作是时间的函数。当所研究的运量时间数列变化没有大的波动时，这种方法较为理想。这种方法的缺点在于无法反映出运量变化的原因，当宏观外部因素发生变化而影响运量水平时，难以准确反映。

时间序列外推的方法很多，关键在于趋势的识别与拟合是否准确。

a. 简单平均法。以观察期的算术平均数作为下期的预测值。公式如下：

$$\hat{Y} = \sum \frac{X_i}{n} = \overline{X}$$

式中　$\hat{Y}$——预测值；

n——观察值个数；

$\overline{X}$——观察值的平均值。

简单平均法虽然计算简便，但有时结果不够准确。当市场需求比较平稳时，可采用此方法。

b. 加权平均法。根据历史上不同阶段资料重要性和对未来的影响程度，分别赋予不同权数然后再加以平均。计算公式为：

$$\hat{Y} = \frac{\sum_{i=1}^{n} a_i x_i}{\sum_{i=1}^{n} a_i}$$

式中 $\hat{Y}$——预测值；

x_i——第 i 期数值；

a_i——第 i 期对应的权数。

加权平均法的关键是权数的确定，目前多数情况下还是依靠经验而定。

c. 移动平均法。这种方法是将时间数列中的数据由远而近按一定跨越期进行平均，逐一求得移动平均值，并以最接近预测期的移动平均值作为确定预测值的依据。计算公式为：

$$\hat{Y}_{t+1} = M_t + (M_t - M_{t-1})$$

式中 $\hat{Y}_{t+1}$——第 $t+1$ 期的预测值；

M_t——第 t 期的移动平均数；

M_{t-1}——第 $t-1$ 期的移动平均数。

$$M_t = \frac{x_t + x_{t-1} + x_{t-2} + \cdots + x_{t-n+1}}{n}$$

采用移动平均法，移动期数 n 的选择会直接影响预测结果的准确度。如果 n 大，则移动平均值对数列起伏变动的敏感性差，预测值容易滞后于可能的发展趋势。如果 n 小，灵敏度高，但对随机因素反应灵敏，也容易导致预测失误。

d. 指数平滑法。指数平滑法是用指数加权的办法进行移动平均的预测方法。所取的指数又称为平滑指数。指数平滑法的计算公式为：

$$\hat{Y}_{t+1} = \alpha Y_t + (1 - \alpha)\hat{Y}_t \quad (0 < \alpha < 1)$$

式中 $\hat{Y}_{t+1}$——第 $t+1$ 期的预测值；

$\hat{Y}_t$——第 t 期的预测值；

α——平滑系数。

指数平滑法是在移动平均法基础上发展起来的。运用指数平滑法的关键在于平滑系数的确定。

e. 线性趋势预测法。这是一种简单的直线外推法，它利用时间序列所确定的线性趋势数学模型来进行运量预测。其约束条件是，时间序列所体现的事物发展变化必须呈现明显的线性趋势，否则就不能应用。

一元线性趋势数学模型为：

$$Y_t = a + bt$$

式中　t——时间，为自变量。

除上面谈到的以外，时间序列法还有鲍克斯—詹金斯（Box-Jenkins）等方法。

②回归预测法。回归预测方法可分为一元回归、二元回归和多元回归。

一元线性回归是一个自变量对一个因变量的相关回归（与一元线性趋势法基本相同）。其模型为：

$$Y = a + bx$$

二元线性回归模型为：

$$Y = a + b_1x_1 + b_2x_2$$

式中　a、b_1、b_2——常数项；

x_1、x_2——变量。

多元线性回归模型为：

$$Y = a + b_1x_1 + b_2x_2 + \cdots + b_nx_n$$

式中　a、b_1、b_2、$\cdots b_n$——常数项；

x_1、x_2、$\cdots x_n$——变量。

③季节预测法。季节变动影响运输需求变动，是运输市场上十分明显的现象。当市场的变化受季节变动影响时，所用的预测方法就称为季节预测法。其模型为：

$$\hat{Y} = T \cdot S$$

式中　$\hat{Y}$——预测值；

T——长期趋势值；

S——季节指数。

季节预测法的预测步骤如下。

a. 确定季节指数 S。

b. 预测趋势值。对预测期间各季的趋势值的预测，依时间序列变化趋势的不同而采取不同的方法，主要有直线趋势外推法和移动平均法两种。

c. 进行预测。根据确定的 S 和 T，预测运量。

(3)运输业进行运量预测所采用的方法如图 7-4 所示。

- 运量预测方法
  - 定性预测法
    - 经验判断法
      - 经理人员判断法
      - 营销人员判断法
      - 专家意见法
    - 顾客意见调查法
  - 定量预测法
    - 时间序列预测法
      - 简单平均法
      - 加权平均法
      - 移动平均法
      - 指数平滑法
      - 鲍克斯 — 詹金斯法
      - 线性趋势法
    - 回归预测法
      - 一元线性回归
      - 二元线性回归
      - 多元线性回归
    - 季节预测法

图 7-4 运输业运量预测方法

上述运量预测方法各有自己的适用条件、适用范围,在进行运量预测量,要结合预测目标、预测对象、资料的掌握情况以及预测精度要求等,选择合适的预测方法。在预测中,既要作定量预测,也要作定性分析,将两者结合起来,以使预测结果更为客观、准确。

思 考 题

1. 什么是运输需求?它有哪些特征?
2. 影响旅客和货物运输需求的因素有哪些?
3. 运量预测的内容和方法有哪些?
4. 目前运输企业开展市场调查主要采用什么方法?还存在什么问题?
5. 怎样使运量预测更加准确?
6. 中国运输业(包括铁路、公路、民航、水运、管道)是否需要继续发展?应当确立何种发展模式?谈谈你对中国运输业发展的设想与建议。

第八章　运输市场细分

第一节　市场细分的含义和作用

一、市场细分的含义

市场是巨大的,企业面对的买主千差万别,不同的买主具有不同的欲望和需求,他们的购买行为同样存在很大差异。因此企业在通常情况下要想满足整个市场的需求,满足市场上所有顾客的需要几乎是不可能的。企业为了生存和发展,为了使有限资源得到有效利用,从而获得最大效益,必须对市场进行细分。通过市场细分,选择一个或几个市场作为目标,满足这个(或几个)市场买主的需求。

所谓市场细分,是指企业按照一种或几种因素,把市场划分为若干个有相似需要和欲望的消费者群(子市场或亚市场)的市场分类过程。

市场细分的基础是消费需求的差异性。用"机关枪扫射"方式来满足不同的消费需求已完全不适用。"步枪瞄准"可以针对不同细分市场的特征制定不同的战略与策略,因此,它已成为企业进行市场营销活动一个必不可少的步骤。

现代企业市场战略的核心被称为 STP,即细分市场(Segmenting)、选择目标市场(Targeting)和产品定位(Positioning)。市场细分是这种战略的第一步。现代企业要在市场上取得竞争优势,就要识别自己能够有效服务的最具吸引力的细分市场,而不是到处参与竞争。

二、市场细分的作用

市场细分是企业经营观念的一大飞跃,这一理论在 20 世纪 50 年代由美国著名学者温德尔·斯密提出。该理论一经提出,就受到广泛关注,并成为市场学中重要的理论内容。

市场细分对于企业认识市场,研究市场,发现市场机会,制定行之有效的营销组合策略具有重要意义。西方企业经营管理的实践证明,科学合理的市场细分,是企业成功的途径之一。

(1)市场细分有利于企业发现市场机会,制定适宜的市场战略。通过市场细分,企业可以了解不同消费者群的需求状况和目前的满足程度,以及市场竞争情况,从中发现未被满足的市场需求和竞争相对缓和的市场部分。满足程度低的市场部分,往往存在很好的市场机会,企业可以抓住适合本企业发展的市场机会,作为目标市场,从自身的资源状况、管理水平出发,制定出有效的市场营销组合策略,赢得市场主动权,提高市场占有率。

(2)市场细分便于获得各子市场的需求信息,准确地了解市场的满足程度。通过细分市场,企业可将不同子市场的情况分别归纳整理,从而获得不同子市场的需求信息,准确地掌握不同子市场需求的满足程度,并可随时掌握其变化态势。

(3)通过市场细分可以掌握不同子市场产品的发展方向,及时调整产品结构和市场策略。不同的子市场在需求特征上往往具有较明显的差异,因此,在产品方面也存在明显的差异。企业通过市场细分,可以了解不同子市场在产品方面的差异以及各自的发展趋向,从而及时调整产品结构和市场策略。

(4)市场细分为选择目标市场奠定基础。市场细分是企业选择目标市场的前提和基础。通过市场细分,企业发现新的机会,在分析了内部条件和外部环境后,企业可确定要进入的市场。

三、有效市场细分的原则

企业可依照各种标准进行市场细分,但并不是所有划分出来的细分市场都是有效的或有用的。要使细分后的市场对企业有用,必须遵守以下原则。

1. 可衡量性

可衡量性指细分市场的规模及购买力是可以估量的,也就是在这个细分市场上可获得足够的有关消费特性的资料。如果某个子市场的资料无法获得,那就无法测量,也就无法把它纳入本企业市场细分的范围。在实践中,有些市场捉摸不定,难以估量,就不能对它进行细分。

2. 可进入性

可进入性指细分的市场部分应是企业可能进入并占有一定份额的,否则没有现实意义。例如,细分的结果,发现已有很多竞争者,自己无力与之抗衡,无机可乘;或虽有未满足的需求,但因缺乏原材料或技术,货源无着落,难以生产经营,这种细分就没有现实意义。

3. 效益性

效益性指企业所选定的市场部分的规模必须足以使企业有利可图。如果细分的市场规模很小,不能给企业带来足够的经济利益,一般就不值得细分了。

四、市场细分的方法

1. 单一因素法

单一因素法即按影响消费需求的某一个因素来细分市场。

2. 综合因素法

综合因素法即以影响消费需求的两种或两种以上因素进行综合划分。

3. 系列因素法

系列因素法也运用两个或两个以上的因素,但依据一定的顺序逐次细分市场。细分的过程,也就是一个比较、选择子市场的过程。下一阶段的细分在上一阶段选定的子市场中进行。

4. “产品—市场方格图”法

“产品—市场方格图”法即按产品(顾客需求)和市场(顾客群)这两个因素的不同组合来细分市场。

第二节　运输市场细分

运输企业进行市场经营活动,首先要确定其活动区域范围,明确服务对象,确定目标市场。进行市场细分是选择目标市场的前提和基础。运输市场细分是指按一种或几种因素,把整个运输市场划分为若干个有相似需求的消费者群的市场分类过程,划分出来的每一个消费者群就是一个细分市场。

对运输市场细分的目的是明确运输市场上不同消费者群的需求特征,从而捕捉市场机会,开拓市场,使企业在竞争中处于有利地位。实践证明,科学地进行市场细分,是企业获得成功的重要因素。

一、运输市场细分依据

对运输市场可以从不同的角度进行细分,概括起来,可以分为以下两个方面。

1. 按运输工具、载体区分

按运输工具、载体的不同,可以分为铁路运输市场、公路运输市场、水运市场、航空运输市场、管道运输市场。

2. 按运输对象区分

按运输对象不同,可以分为旅客运输市场和货物运输市场。

(1)对旅客运输市场又可以按以下要素进行细分。

①按旅客行程细分,可区分出短途、中途和长途客运子市场。由于不同运输方式(即使是同一种运输方式)在短途、中途、长途距离的概念上并无统一衡量标准,因此,在按旅客行程细分市场时,可将细分参数定量化,如可按1~200 km、201~500 km、501~800 km,801~1 000 km、1 001~1 500 km等划分不同的客运子市场,这样便于准确比较和分析。

②按旅客对舒适程度的要求,可分为舒适、比较舒适、舒适度一般和舒适度较差等子市场。进行此项细分的参数包括卧铺(硬、软)、座位(硬、软)、设备状况(如是否有空调设备)和旅行时间等。

③按旅客对运输时间的要求,可分为快速、中速、慢速客运子市场。对于快速、中速、慢速,不同消费者根据自己的理解和要求去选择。近些年来,随着经济的发展和信息交流的加快,快速客运市场的需求迅速增加,与此相应,铁路、公路一改过去传统,加快发展快速客运市场,努力提高旅客旅行速度。准高速铁路早已投入运营,高速铁路正在拟建当中,既

有线路的提速正在有计划地展开。

④按地理位置细分，从区域角度看，有东、中、西三部分；从行政区划角度看，有不同省市的客运子市场。

⑤按旅行径路细分，有支线、干线、区际通道等客运子市场。

⑥按人员构成、旅行目的等参数细分，亦可划分出不同的客运子市场。

（2）对货运市场可按以下要素进行细分。

①按货物类别细分，有大宗货物运输市场、零担货物运输市场和集装箱运输市场。

②按货物运距细分，有短途、中途和长途货物运输市场。同前面谈到的一样，为使细分参数具体化，可按里程（如 1 ~ 500 km，501 ~ 1 000 km 等）来细分市场。

③按运输市场地理位置细分，与旅客运输按地理位置细分方法相同。

④按货物运输径路细分，同样有支线、干线、区际通道等不同市场。

⑤按货物运输的时间要求细分，有快速、中速和慢速货物运输市场。

⑥按运输的组合方式细分，有单一运输方式和多式联运等运输市场。

二、不同运输方式所占市场份额的变化

改革开放以来，特别是近十几年来，中国交通运输事业发展迅速，运输市场不断发育和完善，运输市场的竞争日趋激烈，各种运输方式所占市场份额也不断发生着变化。总体来看，市场需求不断加大，客货运量迅猛增长。从 1978 年到 2015 年，全国客、货运发送量平均每年增长 36. 95% 和 67. 07%，客、货运周转量平均每年增长 90. 25% 和 94. 25%。在客、货运总量不断攀升的同时，不同运输方式所占市场份额也发生了明显的变化，这一点在铁路方面有较为明显的体现。1978 年至 2015 年，铁路客、货运发送量和客、货运周转量所占比重都有不同程度的下降，见表 8-1。

表 8-1　铁路运输所占市场份额变化　　单位：%

年　份	客运量	客运周转量	货运量	货运周转量
1978	32. 08	62. 72	34. 47	53. 84

续上表

年　份	客运量	客运周转量	货运量	货运周转量
1990	12. 39	46. 42	15. 52	40. 53
1995	8. 76	39. 39	13. 44	36. 34
2000	7. 11	36. 97	13. 14	31. 07
2001	6. 85	36. 24	13. 78	30. 80
2002	6. 57	35. 18	13. 82	30. 89
2003	6. 13	34. 67	14. 33	32. 02
2004	6. 32	35. 02	14. 59	27. 78
2005	6. 26	34. 71	14. 46	25. 82
2006	6. 21	34. 50	14. 15	24. 71
2007	6. 09	33. 42	13. 81	23. 46
2008	5. 10	33. 53	12. 78	22. 76
2009	5. 12	31. 73	11. 80	20. 67
2010	5. 13	31. 41	11. 24	19. 49
2011	5. 28	31. 02	10. 64	18. 49
2012	4. 98	29. 39	9. 52	16. 79
2013	9. 92	38. 43	9. 68	17. 36
2014	11. 34	39. 24	9. 15	15. 15
2015	13. 04	39. 79	8. 04	13. 32

数据来源:《中国统计年鉴》。

从 1978 年到 2015 年,铁路运输所占市场份额平均每年减少:客运量 3. 3%,货运量 4. 26%;客运周转量 2. 03%,货运周转量 4. 18%。与此同时,公路运输所占市场份额却在不断上升。2015 年,公路完成的客、货运量比重在各种运输方式中最为明显。2015 年末,中国各种运输方式在运输市场中所占份额,见表 8-2。

表 8-2　2015 年各种运输方式所占份额情况　　单位:%

运输方式	货运量	货运周转量	客运量	客运周转量
铁　路	8. 04	13. 32	13. 04	39. 79

续上表

运输方式	货运量	货运周转量	客运量	客运周转量
公　路	75.43	32.49	83.32	35.74
水　运	14.69	51.45	1.39	0.24
民　航	0.02	0.12	2.24	24.23
管　道	1.82	2.62		

数据来源:《中国统计年鉴》。

第三节　旅客运输市场细分

一、客运市场细分依据

客运市场细分,是以旅客需求为出发点,根据旅客出行行为的差异性,把旅客总体划分为类似旅行群体的过程。在客运市场上,旅客的需求是多元化的,进行市场细分,就是要先发现不同旅客之间需求的差别,把需求相似的旅行者群体归为一类,每一个旅客群体就是一个细分市场,不同的旅客对速度、安全、方便、价格、舒适度等方面有不同的要求,因而构成异质市场。

从铁路客运企业来说,过去基本上是在“同质市场”的前提下,采取单一的策略,这种做法是以不变应万变的做法,已不能适应动态变化的客运市场。认真研究各个客运细分市场的特征,对铁路客运面向市场、选择改革突破口,确定改革步骤,具有重要的现实意义。旅客运输市场可按下列方法进行划分。

(1)按旅客行程细分。对不同行程的旅客进行分组并加以考察,以便找出长途、中途、短途旅客在旅行过程中要求的异同点,铁路客运还可分为管内、直通和市郊等子市场。

(2)按旅客对旅行条件的要求细分。不同消费层次的旅客对旅行条件具有不同的要求,可分为豪华车、空调车、卧铺车、普通车等。铁路客运可分为优质优价车、旅游车、普通车的软硬座、软硬卧等子市场。

(3)按地理位置细分。由于不同地区经济发展水平存在梯度差,不同地区的旅客总体消费水平也存在较大差异。客运市场大致可分为东部、中部和西部 3 个子市场。

(4)按追求利益细分。根据旅客对旅行时所希望获得各种利益的不同,对市场进行细分。旅客对速度、安全、方便、价格、舒适度等方面要求不完全一致,据此可以把旅客分成若干个群体。

此外,还可以按年龄、职业、出行目的等变量细分,细分内容见表 8-3。

表 8-3 铁路旅客运输市场细分

细分方法	细分内容
旅客行程	长途、中途、短途
地理位置	东部地区、中部地区、西部地区
追求利益	速度、安全、方便、价格、舒适度
乘坐状况	未乘坐过、乘坐过、经常乘坐
旅客旅行要求	豪华、普通、硬座、软座、硬卧、软卧、空调
出行目的	出差、通勤、经商、打工、探亲、旅游、上学
年龄	老年、中年、青年
职业	工人、农民、军人、干部、学生、教师、商人
收入	低收入、中等收入、高收入

二、不同客运子市场分析

1. 按距离因素细分市场

这是按旅客行程细分市场,有很多细分方法:如 0~50 km,51~100 km,101~1 000 km,1 001~2 000 km,2 000 km 以上。当然,也可以有其他划分方法,不管什么方法,都是为了把各子市场特征明确显现出来。一般来说,50 km 以内的运输,水路占有非常明显的优势。公路运输灵活方便,可以实现"门到门"运输。51~100 km,公路和水路都具有自己的优势,因而互相之间存在竞争。随着公路运输网的不断发展,公路运输的平均里程不断增加,公路在运输距离方面的竞争范围扩展到铁路。民航运输的优势在于长距离运输。在按距离因素细分的市场中,铁路的市场领域有所扩大,特别是在铁路客运广泛提速及高铁的快速建设之后,这一特点更加明显。然而,实际当中除了运价因素,还有很多其他因素影响顾客购买,如:时间因素、便利因素、安全因素等。旅客运输平均运距见表 8-4 及图 8-1。

表 8-4 旅客运输平均运距 单位:km

年份	铁路旅客运输平均运距	公路旅客运输平均运距	水运旅客运输平均运距	民用航空旅客运输平均运距
1978	134	35	44	1 208
1980	150	33	49	1 153
1985	216	36	58	1 563
1990	273	40	61	1 388
1995	345	44	72	1 331
2000	431	49	51. 8	1 443. 7
2005	524. 47	54. 74	33. 5	1 479
2010	522. 774 9	49. 204 4	32. 275	1 508. 825 2
2015	471. 848 5	66. 349 7	26. 996 2	1 669. 620 6

数据来源:国家统计局。

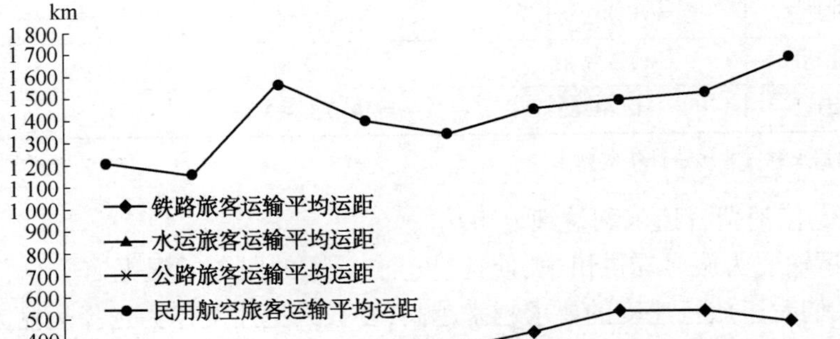

图 8-1 旅客运输平均运距

2. 按地理位置细分市场

中国地域辽阔,存在经济发展不平衡的现象。在按地理位置细分的华东地区、华中地区、华北地区、华南地区、东北地区、西南地区和西北地区的运输市场上,不同运输方式客运周转量所占比重具有明显的差异。虽然近几十年来我国大力发展公路建设,各地区公路运输线路里程远远超过铁路,见表 8-5。但是不同运输方式在不同地区完成的旅客周转量的情况仍有所差异,如图 8-2 所示。华东和华中地区经济发展水平较高,两地区完成的旅客周转量占全国完成总量的近一半,其中的大部分旅客输送任务均通过铁路完成。铁路在华北、东北和华中地区的旅客周转量完成情况明显高于公路,而华南和西南地区由于地形地势的影响,公路客运周转量明显高于铁路。此外,各地区水路客运量占比极小。

表 8-5　分地区运输线路长度(2015 年底)　　单位:km

地　区	总　计	铁　路	公　路
全　国	4 698 266. 417	120 970. 417	4 577 296
华东地区	1 024 178. 393	22 566. 393	1 001 612
西南地区	969 785. 794	12 890. 794	956 895
华中地区	754 348. 025	13 898. 025	740 450
西北地区	615 120. 009	17 903. 009	597 217
华北地区	565 788. 563	26 466. 563	539 322
东北地区	397 983. 81	17 059. 81	380 924
华南地区	371 061. 823	10 185. 823	360 876

数据来源:《中国统计年鉴》。

3. 按消费者追求利益细分市场

运输要为旅客提供快速、便捷、安全、舒适的服务。根据有关部门调查,人们对于旅行速度的要求越来越高,多数人把速度作为选择运输方式的关键因素。调查发现,月收入在 800 元以上的旅客有 40% 的人把速度作为首要因素,多于 30% 的人将其置于第二重要的因素。

便捷也是人们考虑的重要因素,有 20% 的人将其置于首要因素。

舒适成为人们普遍关心的问题,收入较高的消费者尤为明显。

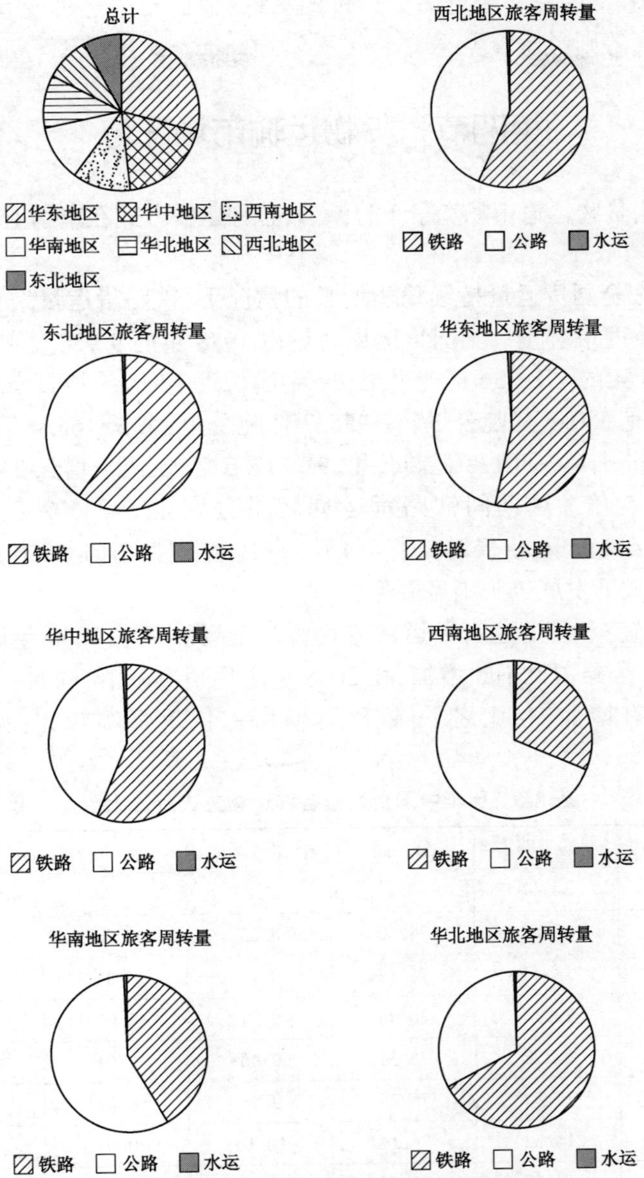

图 8-2　各地区旅客周转量完成情况(2015 年)

收入较低的消费者更关心运价的高低,他们希望运价便宜,而对速度、舒适度等则考虑较少。

第四节　货物运输市场细分

目前,货物运输市场竞争十分激烈,各种运输方式在市场上的表现不尽相同。

(1)在全国货运量持续稳步增长的情况下,铁路货运量增长幅度最小,增长速度最缓慢。全国货运周转量由 1978 年的 9 928 亿吨公里,增加到 2015 年的 178 356 亿吨公里,37 年增长近 18 倍;同期,公路货运周转量分别是 350. 3 亿吨公里、57 955. 7 亿吨公里,增长 165. 4 倍;水运货运周转量分别是 3 801. 8 亿吨公里、91 772. 5 亿吨公里,增长 24. 1 倍;民航是 214. 5 倍。这期间铁路货运周转量分别是 5 345. 2 亿吨公里、23 754. 3亿吨公里,仅仅增长了 4. 4 倍,在其他几种交通运输方式的翻倍增长的形式下发展势头稍显逊色。

(2)航空和管道这三种运输方式所占市场份额在 2000 年以后基本趋于稳定,公路占比不断增加,在 2008 年之后稍有下滑,同时,水运所占比重也略有增加,相比之下,铁路运输所占比重降幅较大,见表 8-6、表 8-7。

表 8-6　历年中国货运量各种运输方式所占比重　　单位:%

年　份	铁　路	公　路	水　运	航　空	管　道
1978	34. 47	47. 46	14. 83	0. 00	3. 24
1990	15. 52	74. 60	8. 25	0. 00	1. 62
1995	13. 44	76. 15	9. 17	0. 01	1. 24
2000	13. 14	76. 46	9. 01	0. 01	1. 38
2001	13. 78	75. 35	9. 46	0. 01	1. 39
2002	13. 82	75. 25	9. 56	0. 01	1. 36
2003	14. 33	74. 14	10. 10	0. 01	1. 41
2004	14. 59	72. 96	10. 98	0. 02	1. 45
2005	14. 46	72. 06	11. 80	0. 02	1. 67

续上表

年　份	铁　路	公　路	水　运	航　空	管　道
2006	14.15	71.98	12.21	0.02	1.64
2007	13.81	72.04	12.36	0.02	1.78
2008	12.78	74.12	11.39	0.02	1.70
2009	11.80	75.32	11.29	0.02	1.58
2010	11.24	75.52	11.69	0.02	1.54
2011	10.64	76.28	11.52	0.02	1.54
2012	9.52	77.76	11.19	0.01	1.52
2013	9.68	75.06	13.66	0.01	1.59
2014	9.15	74.71	14.36	0.01	1.77
2015	8.04	75.43	14.69	0.02	1.82

资料来源:《中国统计年鉴》。

表 8-7　历年中国货物周转量各种运输方式所占比重　单位:%

年　份	铁　路	公　路	水　运	航　空	管　道
1978	53.84	3.53	38.29	0.01	4.33
1990	40.53	12.81	44.23	0.03	2.39
1995	36.34	13.07	48.88	0.06	1.64
2000	31.07	13.83	53.55	0.11	1.44
2001	30.80	13.27	54.47	0.09	1.37
2002	30.89	13.38	54.28	0.10	1.35
2003	32.02	13.18	53.32	0.11	1.37
2004	27.78	11.29	59.66	0.10	1.17
2005	25.82	10.83	61.89	0.10	1.36
2006	24.71	10.98	62.46	0.11	1.75
2007	23.46	11.20	63.39	0.11	1.84
2008	22.76	29.80	45.57	0.11	1.76
2009	20.67	30.45	47.13	0.10	1.66
2010	19.49	30.59	48.24	0.13	1.55

续上表

年　份	铁　路	公　路	水　运	航　空	管　道
2011	18.49	32.25	47.34	0.11	1.81
2012	16.79	34.25	47.01	0.09	1.85
2013	17.36	33.17	47.28	0.10	2.08
2014	15.15	31.29	51.07	0.10	2.38
2015	13.32	32.49	51.45	0.12	2.62

资料来源:《中国统计年鉴》。

对货物运输市场可从以下几方面细分。

一、按运距细分

每种运输方式都有其特定的技术经济特征,这在一定程度上决定了它们各自的合理运输范围。不过,随着技术的发展和各种运输方式条件的改善,不同运输方式的合理运输范围似乎也在发生变化。

以下是各种运输方式的平均运距,见表8-8。

表8-8　货物平均运距　　单位:km

年份	铁路	公路	水运	民用航空	管道
1978	485	23	803	1 516	416
1990	705	46	1 447	2 211	398
1995	786	50	1 551	2 206	386
2000	771	59	1 939	2 555	340
2001	761	60	1 959	2 556	336
2002	764	61	1 940	2 551	339
2003	769	61	1 817	2 643	336
2004	775	63	2 211	2 595	329
2005	770	65	2 261	2 572	350
2006	762	67	2 231	2 698	464
2007	757	69	2 286	2 896	460
2008	760	171	1 707	2 934	443

续上表

年份	铁路	公路	水运	民用航空	管道
2009	757	175	1 804	2 833	453
2010	759	177	1 806	3 177	440
2011	749	182	1 771	3 120	506
2012	748	187	1 781	3 007	516
2013	735	181	1 419	3 034	536
2014	722	183	1 551	3 161	587
2015	707	184	1 496	3 306	615

不同运输方式在不同运距范围内的竞争状况与客运情况基本相同。500 km 以内，铁路与公路竞争比较激烈，500 km 以上，铁路货运优势比较明显。航空运输货运量相对较少，所以，其竞争能力尚不明显。

二、按地理位置细分

不同运输方式在不同地区的市场份额存在较大差异。2015 年华东地区货物周转量完成情况为全国之最，达全国完成总量的 42%。不同运输方式在不同地区的竞争能力还略有差异，华北地区的铁路货物周转量较高，华东地区公路货运周转量较高，而大部分的水运货物周转量也是由华东地区完成，如图 8-3 所示。整体上，东部和中部经济比较发达，各种运输方式发展比较完善，客观上已经形成了不同运输方式间较为激烈的竞争局面。

三、按品类细分

铁路在大宗货物运输方面占有比较明显的优势，所占市场份额相对稳定；在零担、集装箱运输上与公路争夺比较激烈。

四、按速度细分

在社会经济发展迅速、市场竞争日趋激烈的今天，“迅速”“准时”已成为衡量不同运输方式是否具有竞争力的一项重要指标，因此，各种运输

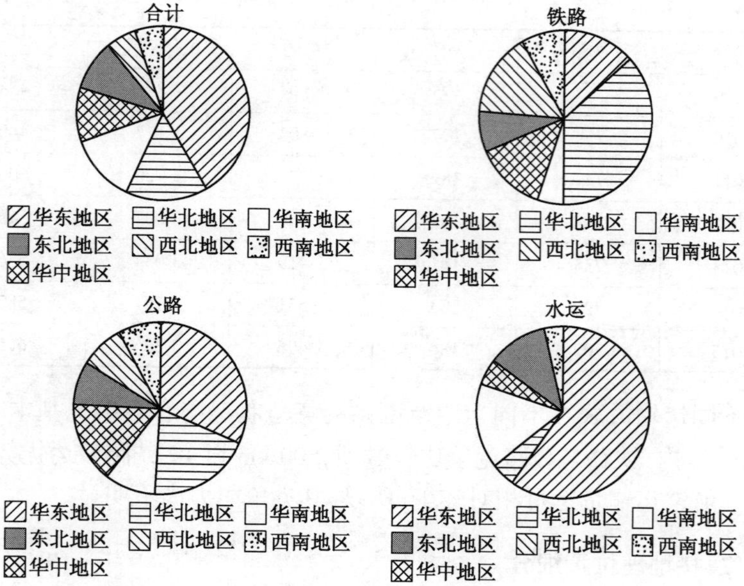

图 8-3　各地区货物周转量完成情况(2015 年)

方式都在采取措施,努力提高运输速度,缩短运输时间。

在对货主的调查中发现,公路和铁路竞争中的一项很重要的因素是运输时间。一些货源流向公路的一个重要原因是铁路在运输时间上不能保证和承诺。为此,铁路也采取了多项措施,如开行“五定”班列等。为缩短运输时间,公路部门在积极发展高速公路运输,目前,中国高速公路总里程已跃居世界第 1 位。铁路部门近年来一直致力于对既有线路进行改造,以提高列车运行速度。经过 6 次大提速,中国铁路旅客列车速度已经有了明显提高。目前,有关方面正在积极研究和探讨建设中国的高速铁路。

思 考 题

1. 什么是市场细分?进行有效市场细分的原则是什么?市场细分的方法有哪些?

2. 试述运输市场细分的依据。

3. 试述中国不同地区经济发展及运输特征。

4. 分析中国不同地区不同运输方式的发展情况。

5. 经济发达地区与经济不发达地区在客运、货运结构和比例上有何不同?

第九章　运 输 产 品

第一节　运输产品性质论

产品是人类生活中最常见的东西,也是经济学中一个重要的概念。产品是分析需求、供给、生产、消费、成本等众多问题的起点和依据。经济学对产品本身的分析并不多,多数情况下,只是把它作为一个特定的现象和事实用于分析与其相关的一些问题,如价格、市场等。一些经济学教材最多也只是将其分为(有形)产品和劳务两种类型。经济发展和技术进步使产品本身无论在概念上还是在存在形式上都发生着重要变化,对产品的类型、性质等进行分析是理论和实践发展的迫切需要。

运输产品是人们消费的重要产品之一,研究运输产品问题是分析运输业诸多问题的基础。长期以来,人们对运输产品的认识一直停留于比较零散和单一的层面。对于运输产品的解释基本上停留于:运输产品是运输对象的空间位移,运输业提供的是一种无形产品。然而,运输产品同运输业一样,其内涵具有多样性和复杂性,对运输产品性质的认识也应当由浅显到深入,由简单到完善。

从内在特征来看,有以下几方面解析运输产品及其性质。

1. 运输产品的基本含义与效用特性

长期以来,对运输产品的定义局限于它是位移,主要强调其空间性。无疑,空间性是运输产品的重要特性,然而,经济和社会的发展以及技术的进步使运输产品的性质和效用取向正在悄悄地发生着变化。运输业出现早期,由于运输技术、运输工具比较落后,克服空间障碍是运输业的主要功能,也是运输产品最重要的特性。随着技术的不断发展和进步,交通运输体系越来越发达,交通运输工具越来越先进,克服距离障碍已经成为一件十分平常的事情。正像美国运输经济学家罗依·桑普森所说:"……运输体系是如此完善,除非这个系统的某个环节出了问题,否则人们很少意识到它的存在。"在经济和社会发展到一定水平后,人类克服空间障碍的能力、手段和技术水平已经今非昔比了,它已经不再是人们出行、货物移动的主要难点。这时,人们选择运输产品,除了考虑空间效用,更多的是考虑时间效用,即克服空间障碍所要花费的时间。我们可以看到,世界各国的运输业为了提高市场竞争力,把不断提高运输速度作为一项最重要的任务。航空运输、铁路运输、公路运输都在想方设法提高速度。

运输产品的效用是二元的,即空间效用和时间效用。空间效用反映运输在跨越空间障碍,克服距离因素方面的作用和能力;时间效用反映运输克服空间障碍需要支付的时间代价。随着运输业的发展,衡量运输产品的优劣已经越来越多地倾向于它的时间效用。时间效用是否明显是人们选择运输服务的重要依据。

2. 运输产品的无形性

无形性或许是我们可以看到的对运输产品最常见的描述。无疑,无形性是运输产品最明显的特征。运输产品是位移,而位移是没有实物形态的。具有无形性特征的运输产品,从经济学角度看,是一种劳务(具有无形性),这种劳务同其他类型服务企业提供的服务在本质上是一致的。仅仅描述运输产品的无形性实际上是没有意义的,只有从劳务性的角度分析运输产品,才能把握其生成、存在的缘由与形式,把握其最精髓的东西——服务。

劳务性是运输产品最显著和最重要的特性之一。运输业向社会出售的产品的表现是位移,而实质是运输企业向社会提供的运输劳务,劳务过程贯穿于运输活动的始终。运输活动是通过服务向消费者进行展示的。运输服务的一部分是有形的,如铁路的车站、承载旅客的列车,民航的候机大楼、载运旅客的飞机等。位移的实现需要借助于这些有形的物质载体(固定的或移动的)。这些有形的物质载体成为衡量运输服务好坏的重要标志。例如,铁路车站服务设施是否齐全、站舍是否整洁,铁路客车的内在环境是否舒适;民航候机大楼是否宽敞明亮,飞机是否宽大舒适等。这些是顾客对运输服务评价的重要组成部分。通常关于运输产品无形性的定义更多是从运输的结果上考虑的,即被运输者在完成位移后,除了一张车票(机票)外,没有得到任何东西。运输产品的生产(供给)和消费在相同的时间和空间内进行。虽然旅客在运输完成后没有得到运输企业给他的任何东西(车票、机票是运输企业与旅客之间的契约凭证,而不是旅客想要得到的位移)然而,旅客在消费运输产品过程中所接触到的所有东西却都是实实在在的。

从运输产品完成的过程而不是结果看,无形性并不是运输产品的最重要特征。而对于生产和消费在相同的时空内进行的运输活动来说,对于提供运输服务的运输主体来说,注重过程应当是更为重要的。

3. 运输产品的网络性

许多产品或服务具有网络产品的特点,如电话、电力、互联网、运输等。网络型产业提供的产品具有网络性,是网络性产品。运输业是网络型基础产业,运输产品的生成(供给)和消费都是基于一定网络实现的,它产生于网络,消费于网络。基于网络特性的运输产品具有以下特征。

(1)区域性与方向性。制造业的生产是点状,而运输业的生产则是网状。运输产品的形成过程是网状的。不同的运输网分布于不同的区域,不同的区域经济和社会发展水平不同,决定了其运输需求的差异。经济发达地区对运输产品的需求明显高于经济不发达地区,发达地区运输网的繁忙程度要高于不发达地区,运输产品多形成于经济发达地区的运输网。

基于网络特性的运输产品具有比较明显的方向性。由于自然资源和生产力布局的原因,网络的某一方向运输量明显高于相反方向的运输量。在另外一些情况下,比如在一年内的不同时间内,某一方向上的旅客运量也会明显高于相反方向。

运输产品的区域不均衡性和方向不均衡性导致运输网络负荷在区域和方向上存在较大差异。

(2)转换成本与锁定。一些基础产业提供服务的转换成本比较明显,如固定电话、自来水、天然气等。基于网络特性的运输产品业也存在转换成本,有时比较突出。例如,将一条铁路运煤专线的煤炭运输转移到其他运输方式上(如公路)时,由于运费、运输规模等方面的差别,存在较大的转移成本。有时,用户可能在一定时间内被合约锁定在特定运输服务上。运输企业也可能通过某些方法提高用户的转换成本,如航空公司为老客户提供里程津贴,使其长期选择该航空公司。

(3)规模经济性。运输网络的建设需要巨大的前期投入,其沉没成本十分高昂。在一定条件下,运输的边际成本很低。例如,一列旅客列车在未满员的情况下,增加一个人的成本几乎为零。一架未满员的飞机,增加一名乘客的边际成本同样很低。很高的固定沉没成本和几乎可以忽略不计的边际成本意味着平均成本函数随着产品数量的增加而明显下降。因此,网络上的运输产品数量越大,分摊到每一产品的成本就越低。运输产品本身具有比较明显的规模经济性。

4. 运输产品的完整性

任何一个确定的货物运送和旅客旅行都有其明确的始发和终到地点,没有把货物或旅客送到目的地,运输服务就没有完成。从这个意义上讲,一些运输产品是不完整的,如铁路的站到站运输,民航的机场到机场运输。从产品的完整性上看,运输活动只有完成了从最初的起始点到终极目标点的全过程,才算是完整的运输产品。社会对运输业的要求是提供完整的运输产品,而不只是站到站、机场到机场等运输。很多情况下,一种运输方式可能只是完成了运输产品的一部分,而完整的运输产品则是需要多种运输方式通过接续运输共同完成的。

5. 运输产品的替代性与互补性

不同的运输方式都可以实现位移,它们之间是可以相互替代的,有的运输过程也可以由同一运输方式内的不同运输企业完成,这意味着运输产品具有替代性。具有替代性表明运输企业间具有竞争性。运输产品间也有互补性,有的运输过程由一种运输方式是无法完成的,而必须是几种运输方式联合协作。联合运输是运输产品互补性的突出体现。运输产品的互补性表明,运输企业间不仅要有竞争,还要有协作。大力发展不同运输方式间无缝隙的接续运输是综合交通体系发展的重要方向。

6. 运输产品的公共物品属性

经济学关于公共物品的定义包括两点,即非竞争性和非排他性。完全具有上述两点特征的是纯公共物品。运输产品具有一定程度的公共物品属性。通常情况下,在未达到拥挤点的情况下,用户消费运输服务几乎不存在竞争性和排他性,运输产品具有公共物品性质。然而在接近和到达拥挤点后,竞争性和排他性就会凸现出来,这时的运输产品具有明显的私人物品属性。

第二节　运输产品的整体概念

一、一般产品的整体概念

在分析运输产品整体概念之前,我们先要说明一般产品的整体概念。

过去,人们对产品的认识仅限于具有一定实物形态和用途的劳动产物,这是一种狭义的理解,是不完整的产品概念。

现代市场营销学认为,产品是通过交换满足消费者需求、实现消费者实际利益的综合体,它既包括提供给消费者的有形产品,同时也包括提供给消费者的无形产品和利益,是二者的结合。这是整体意义上的、完整的产品概念。有形产品是指产品实体,包括产品品质、样式、特点、品牌和包装等;无形产品则包括产品售后服务、消费者的满足感和信任感以及消费者能够得到的其他附加利益。

产品的整体概念基本上由 3 个层次组成,即核心产品(实质产品)、形式产品(形体产品)和扩大产品(延伸产品),如图 9-1 所示。

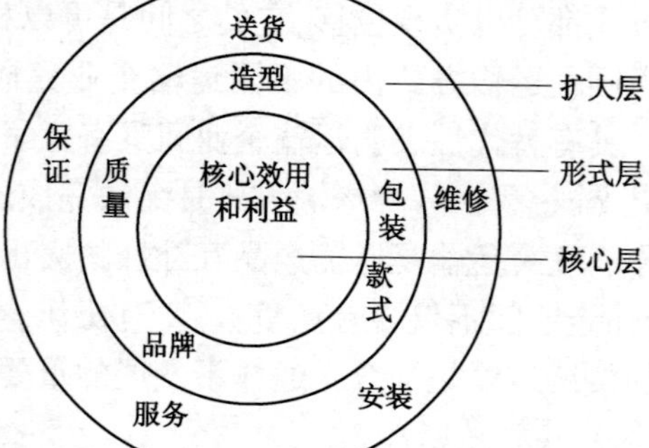

图 9-1　产品整体概念

核心产品是提供给消费者的基本效用和利益,是满足消费需求的中心内容。顾客购买商品是为了获得它所具有的功能和效用,如人们购买彩电是为了观看电视节目,满足对信息、学习和娱乐的需要。如果彩电不显影,那么就失去了它最基本的功效。核心产品是产品整体概念的基础。

形式产品是扩大化的核心产品,是指向市场提供的产品实体的外观,它由5种标志组成:质量、造型、特征、商标和包装。劳务产品的外在形式、服务质量等是它的形式产品。

扩大产品是顾客购买产品时所得到的其他利益总和,是企业随着产品的出售附加给消费者的,通常是指免费送货、安装、维修等一系列服务活动。

任何一个企业都应该了解,消费者的需求是一个包含多项内容的系统,他们所要购买和得到的是整体意义上的产品,而不是某一个单独部分。现代市场营销活动要求企业不仅要重视核心产品、形式产品,而且要格外重视扩大产品——产品的售后系列服务和其他相关内容,这是树立企业形象、提高产品信誉、争取市场、增强竞争力的有效手段。正如美国著名市场营销学家西奥多·李维特所说:未来市场竞争的关键在于产品能够提供的延伸价值(咨询服务、售后服务、商品保证、送货、融资等)。所以,企业只有从产品整体概念出发来认识和制定产品策略,才能做到全面、准确,占领市场才能有一个基本保证。

二、运输产品的整体概念

交通运输产品过去一直被单纯地理解为旅客和货物的空间位移。无疑,位移是运输生产所表现出来的最为直接的结果,然而,用产品整体概念理论来分析这一问题,这一结论显然囿于狭窄。

由于产品是消费者通过购买方式所得到的某种满足,所以,一切能够满足买主某种需求和利益的物质属性和非物质属性都属于产品的内涵,也都是产品的组成部分。对于运输产品(包括旅客运输和货物运输)来说,其整体构成也包括3个部分,即核心产品、形式产品和扩大产品,如图9-2所示。

核心产品:运输产品的核心利益与效用是满足旅客和货物空间位移

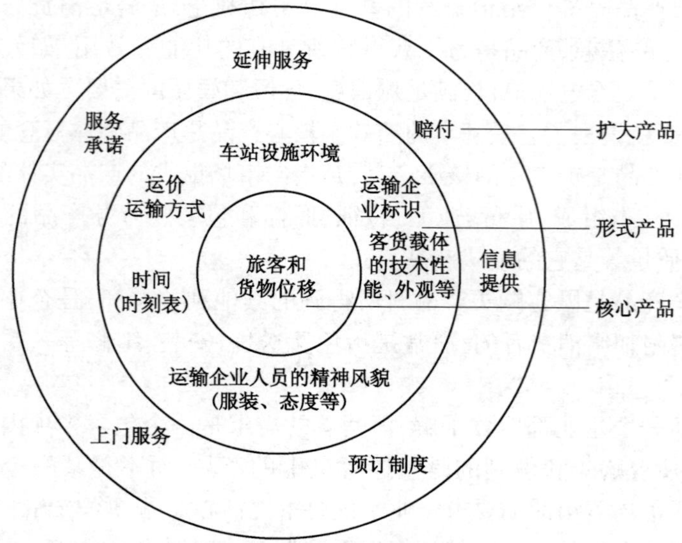

图 9-2　运输产品的整体构成

的要求。

形式产品:运输产品的形式层是旅客和货主能够直观感受到的。例如,运输企业的品牌和标识,车站或港口、机场的设施与环境,客货运输载体的技术性能、外观以及运输企业人员的精神风貌等。

扩大产品:这是运输产品购买者应该得到的其他附加利益。例如,信息服务(运输企业向旅客和货主提供产品信息),服务承诺(安全、及时、迅速运输),延伸服务(送票业务、货物承运业务)等。

运输产品核心层——位移的计量单位是复合制单位,即运输距离与运输量的复合,用运输周转量(旅客人公里和货物吨公里)表示。运输产品的形式层也有相应的指标及指标体系,如运输速度、客座占用率、运输方式或企业名称等。运输产品的扩大层方面,已经建立起了一定的制度,例如,客票预订制度、赔付制度、信息提供(通过各种媒介)、延伸服务等。

三、评价体系

运输产品因为在不同层次上具有不同内容,因而产品本身具有不同程度的竞争力。在衡量不同运输方式运输产品的竞争力时,可以用以下评价体系进行测度,如图 9-3 所示。

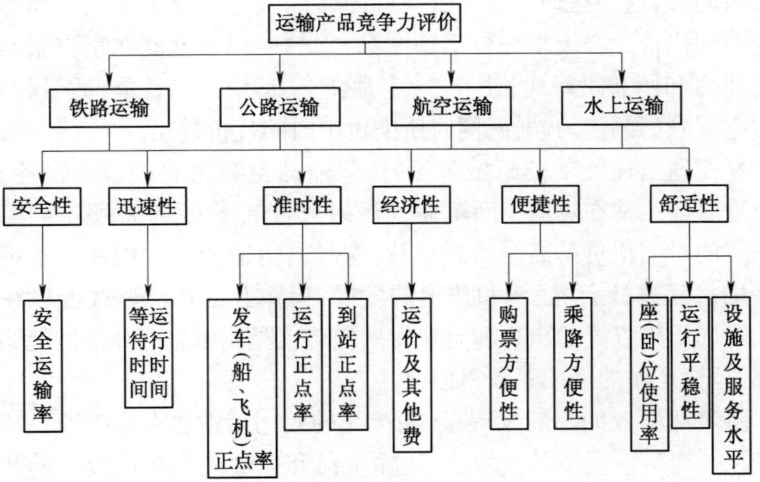

图 9-3 运输产品竞争力评价体系

对于不同运输方式的客货运输,均可参照上述评价体系衡量其各自的竞争力。根据各种运输方式和客货运输的具体特征,建立具体评价指标体系时,可增加或删除一些指标,使评价更具完善性和针对性。

第三节 运输产品效用

运输产品具有三维特性,即空间性、时间性、数量性,如图 9-4 所示。

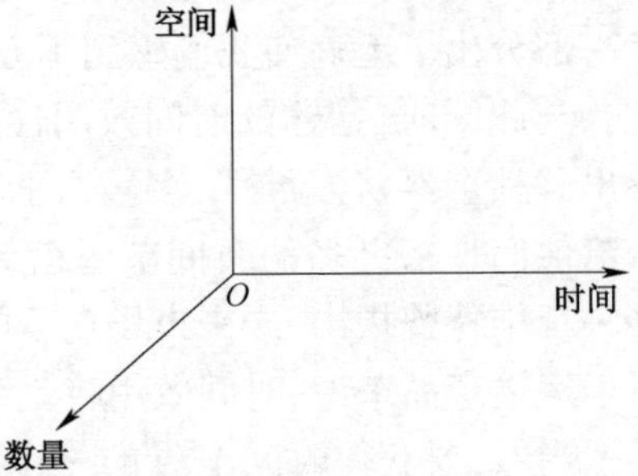

图 9-4 运输产品三维特性

运输产品的空间特性反映了运输产品的完成要跨越空间障碍,克服距离因素。时间特性反映了完成位移所需支付的时间代价。而数量特性则是反映产品数量、规模的大小是一种复合计量单位,用周转量

(旅客周转量和货物周转量)反映。

由运输产品的三维特性可以认识到,运输产品的效用在于它的空间性和时间性,这是运输产品克服空间障碍的能力以及为克服空间障碍所需的时间代价。今天来分析运输产品,它的使用价值就在于克服空间障碍的能力和所需时间代价。在一定意义上,运输产品性能、质量越好,它克服空间障碍的能力越强,同时所需付出时间代价越小。

在交通运输处于较原始阶段时,运输的主要物质载体还是牲畜、人力。这时的运输在克服空间障碍的压力上是低下的,在克服空间障碍时需花费的时间代价是高昂的。显然,这时的运输产品性能和质量都是低水平的。随着社会、经济和技术的发展,运输业也在迅速改变以往的面貌。不同运输方式的出现和迅速发展使得人类克服空间障碍的能力大大增强,运输产品的性质不断得以改善。

随着运输业的不断发展、运输产品的效用特性也在发生着潜移默化的变化。当运输业不是很发达,运输手段和运输能力都比较匮乏和低下时,运输产品的效用特性主要偏重于克服空间障碍的能力,即空间效用上,时间效用屈于次要地位。在这个阶段,社会对运输的需求很大,然而,由于运输业本身发展的局限,使得很多运输需求无法被满足。

当运输业已十分发达,运输手段和运输能力已不断丰富和提高时,运输产品的效用特性开始发生变化,即时间效用成为重点,而空间效用则退居次要地位。由于运输能力的不断提高,运输产品的极大丰富,克服空间障碍已不再是什么问题。诚如美国运输经济学家罗依·桑普森对美国运输系统的评价:“美国的运输系统是如此完善和有效率,除非这个系统的某一部分出了毛病使我们感到不方便,大多数人很少意识到它的存在。”

与此同时,运输的时间效用性随着社会经济的不断发展显得越来越突出。社会经济发展了,多数人的时间价值在提高,因而,他们对运输能否给他们带来更多的时间节省就越来越重视。美国市场营销学家西奥多·李维特曾指出:未来市场竞争的关键在于产品能够提供的延伸价值。对于运输产品来说,时间效用将是今后决定运输业竞争力的关键所在。

当然,要获得时间节省的一个重要代价是要多支付一些运输费用。就现存的运输方式来看,航空运输速度最快,然而需要支付的费用相对来说也最高。在同一运输距离条件下选用不同运输方式的时间和费用曲线如图 9-5 所示。

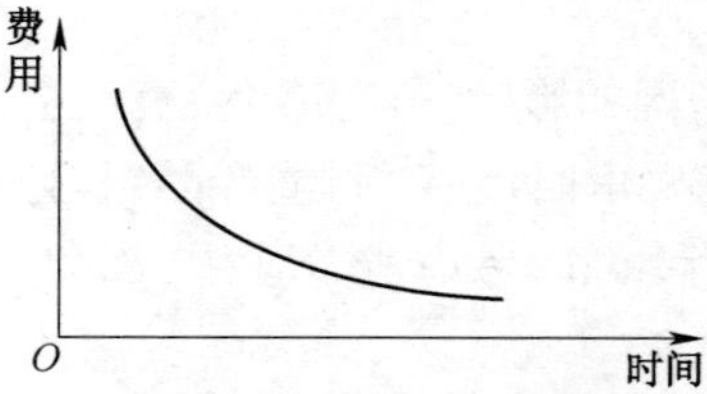

图 9-5　时间和费用曲线

通常情况下,速度慢的运输其运输费率相对较低,而速度快的运输,其运输费率相对较高。

第四节　运输产品组合

产品组合,是指企业生产经营的全部产品的结构以及它们的有机结合方式。对于运输产品而言,不同类型的运输产品及其构成即为运输产品组合,如图 9-6 所示。

客运产品系列	短　途	中　途	长　途	
	旅游车	文化下乡车	球迷车	…
货运产品系列	短　途	中　途	长　途	
	整　车	零　担	集装箱	…
	五定班列	快运专列	冷藏运输	

图 9-6　运输产品组合

一种运输方式或一个运输企业所拥有的产品组合,反映它能够向市场提供产品的丰富程度,运输产品组合会受到一定条件的影响和限制。

(1)受企业资源条件的限制。企业拥有的资源,包括人力、物力、财力是有限的,每个企业都有自己的特长和不足,所以,并不是经营任何产品都是有利的,应该发挥特长,避开薄弱环节。

(2)受市场需求情况的影响。市场需求不断变化。企业应根据市场调查和预测结果,分析运输产品需求变化趋势,加强和拓展市场需求潜力大的产品。

(3)受市场竞争情况的影响。产品组合有时会受到竞争对手的冲击和影响。这时,企业就要审时度势,调整产品组合。例如,在拓宽产品线时若遇到强大竞争对手,可以考虑避开强手,深化原有产品线,可能会有更好的效果。

不同运输方式或运输企业在考虑运输产品组合时,可采用以下不同策略。

1. 扩大产品组合策略

在运输需求增大而呈现多样化趋势时,可考虑采用扩大产品组合策略。这一策略的内容是扩大现有产品的项目数,以满足市场上新的需求。例如,铁路运输根据需求开行“民工专列”“球迷专列”“旅游专列”等,正是对原有产品组合的扩大。

2. 缩减产品组合策略

当运输需求呈现萎缩或某种类型的运输需求下降时,可考虑减少产品组合。例如,铁路“五定”班列在开行一段时间后,由于各种原因,其需求有所减少,因此可相应减少此种列车的开行。

3. 产品线延伸策略

产品线延伸策略是指改变原有产品组合内容,具体可分为向上延伸、向下延伸和双向延伸。

向上延伸是指在原有产品线中增加一些高档次产品。例如,铁路在一些线路上增加的优质优价(含空调)列车,在舒适度上满足了人们的需求。

向下延伸是指在原有产品线中增加低档廉价产品。中国目前多数人的消费水平还比较低,调查中发现,较多人偏好于低价低档列车。在一些线路上,可根据情况,增加部分“普通列车”。

双向延伸是指企业既增加高档高价产品,同时也增加低档低价产品,以满足市场的不同需求。这种策略可使企业产品的覆盖面更大。

第五节 运输产品品牌模式

一、运输品牌

现代市场经济条件下，品牌具有十分重要的意义。著名品牌研究专家鲍尔·费得威克(P. Feldwick)就曾指出："对于消费者，没有品牌，任何购买行为都是一场赌博。对于厂家，如果销售量不是建立在强势品牌基础上，那它就很容易被竞争者、变革和价格战摧毁。"

品牌是产品整体概念的重要组成部分，通常情况下，品牌与有形产品紧密相连。

品牌是生产经营者给自己的产品规定的商业名称和标志，是用来识别产品卖主的某一名词、符号、设计，或者是它们的组合，从而使不同企业产品能够相互区别开来。

对有形产品的营销来说，重要的是产品品牌，而对出售无形产品的运输业来说，重要的则是企业(公司)品牌，如图 9-7 所示。

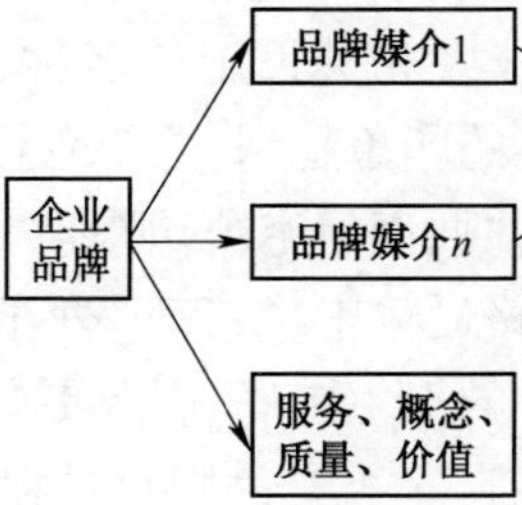

图 9-7 企业品牌营销

运输企业通过多种潜在中介，包括设备标记、印刷品、电视广告、职员制服等，把它的品牌提供给顾客。提供品牌的核心是企业或公司的名称和标记。

不同运输方式、不同运输企业的品牌起到能够展示服务、质量和价值的作用，因为它们在这些方面具有不同的特点，所以，企业必须想办法提高企业形象和品牌形象。

品牌是一种特殊工具，它对于企业来说至关重要。强有力的企业品牌有助于顾客认识、理解和信任企业,减少他们购买活动中的顾虑。

从目前来看,中国运输业中不同运输方式和运输企业一般都没有自己的像有形产品那样注册的品牌,然而,每一种运输方式或运输企业却都有其自己的名称,这就是服务品牌或运输品牌的核心所在。对于第三产业(包括运输业)来说,企业(公司)名称就是现有品牌的核心要素。消费者首先是通过企业(公司)名称来辨别服务产品的。

二、品牌效果

品牌具有以下特征:品牌具有明显的心理特征;品牌是一种具有重要价值的资产;品牌是一面旗帜;品牌是一种购买导向;品牌是一种精神境界和心理享受;品牌是社会经济发展的典型标本。

对于运输业来说,品牌不仅是一个完整的概念,也不仅仅是一个单纯的名称。品牌的总体效果决定于一定的词语、标记、广告标识语,以及通过品牌媒介对这些要素的应用。所有这些因素塑造了一个完整的形象,这对于无形性、难于表达和展示的运输业来说,是一个强有力的弥补。

不同运输方式和运输企业在树立品牌的过程中,很重要的一点是注重展示品牌的可见性要素,包括企业及相关设施的名称、标识、颜色、服务、设备等。运输企业能够留给顾客的印象越深,这个企业及产品的品牌地位就越强。在运输消费者心目中,“西南航空公司”和“西北航空公司”可能是两个完全不同的概念。在铁路运输中,“红旗”列车与其他普通列车具有完全不同的意义,它表示列车的卫生更好、服务更好。铁路最近几年特别重视“精品列车”的推出,这实际上就是品牌化过程。

不同品牌的运输产品在市场上的力量和价值是不相同的。强势品牌一般来说具有较高的品牌资产。对于运输产品来说,品牌资产越高,品牌忠诚度、认知度就越好。

对于运输业来说,衡量不同运输方式和运输企业的品牌资产是困难的,虽然有些部门可能尝试着去做。然而,运输消费者对运输方式及企业的偏好程度却是可以通过调查得出的。实际上,我们在这方面已经进行了很多调查,调查结果也显示了不同消费者对不同运输方式或某一运输方式中的某一运输企业有偏好情况。

第六节　运输产品类型与产品生命周期

一、运输产品类型

前面已经谈到,运输产品的核心效用是位移,然而,完成位移的方式和手段很多,也就是说运输产品的类型很多。

运输从总体上分析可以分为两大部分,一部分是厂内运输(企业自有运输),一部分是社会运输,即企业提供的运输服务是为满足社会运输需求。我们下面分析运输产品类型,主要以社会运输为对象。

运输产品可以从不同的角度进行分类。

(1)按运输对象分,有货物运输产品和旅客运输产品。对于货物运输和旅客运输还可以按运输对象不同作更进一步的划分。如货物运输中的煤炭运输、钢铁运输等;旅客运输中的国内、国际运输等。

(2)按运输速度划分,有不同速度等级的运输产品。民航、铁路、公路、水运、管道等不同运输方式速度不同,表明它们各自提供的运输产品性质也不同。随着社会经济的发展,人们生活节奏的加快,快速运输产品越来越受到人们的欢迎。

(3)按地理区位不同,有国际间、城际间和城市交通运输产品。人类赖以生存的地球,在现代交通运输的支持下变得越来越小,“地球村”是人们形容这一状况的最好比喻。国际间交通运输正变得越来越重要。城际间交通运输是不同城际间客、货、信息交流的重要载体,也是一项重要的运输产品。城市交通运输是支撑城市社会经济发展的基本体系之一,也是交通运输产品的重要类型之一。

(4)按运输距离不同,有长距离运输产品、中距离运输产品和短距离运输产品。不同运输方式和运输企业所提供的产品的距离属性不尽一致,有的偏重于长距离产品,有的则偏重于中短距离产品。

二、产品生命周期

任何一个产品从它开发生产到最后被淘汰,都会经历一定过程。通常,把产品从进入市场到最后淘汰,从而退出市场的全部过程称为产品的市场生命周期。这一演化过程同生物的生命历程相似,有一个诞生、成长、成熟,直到衰退的过程。产品的生命周期,是产品的市场新陈代谢过程。这一过程的长短取决于社会生产力发展水平、产品更新换代速度和消费者需求变化情况。

研究产品生命周期是制定产品策略的重要依据,它可以使企业了解产品发展趋势,并且在产品生命周期的不同阶段采用不同的市场营销对策。

产品生命周期一般可以分为 4 个阶段,即产品导入期(Introduction)、成长期(Growth)、成熟期(Maturity)和衰退期(Decline),如图 9-8 所示。

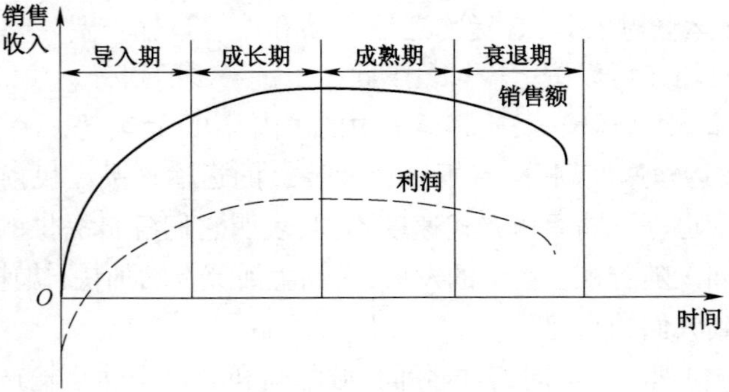

图 9-8　产品生命周期

上述产品生命周期变化曲线图反映了产品生命周期变化的一般规律,然而,并不是所有产品的生命周期变化都遵从这一模式。实际上,由于产品的特点、性质不同,一些产品的生命周期曲线会呈现另外一些特点。

(1)产品(包括服务产品)的销售在历史上几乎维持相同的销售水平,如图 9-9 所示。

(2)产品的销售在过去的时间里几乎是经久不衰,如图 9-10 所示。

(3)产品以较强的销势开始,然而由于各种原因,其销售额一路下滑,如图 9-11 所示。

(4)"双周期生命曲线",是在第一生命周期即将结束时,企业通过各种努力,使产品获得新生,经历了第二次"生命",如图 9-12 所示。

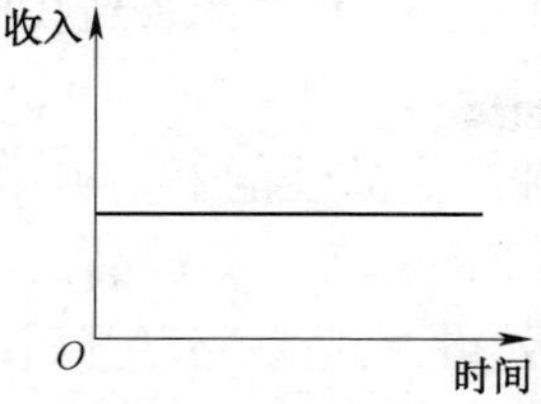

图 9-9　产品维持相同的销售水平

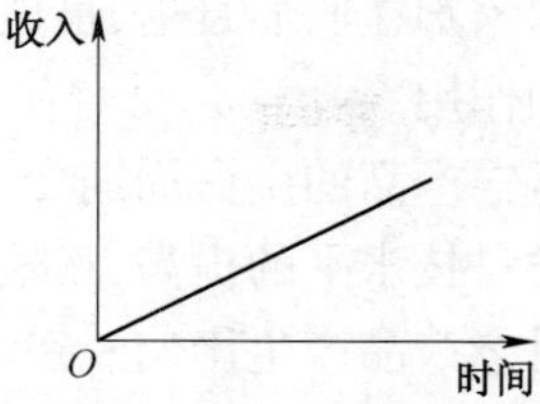

图 9-10　产品的销售经久不衰

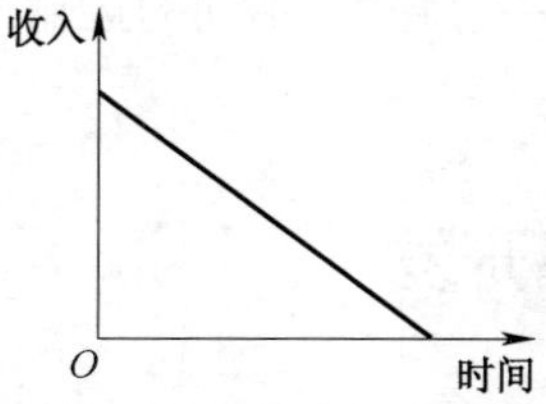

图 9-11　产品的销售一路下滑

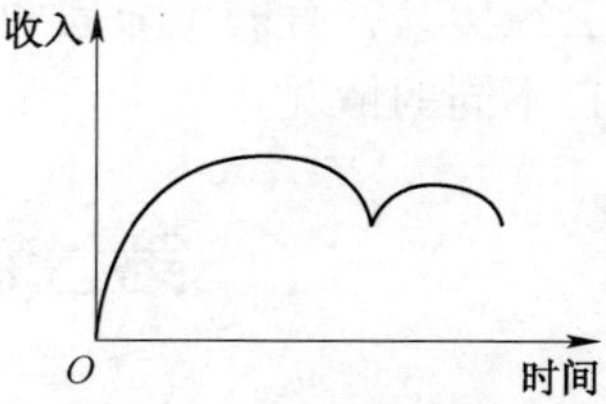

图 9-12　产品的“双周期生命曲线”

（5）“扇形生命周期曲线”，是有的产品在市场上可能反复多次，经历了若干“生命”历程，如图 9-13 所示。

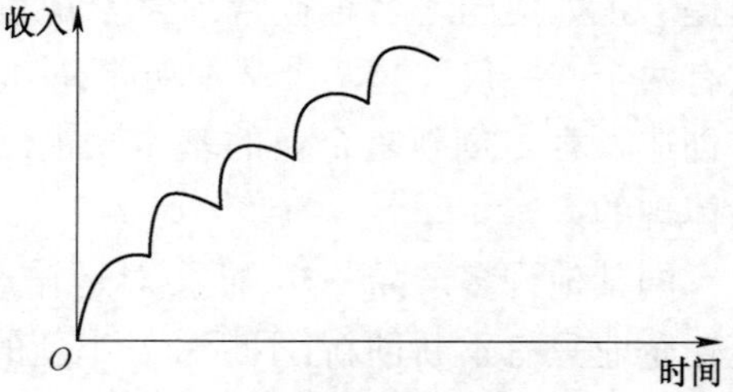

图 9-13　产品的“扇形生命周期曲线”

运输产品是一种特殊产品。当我们回顾它的发展时，我们同样可检测它不同寻常的发展过程。

从严格意义上说，运输产品经历了不同的发展阶段，运输产品本身也在不断得到改善和提高。运输本身的发展似乎也已经经历了从导入期到成长期以至到成熟期这样一个过程。在经济大发展时，运输本身也获得了极大发展，而在今天，一些运输方式的作用似乎不那么强了（对于运输体系十分完善的国家），运输本身的发展也进入了另外一个特定时期。

铁路运输产品是运输产品中的重要类型之一。历史上，铁路运输几乎为各个国家的经济发展都带来了好处。然而，在今天，铁路在一些经济发达国家却在明显衰退,虽然一些国家也在积极努力,试图重新找回它的地位和作用。

运输产品的生命周期变化还体现在这种产品的性能上。实际上,随着人类科技水平的提高,运输产品本身也在不断完善。新产品的出现注定会对老产品产生影响。在一些国家,高速公路、高速铁路已开始逐渐取代老的同类产品。

中国运输的发展也已步入这样一个轨道。由此可以看出,运输产品同样会经历其特有的生命周期。然而,在这一过程中,不同的运输产品有着各自不同的情况。

第七节　新产品开发

当代社会经济发展日新月异,人们的消费需求变化越来越快。不断研制、开发新产品,满足市场不断变化的需求,已成为企业生存和发展的前提。正如美国著名企业管理学家德鲁克(P. Druker)所说:"任何企业只有两个——仅仅是两个基本功能,就是市场营销与创新,因为这二者能够创造顾客。"创新是企业的基本功能之一,创新是通过创造、开发新产品体现的。

同其他许多产品一样,社会对运输产品的需求是不断变化的,因此,运输企业只有不断创新,不断开发出新的产品,才能满足市场的需求。

从营销的意义上讲,当运输企业对原有产品在内容、形式、服务项目等方面进行了改进,就可视为新产品,运输新产品可划分为以下几类。

1. 完全创新产品

完全创新产品是指利用新的科学技术而创建的一种全新产品,是市场上从未有过的。例如在中国,高速铁路所提供的运输产品可视为完全创新产品。

2. 革新产品

革新产品是指对原有产品进行技术革新和部分改造后的产品。例如,铁路实施新图,对原有旅客列车广泛提速。这是对原有产品的改造和革新。

3. 改进产品

改进产品是指增加一定的服务项目和服务内容。例如铁路在货运方面开行“五定”班列,在客运方面开行“旅游专列”“球迷专列”等。

新产品开发是运输企业开展市场营销活动非常重要的一环,它是提高企业及产品竞争力的关键所在。运输企业只有不断开发出新产品,满足市场日益变化的需要,才能在竞争中立于不败之地。

思 考 题

1. 如何全面理解运输产品的性质?
2. 试分析运输产品的整体构成。
3. 如何理解和认识运输产品的效用?
4. 运输企业应如何对待新产品开发?
5. 举例说明不同运输方式推出的新产品。
6. 举例说明运输业中的品牌产品。
7. 运输企业如何有效开展产品管理?

第十章　运输产品定价

第一节　运价的概念和意义

一、运输价值与运价

运输价值是凝结在运输产品中的一般人类劳动，是运输劳动者在实现商品位移过程中所耗费的物化劳动和活劳动的总和。与这两部分劳动相适应，运输价值由两部分组成：一是过去劳动创造的价值，即已消耗的生产资料价值，也叫转移价值；二是活劳动创造的价值，即新创造的价值。活劳动创造的价值又可分为两部分：一是生产者为个人所创造的劳动价值；二是为社会所创造的劳动价值。因此，运输价值一共由以下 3 部分组成：(1)运输生产过程中转移的物化劳动价值 C；(2)运输生产者为自己所创造的劳动价值 V；(3)运输生产者为社会所创造的劳动价值 M。

运输价值是运输价格的基础，运输价格是运输价值的货币表现。由于市场供求关系的变化，运输价格并不总是等于运输价值，而是围绕运输价值上下波动。运输价格与运输价值之间在量上的不一致现象是客观存在的，因为在运输生产过程中，劳动耗费经常变动，因此要求作为运输价值表现形态的运价随时变动是不可能的，同时，运价的形成也受运输市场供求关系变化、国家宏观价格政策等因素的影响，所以，在一段时间内运价与运输价值不等是正常的。当然，运价背离运输价值不应当是长期的，它应当是价值规律自觉作用的结果。从总体上看，运输价值与运价一致是客观经济发展的一般趋势。

运输业产品价值的构成和实现，与工农业生产相比有其特点：

(1)运输业的产品不具有实物形态，只是货物和人在空间位置上的转移，构成运输产品价值(运输价值)的材料，不是用于制造产品本身，而是用于设备的维修和养护上。

(2)运输生产的特点决定了对运输设备的投资比较大,因此,固定资产损耗的价值补偿对运输价值影响较大。

(3)运输产品的生产过程同时也是消费过程,因此,运输价值的创造过程也就是运输价值的实现过程。

运输价值是运输价格形成的客观经济基础。运输价格作为运输价值的货币表现,可以分为3个组成部分:物化劳动的消耗支出,表现为设备的磨耗(固定资产折旧),材料、燃料、油脂等方面支出;劳动报酬(工资)支出,即为自己劳动所创造价值的货币表现;赢利,是为社会劳动所创造价值的货币表现,如利润。

二、运价的意义

在商品经济条件下,价格是实现再生产过程的重要因素之一,任何商品的交易都不可能没有价格。从企业营销角度出发,定价策略是企业市场营销组合的重要因素之一,也是企业可控因素当中最难于确定的因素。商品价格的变化直接影响顾客的购买行为,直接影响商品的销售和利润。现代市场营销环境日益复杂多变,企业定价既要考虑成本的补偿,又要考虑消费者对价格的接受能力,这使得商品的价格问题日益变得敏感和微妙,要求企业更加重视商品的价格决策工作。

定价的重要性是由价格因素在交换中所处的重要地位决定的。

定价水平往往成为商品交换成功的关键,交换条件由企业提供,由消费者进行选择。交换条件一般由商品功能、商品质量、商品类型、交货期限、销售服务、商品价格组成。交换条件的整体优劣由企业市场营销组合的水平决定。从整体上看,不同的产品、不同的交货期限及服务项目必然伴随不同的价格水平。交换条件各方面统一,才能增强交换条件的整体吸引力。在市场营销组合中,定价策略与其他策略相互配合的关系最为紧密,因而,定价在生产经营中始终居于重要地位。

从消费者的购买行为考察,上述六方面一般不可能同时都满足消费者的需要,通常情况下,只要满足了消费者侧重关心的主要方面,交易就能成功。不同的时间、地点,不同的购买对象,往往对各个因素的评价取舍很不一致,有些因素可能被排除在外。但是,价格作为影响交易成败的关键则是普遍的情况,与其他因素相比,价格的影响最为直接。

总之,价格通常是影响产品销售的关键因素,定价的重要意义在于使价格在表现商品价值的同时,成为促进销售的有效手段。

同其他商品的价格一样,运输产品价格对于运输需求以及消费者购买行为有着极其重要的影响。运价的意义不仅表现在运输业内部,更多地表现在它与国民经济发展以及与其他部门物价相互联动的关系上。

在中国社会主义市场经济条件下,运价具有以下几方面职能。

1. 运输收入分配职能

(1)运价能够调节运输业与国民经济其他行业间的收入分配。运价是社会综合价格体系的重要组成部分,运价的变化会引起运输需求的相应变化,从而决定社会收入从运输消费者手中转向运输供给者手中的比例,也就是说,运价的高低决定了国民生产总值和国民收入在运输业与其他行业之间的分配比例。

(2)运价能够调节运输业内部不同运输方式、企业的收入分配比例。运价的任何一次变动,都会引起运输需求的相应变动,引起运量的变化。一种运输方式或一运输企业改变运价,必然引起不同运输方式、不同运输企业间运量结构和运量比例的变化,从而引起各自运输收入的变动。因此,运价的局部调整就意味着运输收入在运输业内部的重新调整。

2. 社会收入再分配的职能

这里所说的社会收入再分配是指运价对不同的运输需求者收入分配的调节作用。每个运输需求者都要以运价为基础计算并向运输供给者支付费用,同样的运输,如果对不同的运输需求者制定不同的运价,就意味着对他们社会收入分配的调节,亦即对他们社会收入的再分配。比如,客运部门的各种优惠票价,货运部门对长期固定客户的运价优惠等。

3. 运输资源分配的职能

运输资源分配的职能是指运价对运输业与其他行业以及运输业内部各种运输方式之间资源分配与调节的功能。

市场是调节资源分配的有效手段,市场在调节资源分配过程中,很大程度上取决于市场上的价格因素。经济资源是有限的,有限的资源在各生产部门的分配取决于投资报酬率。投资报酬率高,会导致较多经济资源的注入;反之,投资报酬率低,会使经济资源投入减少。运输业的投资报酬率在很大程度上取决于运价与运输需求量的乘积,运输需求量通常又随运价的变动而变动。因此,运价具有分配运输资源的职能。运价在一定程度上决定社会对运输业投资的积极性,决定对各种运输设备的利用程度。

4. 促进企业加强经济核算、提高经济效益的职能

加强运价管理是强化经济核算的重要内容,也是提高经济效益的基础。在市场经济条件下,最高运价未必就是最优运价,运价本身也应随运输需求变化而相应变化,这就需要建立灵活的运价机制,使运价能够随市场的变化而变化,从而保证运输企业经济效益最大。

运价是国民经济价格体系的重要组成部分,它在整个价格体系中占有重要的地位和作用。运价与物价有着极为密切的关系,它们相互影响,相互制约。运价上升可能会导致物价的上涨,反之,物价上涨会推动运输成本的上升;而运输成本的上升又会导致运输企业利润的减少,甚至造成亏损,由此,运价又必须做出相应调整。保持物价与运价的平衡关系,解决它们之间的联动是一个十分重要的问题。

从企业的角度来看,运价水平将直接影响不同运输方式、不同运输企业的运量。例如,1989 年铁路旅客票价进行了较大幅度的调整,致使涨价后铁路客运量月均减少 80 万人。而 1997 年 11 月之后,由于受国家经济结构调整和东南亚金融危机的影响,国内航空运输市场明显疲软,运量下降。1998 年第 1 季度,国内航线平均客座占用率仅为 57.8%。为吸引客流,很多航空公司大幅度削价,以原票价的 6 折出售。此举虽然在一定程度上刺激了部分需求,但由于很多降低运价措施和提高代理手续费超出了规定标准,所以也给正常的市场竞争秩序带来了严重影响。为此,民航总局规定了最大优惠幅度为最低保护价,禁止擅自降价和回扣销售,从而整顿市场竞争秩序。不难看出,运价对运输市场的影响是非常大的,如果管理不善,也会出现负面效应。

第二节　运价制定的一般原理

制定运价对于运输业来说是一件十分重要的事情。下面介绍几种不同的定价理论。

一、平均成本定价论

平均运输成本定价理论是指在运量一定的情况下,以运价为基础的运输总收入必须能够补偿运输部门的平均运输成本费用,平均运输成本是定价的最低限界。

运输收入在补偿平均运输成本后,还需要留有必要的利润以维持和促进运输业的发展,因此,以平均运输成本定价应是运输部门的平均成本加上一定比例的利润,它是根据单位产品(劳务)平均成本的变化,确定在不同运量条件下产品(劳务)价格的方法。以公式表示即为:

$$P=\frac{F}{Q}+C_V+r$$

式中　P——运价;

F——固定总成本;

Q——运量;

C_V——单位变动成本;

r——单位运量的利润。

成本与运量的关系如图 10-1 所示。

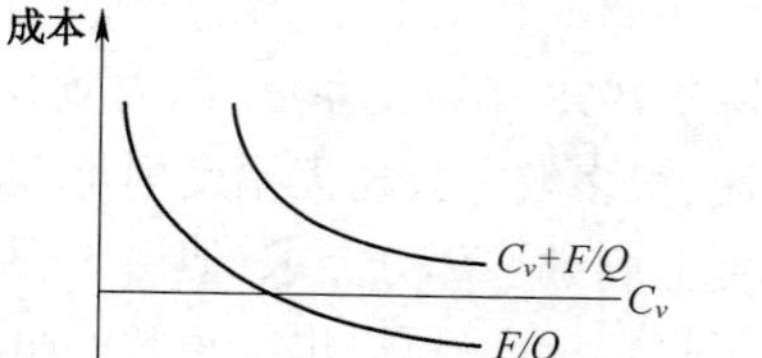

图 10-1　成本与运量的关系

这种理论考虑了运输业从事运输生产的劳动消耗,操作起来比较简单。它一般适合于运输市场不十分活跃,竞争不太激烈,并且货源比较稳定的运输方式或运输线路。这种定价方法也存在着一些问题。

(1)没有考虑和反映运输市场上供求关系与运价之间的相互关联和

影响。在运输需求发生变化时,不能灵活地调整运价以适应市场状况。

(2)没有考虑成本差异对定价的影响。运输业的实际成本除了受材料、燃料、职工工资以及经营管理水平的影响外,还与线路(路面)质量、地理环境、货源情况等因素有关,因此,即使是同一种运输方式,在不同地区、不同线路成本也有较大差异。这些差异并不是由于企业经营管理造成的,因此,以平均运输成本定价必然造成各个地区、各条线路由于运输成本不同而产生的赢利差异,长期下去,会导致这些地区、线路运输的滞后发展、萎缩甚至消失。

(3)有时会导致运价的严重扭曲。铁路、民航以部门平均成本定价,公路以省、自治区、市平均成本定价,水运以航线、航区平均成本定价,这些,有的反映了实际成本,而很多却偏离实际成本很大,因此,各种运输方式运价以及它们之间的比价关系都会出现不同程度的扭曲。

二、边际成本定价论

边际成本是指增加单位运量而引起的总成本的增加量。在生产规模不变的情况下,边际成本实际上就是增加的可变成本,它随运量的变化而变化。

假定某运输企业某月份完成的运输周转量为 5 000 万吨公里,运输总成本 100 万元,则单位运输成本为 0.02 元/km。当运输增至 5 200 万吨公里时,总成本增加了 10 万元,达到 110 万元。这时的平均成本是 0.021 元/km,而新增周转量的单位成本为 0.05 元/km,这 0.05 元/km 就是边际成本。

边际成本是总成本对运量的导数,即:

$$\text{MC(边际成本)}=\frac{\mathrm{dTC}}{\mathrm{d}Q}$$

式中 TC——运输成本;

Q——运输周转量。

在通常情况下,运输业的边际成本是很低的,例如,在未满载的飞机或火车上,再增加一名旅客的边际成本几乎等于零。正因为如此,西方一些国家运输价格的制定很多以边际成本为基础。一般认为,当边际成本与边际收入相等时,企业的利润最大。在实际操作中,多以平均成本代替边际成本。

边际成本与平均成本关系如图10-2所示。

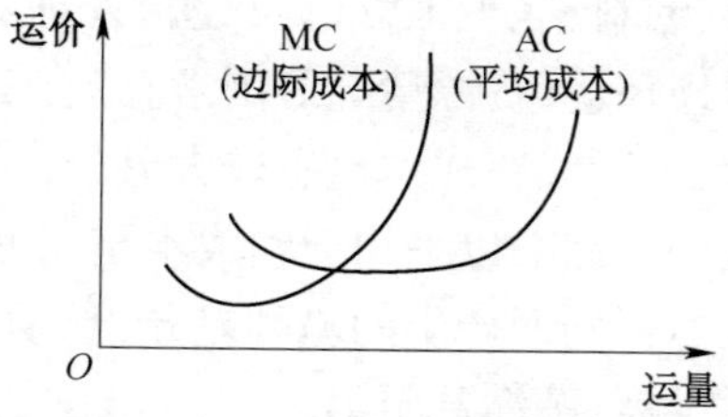

图10-2 边际成本与平均成本的关系

边际成本定价方法比较适合运输业的特点。一些线路货源不足,运能过剩。这时它的平均运输成本可能较高,而边际成本却可能很低,如果按平均成本定价,一方面抑制了运输需求,另一方面也会造成运输设备闲置,运输资源浪费。如果以边际成本定价,由于成本水平相对较低,不仅可以促进运输需求,还可以提高运输设备的利用率,提高运输收益。边际成本定价法不仅考虑了成本消耗,也考虑了市场上运输供求状况,它可以满足制定分线运价、分区运价的需要。

依据边际成本定价需要注意的是,由于它只考虑成本的边际变化,没有考虑总成本的情况,所以当边际成本长期小于平均成本时,就会使企业发生亏损。采用这种定价需要具备两个前提条件:一是路网早已形成,而且有相当多的剩余运输能力;二是各种运输方式之间,各运输企业之间为争夺运输市场而展开竞争。

三、负担能力定价论

负担能力定价论又叫服务价值定价论,它的一般定义是按照待运商品的价值来确定运价。高价值商品制定较高运价,而低价值商品则制定较低运价。这种方法是以运输需求,而不是以运输成本为基础定价。高价商品实行高运价的原因是价值高的商品对高运价的承受能力大,另外,运输部门对它承担的责任也更大。

有两点需要注意。

(1)即使采用以成本为基础的方法确定运价,高价商品通常也需要支付较高运价,这是因为运输这类商品更具风险,也需要更好的运输设备和运输劳务。

(2)商品的价值能够显示它对运价的需求弹性,譬如,高价商品能够承受较高运价,是因为运输成本只占其最终售价很少的一部分。

四、供求关系定价论

上面谈到的平均成本定价实际上是一种供给价格,而运输负担能力定价则是一种需求价格。运输市场上供求之间的关系是经常发生变化的,运价应更多地随着市场供求之间的变化而变化。

供求关系定价论强调市场供求关系对制定运价的影响,它强调运价应随着运输供给的增加而下降,随着运输供给的减少而上升;运价应随着运输需求的增加而上升,随着运输需求的减少而下降。供给曲线与需求曲线的交点就是供给与需求相等的均衡点。这个点意味着市场上运输供给与运输需求恰好平衡。

上述定价理论是以完全竞争市场为假设前提的,它需要满足以下几方面条件。

(1)市场上有大量的买者和卖者,由于买者和卖者数量太大,任何一个买者或卖者都不会单独影响商品的价格,所以,商品价格是由市场供求决定的。

(2)同一种产品是可以相互替代的。

(3)生产厂商可以自由进出这一行业,生产要素可以自由流动。

(4)市场信息是完备的。

当市场中没有其他外来因素干扰和影响时,在竞争力的作用下,需求与供给相互影响,将达到一种均衡状态,即供给曲线与需求曲线的交合点,这一点上的价格称为均衡价格。均衡价格条件下,生产与效益是最优的。但在实际中,市场经常会受到各种外在因素的影响,难以达到均衡状态,价格也就会围绕着均衡价格上下波动。

五、运价形成机制

运价的形成机制,是指依据一定的价格形成原理,通过价值规律的作用而形成的价格决策制度。运价的形成机制主要包含两方面内容:一是运价形成的主体,即运价制定、运价调整及运价管理的主体;二是运价形成的方式。在这两方面中,运价形成主体是起决定性作用的。在运输市场不断完善的情况下,运价的形成机制决定着运价的发展与变化。

一定时期的运价管理体制决定于当期的宏观经济管理体制,经济体制的性质决定运价形成机制的性质。在市场经济条件下,市场是资源有效配置的主要手段,通过市场使资源达到最优配置,反映到价格上就要求以市场变化为基础制定运价,从而形成较为灵活的运价形成机制。

过去,在计划经济体制下,运价形成的突出特点是集中统一,即运价制定主体、管理主体和调整主体都是国家。虽然说这种集中统一的运价形成机制对稳定物价,促进货物交流,方便人民生活起到了积极促进的作用,但也应该看到,它给运输业的发展带来了很大困难。运价体制僵化、运价的形成机制呆板,造成运价既不能反映运输价值,也不能反映市场供求状况,运价的制定、管理和调整似乎仅仅是为了其他行业或部门,作为国民经济基础结构的运输业本身所具有的规律性和运行法则却被严重忽视。

随着中国市场经济的发展,运输市场的建立与完善,运价的形成机制应当得到进一步理顺与调整。运价的形成应更多地依据价值规律,依据市场运行原则。政府应放松对运价的管制,给运输企业比较多的、相对灵活的定价权利,使运输业在保证国民经济迅速发展的同时,自己也能得到长足的进步。具体来说,建立中国运输业新的运价形成机制,应解决好以下几方面问题。

(1)明确运价形成的基础。运价的形成,应当充分反映运输价值,反映市场供求关系,制定运价应建立在价值规律基础之上。

(2)调整和改变运价形成主体。应改变过于集中的运价形成主体,给运输企业一定的定价权利,政府由对运价的直接管理变为依靠经济和法律手段实现对运价的宏观监控。

(3)转变运价形成方式。减少运价形成过程中的行政行为,增加经济行为,使运价的形成以市场为依托,以运输需求变化为依据,自觉遵循市场运行规则。

(4)完善运价形式。改变运价形式过于单一的状况,使运价向多元化、多层次化方向发展。

第三节　运价的结构与形式

一、运价的结构

运价结构是指运价体系各部分构成及其相互关系。有以下几种形式的运价结构。

1. 按距离别的差别运价结构(里程运价结构)

这是根据运输里程而制定的运价结构体系。按照运输作业过程可以把运输支出划分为始发到达作业费、中转作业费和运行作业费3个部分,随着运距的增加,运输总支出也在增加,然而随运距成比例增加的只是中转作业费和运行作业费,不管运距多长,始发到达作业费是不变的。由此,运距越长,分摊到单位运输里程的发到作业费就越少,运输成本也就越低。根据这种特点,运输部门可以实行按距离别的递远递减差别运价结构。

按距离别制定差别运价,运价率与运输距离的关系有以下4种情况。

(1)运价率随运输距离的延长一直递远递减,与运输成本的递远递减情况基本一致。

(2)运价率在一定运距范围内递远递减,超过一定范围,则保持一稳定水平。这主要是对运距过长运输的一种运价限制,鼓励一定运输方式的合理运输。

(3)运价率在一定范围内递远递减,超过这一范围则递远递增。这同样是为了限制不合理的过远运输。

(4)运价率不随运距的变化而变化,始终保持同一水平,又称为纯里程运价。

上述4种情况如图10-3所示。

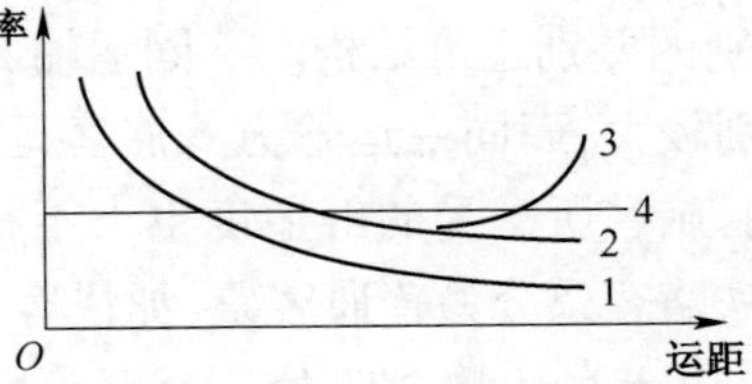

图10-3　运价率与运距的关系

属于里程运价结构(距离别的差别运价结构)变形的还有以下几种类型的运价结构。

(1)邮票式运价结构。在一定区域范围内,对运输对象就像贴邮票邮信那样,不论运输距离长短,制定相同的运价,收取同样的运费。某些货物的运输,市内客运中的公共汽车、电车、地铁等都采用此种运价结构。

(2)基点式运价结构。基点运价是把某一车站作为基点,运费总额是发送站到基点的运费加上由基点到终点站的运费。许多运价的特点是都有一基点运价,并将它与其他地点的运价建立一定的关系。基点式运价结构是不同运输方式以及不同运输线路之间竞争的结果。这种运价结构最普通的办法是,按规定超过或低于基点运价的差数来制定运价,所以这种运价结构又被称为"差数运价系统"。

(3)成组运价结构。又称为区域共同运价结构。它是将某一区域内所有发站或到站集合成组,在一个组内的所有各站都采用同一运价,通常,较远的组比较近的组适用较高的运价。

2. 按运输对象别的差别运价结构

这主要包括按货种别和按客运类别的差别运价结构。

(1)按货种别的差别运价结构。这是指对承运的不同货物制定高低不同的运价。采用这种运价结构的原因,主要是因为不同种类货物由于本身性质的差异而决定了它们运输成本的差异。比如,不同类型的货物在性质、体积、比重、包装等方面不同,它们要求使用的车辆、运输服务条件不同,因此,在运输成本上就存在较大差异。

按货种别的差别运价是通过货物分类和确定级差来实现的。中国现行运价体制,铁路采用分号制,公路和水运则采用分级制。它们分别将货物运价划分为若干号或若干等级,每一个运行号、运价等级都规定一个基本运价率,各类货物根据自己对应的运行号或运价等级来确定运价率。

(2)按客运类别的差别运价结构。不同运输方式旅客运输在运输设施、旅行速度上差别较大,而同一运输方式旅客运输由于所使用设备、提供的运输服务不同,旅客所享受的舒适度也大不相同,因此,票价也存在明显差异。比如,铁路客票分为普通客票、加快客票(普快、特快)和卧票客票(硬卧、软卧);用于水运的客船分一至五等舱,票价不等;飞机分头等舱与经济舱，票价也不相同。

二、运价的形式

1. 运价的分类

根据不同情况，运价有不同的分类。

(1)按运输对象不同，运价可以分为旅客运价、货物运价和行李包裹运价。

(2)按运输方式不同，运价可以分为铁路运价、公路运价、水运运价、航空运价和管道运价，当几种运输方式联合进行一项运输时，还存在联运运价。

2. 铁路运价形式

上述不同类别的运价还有一些具体的表现形式。就铁路来说，其运价有以下几种不同形式。

(1)普通运价。这是运价的基本形式，它适用于整个铁路，是全国铁路统一执行的运价。

(2)特定运价。这是运价的一种辅助形式，以补充普通运价。根据运价政策，对按特殊运输条件办理，或在特定地区、线路运输的货物，规定特定运价，对提高服务水平或改善服务质量的列车，如全空调旅客列车、货物快运列车等可实行与普通运价不同的特定运价。特定运价根据一定政策，比普通运价提高或降低一定数量，或改用较低或较高的运价号，有时，也可单独制定特定运价率。

(3)浮动运价。对于因季节不同，运量差异较大的线路，可根据不同情况，实行不同季节的浮动运价。实行浮动运价，运价水平可以根据普通运价上下浮动一定的百分比。

(4)分线运价。对于新建铁路线路，变线或电气化改造线路，可以实行新路新价。对于具有特殊意义的线路，如大秦线等，可以根据政策，实行不同于统一运价的特殊运价。目前，分线运价一般高于统一运价。

(5)地方铁路运价。有些铁路不属于中央铁路管理，具有较强的地方性，这些铁路一般实行与中央铁路不同的运价。

3. 国外铁路运价形式

国外铁路运输企业所采用的运价形式与中国铁路有很多不同,比较突出的有以下几种。

(1)公开运价。这是铁路运输公司对外公开公布的运价,根据情况不同,公布的时间不同,如有的运输公司每周公布一次。公开运价定期调整,调整的依据是运输需求、通货膨胀等变化情况。

(2)合同运价。这是铁路与客户在公开运价的基础上,经过协商制定双方均能接受的价格,所以,合同运价又叫协议运价。与公开运价不同,合同运价是秘密运价。铁路公司为争取客户,对签订长期合同的客户以优惠价格相待,以保持稳定客户,争取运输市场。在美、加等国铁路,实行公开运价的部分约占15%~20%,实行合同运价的部分约占80%~85%。

在公开运价和合同运价中,由于运输部门提供的运输服务、运输条件、运输时间等因素的不同,运价还有多种具体表现形式。总的来说,运价在这些国家铁路表现形式很多,也十分灵活。

4. 公路运价形式

(1)计程运价。按整车运输和零担运输分别计算,整车运输以吨公里、零担运输以公斤为单位计价。

(2)计时运价。以吨位小时为单位计价,适用于特大型汽车或挂车以及计时包车运输的货物。

(3)长途运价。适用于长途运输的货物,实行递远递减的运价结构。

(4)短途运价。适用于短途运输的货物,按递近递增的原则采取里程分段或基本运价加吨次费的办法计算。

(5)公铁联运运价。公路、铁路联合运输的运价。

5. 水运运价形式

(1)里程运价,又称航区运价。适用于同一航区各港间不同货种、不同运距货物的运价。

(2)航线运价。适用于两港口之间的直达货物运价。

(3)联运运价。适用于水陆联运、水水联运等货物运输的运价。

6. 国际水运运价形式

(1)班轮运价。这是远洋运输的班轮采取级差运价和航线运价相结合的运价。

(2)航次租船运价。按照船舶所有人和承租人之间在租船合同中约定的运价和装运货物数量计算运费。

7. 航空运价形式

航空运价分国内航空运价和国际航空运价。就客运来说,国内航空运价的形式有以下几种。

(1)普通运价。这是按距离别制定的客运票价。

(2)浮动票价。根据季节不同、航线不同在普通运价基础上经上下浮动形成。

(3)包机票价。按满载运输计算的票价。

(4)其他形式票价。如公务票价、优惠折扣票价、特种经济票价等。

第四节　运价体制改革与运输企业定价

一、运价体制及其改革

中国交通运输价格长期以来一直受政府的严格管制,运价灵活的变化机制还受到各方面因素的影响。

中国铁路运输基本上还处于国有国营、独家经营的局面,虽然有一些合资铁路,但所起作用还比较小。国有铁路运价基本上由中央政府控制。

民航运输已经在内部出现了多家航空公司,同时,外国一些航空公司也进入中国,经营很多国际航线。民航系统内部竞争已经比较激烈,在价格变化上,其灵活程度明显高于铁路。

公路运输竞争机制已经基本形成,除少数情况外,多数企业已完全拥有定价权,价格变化比较灵活,可随市场变化情况变动。

由此我们可以看到,铁路运价改革目前是运价体制改革的核心,通过改革铁路运价体制,可以带动整个交通运价体系走向合理和完善。

改革包括铁路运价在内的交通运输价格体制,是完善运输市场的必然要求。

要建立和完善社会主义市场经济体制,就要加快市场体系的培育,包括生产资料市场、金融市场、劳务市场、技术市场、信息市场和房地产等市场,尽快形成全国统一的市场体系。运输市场是社会主义市场体系的重要组成,运输市场也必然随着市场体系的发展而发展,这种发展需要,也必然对原来的计划经济下的运价体制提出改革的要求。

运价改革一直是铁路经济体制改革中的一个既重要而又敏感的问题。长期以来,国家对铁路实行的是高度集中的计划管理体制,对运价的管理更为严格,由国家直接管理和控制。

随着社会主义市场经济体制的建立,上述这一整套机制和关系就必然发生相应的变革。事实上,近年来随着经济体制改革的逐步深入,已经对铁路如何适应市场经济的发展提出了要求。

(1)投资体制改革带来的投资主体多元化,需要相应的运价体制改革与之配套。谁投资,谁受益,投资主体应对运价有一定的控制权。

(2)经济的发展促进了交换,劳务市场的完善又加速了劳动力的流动,因此,客货流在不同时期增减变化明显。为均衡运输,调节需求,铁路应根据运输需求变化,灵活调整客货运价水平。

(3)不同运输方式之间的竞争,要求运价政策能相对统一。与公路和民航相比,铁路运价的变动还相当死板。国家对不同运输方式的运价管理政策使铁路在市场竞争中明显处于被动地位。

(4)旅客和货主对铁路客货运输需求量增加及质量和服务水平提高等多种要求,也需要有不同的运价形式和运价水平才能与之适应。

(5)由于区域经济发展的不平衡,发达地区经济的高速增长对运输的需求更为迫切,全国性的统一运价难以促进发达地区运输的发展,必须有一种区域运价与之相适应。

总之,包括上述情况在内的所有变化都对铁路运价体制提出了新的要求,这一要求是客观的不以人的意志为转移的,应该自觉地认识,通过运价体制的改革去主动地适应。

铁路运价改革的方向是,建立灵活的、多元化的运价体系。所谓多元化的铁路运价体制有两个方面的含义,一是指多种形式的铁路运价;一是指多层次的铁路运价管理机制。多种形式的铁路运价是以统一运价为基础,包括建设基金、新路新价、特区特价、优质优价、区域运价、季节浮动价、合同运价等。多层次的铁路运价管理机制是指区别不同的投资关系、不同的运价形式和实行范围，实行铁路运价的分层决策，形成中央、铁路主管部门、地方政府、铁路运输企业分层次的新型管理机制。

运价是运输市场上重要的经济杠杆，也是铁路强化市场营销的重要手段。通过灵活调整运价，提高运输企业在市场上的应变力和竞争力。

二、运输企业定价

制定运价是一项复杂的工作，影响运价制定的因素很多，主要包括以下几方面。

1. 运输成本

运输成本是制定运价的重要基础，因为运输成本是运输生产劳动耗费的基本尺度，运输业通过运价取得的收入只有补偿了运输成本，才能保证运输生产的持续进行。所以，以成本为基础制定运价，是运输业广泛采用的定价方法。

2. 赢利水平

成本是制定运价的基础，赢利水平则是影响定价的重要因素，这主要表现在运价的制定通常是在运输成本基础上加成一定比例的利润。确定运输业赢利的方法主要有 4 种，即工资型、成本型、资金型和复合型。

工资型的运价是按平均工资利润率来确定赢利，即：

运价=运输成本+运输业职工的工资×平均工资利润率

成本型的运价，以成本利润率来确定赢利，即：

运价=运输成本+运输成本×社会平均成本利润率

资金型（生产价格型）的运价，是以资金利润率确定赢利，即：

运价=运输成本+单位运输产品占用资金量×社会平均资金利润率

复合型运价是按社会平均利润率和平均工资利润率来确定综合赢利，进而确定运价。

3. 市场供求关系

运输市场的供求关系是影响定价的重要因素。通常情况下，运输需求增加，运价应相应提高；运输需求减少，运价则相应降低。在市场经济不断发展，运输市场逐渐完善的情况下，根据市场供求关系变化确定和调整运价,是运价形成的一个重要特征。

4. 运价政策

运输业是国民经济的基础产业,运输价格的制定一般要受国家宏观运价政策的指导和监控。在一定时期,国家对运价的管制可能较为严格,而在另一时期,对运价的管制可能相对宽松。因此,运价政策是影响运价制定和运价水平的重要因素。

运输企业定价应充分考虑以上各项影响因素,结合本企业(行业)内部条件和外部市场状况灵活变动价格。例如,铁路客货运可根据一年四季不同时期的运量变化情况适时调整运价水平,运输高峰期可适当提高价格,而低谷期则可及时降低运价。另外,对于不同运输对象,可根据不同情况制定一些差别运价,像旅游专列、球迷专列、快速货物运输等,可制定一些特定运价。对于合同运价,可考虑推行时间—服务运价结构,即运价按运输服务的时效性来确定。对于合同中规定的标准运送时间可确定标准运价,运输快了,托运人支付高于标准运价的运费,反之,运输慢了,托运人就支付低于标准运价的运费。标准运价需要双方共同商定,运送时间标准要相对合理。

通过采用灵活的、不同形式的运价,激活运输市场需求。

实际上,近些年各种运输方式都在采用灵活的运价策略来刺激运输需求,扩大市场份额。例如,1998 年,铁路中一些铁路局通过灵活定价(一家三口出行时可免去小孩购票),在一定程度上刺激了客流的增加。中国民航成立了国航俱乐部,对于那些经常乘坐国航国际航班和香港航班的旅客,可申请加入国航俱乐部。在成为会员之后,其每一次空中旅行,国航都会自动为其累积里程。当累计里程达到一定数额时,可以直接换取国航免费升舱或免费机票的奖励,免费机票还可转让给其亲属或朋友。此项措施的推出,吸引了很多乘客乘坐国航航班,为企业带来了可观效益。除此以外,民航企业还经常采取票价折扣策略来吸引顾客。

第五节 中国铁路运价体制的演进与变迁

铁路的产生对人类经济和社会的发展起到了强大的推动和促进作

用。铁路在社会和经济中的巨大作用不仅表现在运输活动本身方面，也体现在其特定的运价体制上。诚如美国著名运输经济学家 D·P·洛克林(D. Philip Locklin)所说："制定运价的权利，是使荒野变城市或使城市变荒野的权利。"运价的作用如此之大，难怪世界各国铁路对运价问题给予特殊关注了。

如同运输生产活动一样，运价的管理与实施也需要一套完善的制度安排。纵观世界铁路的发展，不同国家在不同的历史时期内采用了不同形式和内容的运价管理体制。中国铁路从诞生到今天已有 120 余年的历史，铁路运价作为一项重要的内容，其管理制度从无到有到不断地完善、演进与变迁，其间经历了漫长和曲折的过程。历史上的任何一种运价体制都是当时人们的利益及其选择的结果。选择什么样的运价政策、形式和内容，与人们当时所处的历史环境、制度环境、对经济发展的预期以及不同行动集团的利益密切相关。当条件发生变化后，运价体制就会发生变化。中国铁路运价管理制度的变迁正是这些因素综合影响的结果。

分析中国铁路运价管理体制的发展与变化，大致可以分为 4 个不同的阶段，即：创建与发展阶段，高度集中与严格管制阶段，集中统一下的放松管制阶段，价格听证与运价调整阶段。

一、创建与发展阶段——1876—1949 年

中国的第一条铁路——吴淞铁路上海至江湾段(8 km)于 1876 年 7 月 3 日正式通车。这条铁路是在未经中国政府允许的情况下由英国修建的。所以，中国的第一条铁路是外资铁路。中国人自办的第一条铁路是 1881 年 11 月 8 日通车的唐(山)胥(各庄)铁路。从 1876 年到 1949 年的 70 余年里，中国遭受了无数劫难，中国铁路也几乎未有过完全意义上的统一管理。一些发达的资本主义国家为了各自的政治和经济目的，极力攫取中国铁路的建筑权和经营权，包括对运价的制定和控制权。

在中国铁路发展的初始阶段，对运价的管理是比较混乱的。由于国有铁路大多数是借外款修建的，它们需以路产和营业收入为担保，所以，不论线路长短，都需分线设局，分散管理。受贷款国的影响和控制，各铁路局的客货规章多采用贷款国的制度，运价管理则多学习贷款国的方法。

在运价的形式、内容和水平方面,各铁路局根据自身情况(运输成本、运量、营运收入目标等)自行决定。对于那些中外合办和一些国家直接经营的铁路,其客货规章以及运价制度中国政府无权过问。可以看出,由于不同的线路隶属于不同的经营主体,特别是一些外国资本集团在中国直接经营铁路,造成了当时的铁路运价无论是在政策上,还是在形式、内容和水平上都存在较大差异。不仅如此,有的国家还从自身角度和利益出发,提出或者规定运价规则。例如,1899 年,美国出于对自身利益的考虑,由当时的国务卿出面先后向英、俄、德、日、发、意 6 国发出照会,要求 6 国在其建筑、经营或控制的铁路上运输属于他国公民的货物时,所收运费不得高于本国公民运输同样货物所收的运费,即不得实施差别运价。

运价规则的混乱决定了运价体制的无序,建立一种统一的制度和规则就成为客观必然要求。1918 年 6 月,北洋政府交通部召开第一次铁路运输会议,讨论国有铁路统一客货运输规章制度问题。1920 年 2 月,交通部召开第二次会议,通过了《国有铁路客车运输通则》《国有铁路货车运输通则》《国有铁路普通货物分类表》。

客车通则将客车分为三等,票价以三等为基数,具体由各线路自定,但二等一律为三等的 2 倍,头等为二等的 2 倍。此外,还有享受优惠的团体票、来回票、回数票和定期票。春秋季节,对外出谋生的农民发售票价较低的小工票。

货车通则将货物分为六等计价,运价率由各路自定,呈报交通部备案;对于长距离运输,一般有递远递减的规定。由于基本运价率以及各等间的比率由各路自定,所以不同线路的运价相差悬殊。如,大凡有水运竞争的地方,像北宁、津浦、沪宁、沪杭甬等线运价率较低;而地处内陆、运输独占的铁路,像平汉、正太、平绥、陇海等线,则运价率较高。正太线在法国总管的控制下,实行独占性的高运价政策,虽然山西省多次要求降低正太线煤炭运价,均遭到拒绝。尽管如此,1918 年和 1920 年两次会议为国有铁路客货运输及其运价制度趋向统一打下了基础。

1929 年,当时的国民政府铁道部成立了货等运价委员会,讨论并决定:货物运价由三级制(整车、公吨、公斤)改为二级制(整车、零担);制定华北主要干线客票票价划一办法;制定铁路特价和专价适用办法。

1933 年，国民政府铁道部公布实施《联运货物运价递远递减办法》。1936 年，对老的运价率进行改动，实行新的联运运价递远递减率。

1942 年，国民政府交通部（原铁道部撤销）实行新的铁路运价制度，调整货物等级数目（由原来 6 等改为 10 等）、运价基数、等间比例和递远递减率等。

由于种种因素的影响，1949 年以前的中国铁路发展是极为缓慢和不平衡的，铁路运价管理体制也经历了一个从无到有，从创建到逐步实施的过程。一些国家的侵占以及其他政治、经济等原因造成其间的历届政府从未有过对铁路完全意义上的拥有和管理，在运价体制上也从未有过统一。国有铁路（1932 年，国民政府公布的《铁道法》将铁路分为国营、公营和民营 3 种类型）经过多年的发展，运价管理体制已经基本形成。

在铁路运价体制的创建和发展过程中，政府的作用是主要的。事实上，只有政府才能以较低的组织和实施成本完成这项工作。建立相对统一与完善的运价管理体制是政府调整经济秩序的重要手段，在当时的历史环境条件下也是一种政治需要。

二、高度集中与严格管制阶段——1949—1982 年

1949 年后，中国国家制度发生了根本性变化，中国政府收复了被他人侵占的铁路，拥有了对铁路的所有权和管理权。从这以后，政府逐渐对铁路采取了政企合一、高度计划和集中统一的管理模式，在运价方面实行了较为严格的管制政策。

中国铁路运价的统一是在 1955 年完成的。当时，在“稳定市场，稳定物价”方针指导下，调整了关内外运价，实现了全国铁路运价的统一。统一后的铁路货物运价平均为 1.65 分/吨公里，旅客运价平均为 1.49 分/人公里。在此以后的 27 年中，在政府的直接控制下，铁路实行了长期的低运价政策。为了稳定经济，帮助其他行业发展，铁路分别在 1961、1962 和 1967 年 3 次下调运价，货物平均运价率由 1955 年的 1.65 分/吨公里下降到 1967 年的 1.438 分/吨公里。

20 世纪 50 年代中期，铁路运价集中统一管理后，开始与物价逐渐脱

钩,失去了与社会商品价格的相互关联。如果把铁路运价与全国零售商品物价相比较,以 1955 年为 100,那么,到 1986 年,全国零售物价总指数为 154.4,铁路货物运价指数为 122.4,铁路旅客运价指数为 130.2。如按零售物价指数折算,1986 年与 1955 年相比,铁路货物运价水平实际下降了 20.8%,铁路旅客运价水平实际下降了 15.7%(这是在 1982、1983 和 1985 年铁路调整客货运价后)。

长期的低运价政策使铁路不堪重负,拉大了铁路与其他运输方式的运价差距,也切断了铁路运价与社会商品价格的联动。铁路运价作为反映运输价值和供求关系的信号出现了极大失真。

铁路运价统一阶段的初期,实行统一的低运价政策所带来的收益是明显的。在宏观上由旧的制度向新的制度过渡中,政府通过统一的低运价政策达到了规范经济、稳定市场、促进经济发展的目的。这期间的经济发展速度证实了这一点。因此,政府作为第一行动集团积极推动了这种运价体制的实施。不过,随着时间的推移和社会经济的不断发展,这种运价体制也逐渐暴露出它的缺陷。作为经济发展的重要经济杠杆以及调节经济运行的"看得见的手",政府过分依赖对铁路运价的控制,忽视了市场和价值规律,忽视了"看不见的手"对"看得见的手"的影响和作用,从而导致了这种运价体制的低效和不均衡,进而导致铁路运输的低效(长期供不应求)和后劲不足(通过运价所得资金只够维持简单再生产)。由此,消除现行体制的弊端,代之以一种新的、高效的和符合市场要求的运价体制就成为一种客观必然要求。

三、集中统一下的放松管制阶段——1982—2002 年

在经历了近 30 年的高度计划经济管理后,中国开始了规模宏大的经济体制改革。宏观经济体制的改革带动了铁路运输管理模式和运价管理制度的变迁。人们开始思索严格的运价管制和长期的低运价政策所引发的诸多问题,如,铁路自身的发展问题,铁路与其他运输方式之间的关系问题,铁路与国民经济发展之间的关系问题等。

这一时期,铁路仍然处于高度集中统一管理之下,政企合一。铁道部身兼双职:一方面代表国家行使政府职能,一方面是铁路运输企业的最高

管理机关,直接从事铁路运输生产和经营的各项活动。长期的运价管制和低运价政策使运输企业不堪重负,一方面,过低的运价使运输企业得不到足够的资金支持,运输活动只能勉强维持简单再生产,而另一方面,过低的运价又促使客货运输需求不断上升。在宏观经济体制改革中,铁路运输是社会产品链中极少保持价格不变的产品之一。在这种环境和背景条件下,放松运价管制首先发自铁路运输企业。当铁道部代表铁路运输企业向国家多次发出调整和提高铁路运价、放松运价管制的请求后,终于得到同意和批准。

1982 年 8 月 1 日,国家对铁路 110 km 以内的短途货运采取临时加价措施,以促进公铁分流。调整后,铁路货物运价水平平均达到 1.483 分/吨公里。

1983 年 12 月 1 日,经国务院批准,铁路货物运价上调到 1.827 分/吨公里。营业铁路货物运价平均每吨公里提高 21%,其中,占铁路周转量 75%左右的煤炭、焦炭、矿石、生铁、钢铁、矿建材料、石油、水泥、化肥、木材、农药等 11 类整车货物的运价,平均提高 23%,煤炭运价提高近 40%。上述货物运输在调整运价后可以做到保本微利。对于与人民生活密切关联的粮食、棉花、食盐、日用轻纺产品等货物,整车运价维持原来水平。此次货物运价调整将短途运价的起始里程由 50 km 延长到 100 km,将集装箱运价按低于零担、等于或稍高于整车运价的原则制定,提高了零担货物运价。调价后不仅使铁路整车、零担和集装箱运输的比价关系得到了改善,同时,也使 50 km 以内铁路与公路运输的比价由 1∶13.5 缩小到 1∶5,但 100 km 的比价仍然偏大,约为 1∶9。铁路与水运的比价有所缩小。调整后的货物运价同 1955 年相比,每吨公里提高了 10.73%。

1985 年 5 月 15 日,经国务院批准,铁路再次提高短途货物运价,同时提高短途旅客运价。此次调价是为进一步解决铁路短途运价偏低的问题。调价的主要内容是:短途货物运输加收附加费,即对铁路正式营业线 200 km 以内的货物运输,在不改变现行运价率的情况下,整车货物每吨加收 4 元,零担货物每 10 kg 加收 4 分,5 t 集装箱每箱加收 12 元,1 t 集装箱每箱加收 4 元。铁路旅客运输,100 km 以内硬座票价由 1.755 分/人公里提高到 2.4 分/人公里,软座票价由 3.07 分/人公里提高到 4.2 分/

人公里,增长幅度分别为 36.75%和 36.8%。

1989 年 9 月 5 日,国务院决定较大幅度提高铁路旅客运价,以解决铁路旅客运价长期冻结所积蓄的问题。调价的方案是:基本票价率由 1.755 分/人公里提高到 3.861 分/人公里,上调幅度为 120%,100 km 以内的短途票价,1985 年已上调了 36.75%,这次只上调 60.8%。100 km 以上的票价和市郊票价均提高 120%。各种票价上调总幅度为 112.79%。外国旅客票价调整为国内旅客票价的 170%。行李、包裹运价以及与客运相关的杂费同时作相应调整。

1990 年 3 月 15 日,经国务院批准,铁路再一次调整货物运价。货物平均运价水平由 2.06 分/吨公里增加到 2.65 分/吨公里,提高了 28.6%。此次提价同时解决了 200 km 以内短途运价调整后与长途运价不衔接问题。

“七五”“大包干”期间,铁路用所得利润积累建设资金在数量上受到很大限制,为使铁路建设能有较稳定的资金来源,国家批准从 1991 年 3 月1 日起,对铁路所运货物每吨公里征收 0.2 分作为铁路建设基金,随运费收取。1993 年 7 月 1 日,铁路第 2 次通过提高货物运价征收建设基金。货物运价每吨公里提高 1.5 分,提高运价所得收入全部用作铁路建设基金。

1995 年 10 月 1 日,继 1989 年后铁路第 2 次较大幅度提高旅客运价,调价幅度为:铁路客运基价,即普通旅客列车硬座票价由 3.861 分/人公里提高到 5.861 分/人公里,快车和行李、包裹等运价同幅度调整。硬座、软座、硬卧、软卧的席别比价由原来的 1 : 1.75 : 1.8 : 3.85 调整到 1 : 2 : 2.2 : 3.85,中外旅客实行同一票价。同日,铁路开始实行《优质优价旅客列车管理办法》。优质优价旅客列车系指新型空调列车、旅游列车。根据规定,新型空调列车票价最高上浮 50%,旅游列车票价最高上浮 30%。

在运价水平调整过程中,铁路运价形式和内容逐步向多元化和多层次化方向发展,过去那种单一的、固定不变的运价体制被打破,出现了包括新路新价、优质优价、浮动运价、快运运价、建设基金等多种运价形式。例如,1984 年广深铁路公司成立后,国家允许广深线实行特殊运价,其客货运价水平在全国统一运价基础上提高 50%，铁路公司可视市场情况对运价下浮。为调整和平衡客货运量的季节不平衡性，广州铁路局对其管内运输可实行季节性差价。另外，对于一些运营亏损的新线，国家同意经批准后可实行新线运价（但不得高于当地公路运价的 50%）。

多元化、多层次的运价体制，使铁路运价管理既有统一，也有分散。在很多情况下，分散决策能够减少不确定性并降低风险，它使企业能够做到“不把所有的鸡蛋都放在一个篮子里”。运价体制由高度集中严格管制阶段向集中统一放松管制变化的行动主体是运输企业，它们是此次运价体制变迁的第一行动集团。运价体制变化的直接结果是促进了运输企业收益递增，潜在的社会利润变成了现实资金，推动了铁路运输事业发展。

四、价格听证与运价调整阶段——2002 年至今

2002 年国家计委主持召开了铁路旅客列车实行政府指导价的听证会。在此基础上出台了《国家计委关于公布部分旅客列车票价实行政府指导价执行方案的通知》，成为铁路实行政府指导价的政策性文件。通过举办价格听证会决定价格的调整是中国近些年来在公用事业（基础产业）领域逐渐采用的办法。举办价格听证会意在听取社会各方意见，为调整价格提供参考和依据。根据有关政策，铁路部门可以根据情况，在一些特殊的时期（节假日、春节等）适当调整旅客票价。自此，铁路客运价格浮动在政策上有了依据，并开始在一些客流高峰时期（如春运）对票价进行浮动。2013 年以后，开始推行铁路货物运价自主定价。2015 年 12 月国家发改委出台了《关于改革完善高铁动车组旅客票价政策的通知》，赋予了中国铁路总公司对高铁的自主定价权，从 2016 年 1 月 1 日起放开高铁动车票价。但对于其他铁路客运，比如，承担普遍服务职能的普通客运的价格并没有放开。

综上所述，中国铁路运价体制经历了一个由创建到发展，由高度集中严格管制到集中统一放松管制的历史演变过程。运价体制的每一次变迁都给行动主体和有关方面带来了利益和好处。然而，制度总不会是完美无缺的，铁路运价体制也是如此。今天的铁路运价体制仍然需要接受实践的检验,仍然需要不断的改进与完善。

思 考 题

1. 怎样理解运输价值与运价的关系?
2. 在市场经济条件下,运价具有哪些职能?
3. 试分析几种不同的定价理论。
4. 运价的结构与形式有哪些?
5. 试述你对铁路运价体制改革的认识。
6. 运输企业如何定价才能更有效率?
7. 分析中国铁路运价的历史变迁。
8. 分析中国不同运输方式的运价体制,指出它们各自的特点。
9. 对比分析中外不同运输方式运价制定的异同。

第十一章　运输市场营销渠道

任何一种产品和服务都要经过完整的市场营销渠道,才能到达用户或最终消费者手中。传统渠道内的企业都是分散、独立经营的。随着市场状况、经营环境的变化以及技术的进步,渠道模式也在不断变化。市场竞争并不只是发生在产品生产和销售过程中,竞争同样发生在营销渠道的选择、确定上。

营销渠道是一个复杂的系统,各种商品或服务只有通过营销渠道才能到达最终消费者手中。

第一节　市场营销渠道的概念和特征

绝大多数生产厂商要和市场营销中介机构一起,才能将其产品提供给市场。所谓市场营销渠道是指产品或服务在其被使用或消费中形成的一系列独立组织的集合。对于有形产品来说,它是产品在其所有权转移过程中从生产领域进入消费领域的途径。对于无形的服务产品来说,它是帮助转让、出售这种特殊产品的所有中介机构和有关组织。

为什么会有市场营销中介机构呢？生产厂商为什么愿意把部分销售工作委托给这些组织呢？主要有以下几方面原因。

1. 生产厂商缺乏直接从事市场营销的财力资源

市场规模的巨大性决定了生产厂商无力在各个市场上从事其分销工作,特别是当分销工作涉及其他国家时。显然,建立庞大的市场分销机构需要大量的人力、物力、财力,需要占用企业大量的资金。

2. 为了获得分销过程的高效益

社会经济的发展使得社会分工越来越明细。不同的行业和领域都有其各自的特点,专业从事这项工作会更熟悉本领域的情况,通过专门的市场营销中介机构分销产品,生产厂商的经济效益更加明显,同时,分销工作的效率也更加突出。

通过分销商的分销,能够明显地减少市场交易次数,如图 11-1 所示。

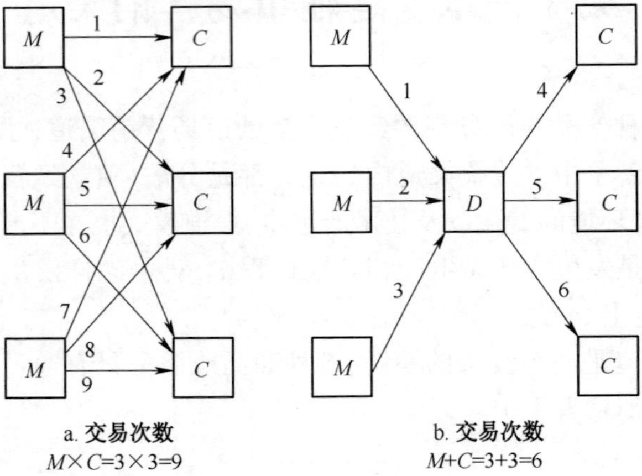

M:生产厂商;C:顾客;D:分销商。

图 11-1 交易次数的比较

3. 市场营销中介机构能够帮助产品更快地进入目标市场

专业从事市场营销的中介机构对各个市场情况更加熟悉,可以通过其特有的业务关系,帮助企业产品进入目标市场。

第二节 市场营销渠道的一般类型

市场营销渠道策略是企业市场营销组合中 4 个重要变量之一,在选择营销渠道之前,企业管理者必须了解营销渠道的各种类型,在此基础上才能选择适当的营销渠道,分销产品。

一、长度不同的营销渠道

营销渠道如按其长度来分类,可以分为若干长度不同的渠道结构。一般情况下,有形商品在从生产者到达消费者的过程中,要经过若干"中间环节”,从营销渠道长短上看,商品流通过程中,经过的环节越多,则营销渠道越长,反之,营销渠道越短。

一般的工业品和消费品,其基本营销渠道是不同的。

1. 消费品营销渠道

消费品从制造商到达个人消费者手中,根据中间环节的不同,其营销渠道主要有以下几种类型。

(1)生产者→消费者。由生产者把消费品直接出售给最终消费者,没有任何中间商的介入,企业依靠自己的推销员上门推销自己的产品,或者以邮购、电话订购等方式推销自己的产品。这种渠道模式是最简单、最短的营销渠道,叫作零级渠道。

(2)生产者→零售商→消费者。比上一营销渠道多了一个中间环节——零售商,由生产者将商品先出售给零售商,再由各种零售商向消费者供货。这一营销渠道只包含一个中间商,所以叫作一级渠道。

(3)生产者→批发商→零售商→消费者。在商品到达零售商之前,还要经过批发商这一中间环节,这是消费品营销渠道中的传统模式,应用最多,中国大部分日用消费品都采取这种营销渠道。因为这些商品品种多,销售面广,挑选性也不太强,所以一般由批发商组织进货,然后销售给广大零售商,再由零售商售给最终消费者。这一营销渠道叫作二级渠道。

(4)生产者→代理商→批发商→零售商→消费者。这种渠道结构同第3种结构的差别在于,在批发商之前,还要经过一道受生产者委托的代理商,企业可以选择合适的代理商来推销自己的商品。这种结构叫作三级渠道。另外,这一结构在国际市场营销中,经常省去批发商这一中间环节,由代理商直接将商品转卖给零售商,再由零售商销售给消费者。

2. 工业品营销渠道

工业品销售对象是工业用户,所以,一般没有零售这一环节。其营销渠道主要有以下几种类型。

(1)生产者→工业用户。这是最短的零级渠道。一般大型机器设备的销售大都采用这种营销渠道。

(2)生产者→代理商→工业用户。这是一级渠道。当企业没有建立专门的销售部门或企业为了更广泛地推销商品,可以采用这种形式。

(3)生产者→代理商→批发商→工业用户。这是二级渠道。工业品批发商一般指工业品的经销商,当企业由于某种原因不宜由代理商直接卖给用户时,往往采用这种渠道形式,增加一个批发商环节。

(4)生产者→批发商→工业用户。这种形式一般由生产普通机器设备的企业采用。

营销渠道的“长”和“短”只是相对而言,并不能以其“长”“短”来判别某个渠道的优劣。只要是所选择的渠道适合于企业的自身特点,能够最大地扩大企业的销售,减少企业的成本开支,就应该是好的营销渠道。

二、宽度不同的营销渠道

营销渠道的宽度是相对于营销渠道的长度而言的。渠道长度是指中间环节的多少,而渠道宽度则是指某一个中间环节容纳的中间商的多少,即营销渠道的宽度是指在营销渠道中,所经历的每个中间环节使用同种类型中间商数目的多少。如果企业选择的营销渠道要经过许多批发商和零售商来推销其产品,则说明此企业的营销渠道较宽,否则渠道就很窄。

三、直接渠道和间接渠道

市场营销渠道按照商品在销售过程中是否经过中间环节可划分为直接渠道和间接渠道两种。直接营销渠道是指生产者将其产品直接销售给最终消费者或用户的营销渠道,不经过任何形式的中间商,即直接营销渠道是产销合一的经营方式。企业采取直接营销渠道,意味着生产者自己不仅要承担生产职能,而且要承担商品的储存、运输、包装、资金周转等各种职能。间接营销渠道是指商品从生产领域到达消费者或用户手中要经过若干中间商的营销渠道。间接营销渠道的基本特征在于生产者和消费者之间加入了商业中介人的转手买卖。

四、垂直式营销渠道、水平式营销渠道和多向式营销渠道

自 20 世纪 60 年代以来,西方国家企业的营销渠道发生了重大变革。在传统的营销渠道基础上发展出垂直式、水平式和多向式三大类营销渠道。

1. 垂直式营销渠道

垂直式营销渠道是针对传统营销渠道而提出的,过去传统的营销渠道,生产企业和各个中间商彼此独立,每个成员都各自追求着自身的最高利润,没有一个渠道成员能够控制其他成员,各成员之间的购销交易建立在激烈的相互竞争基础上。由于这些企业缺乏共同目标,所以对营销整体效益有不利影响。垂直营销渠道出现在 20 世纪 80 年代,生产者和各中间商组成一种统一的联合体,在联合体中,总有一个渠道成员能够控制营销渠道,化解各渠道成员之间的矛盾,协调各成员之间的行动,以取得最佳的营销效果。这种营销渠道可以说是一种渠道系统,本身又有以下 3 种类型。

(1)公司式垂直营销渠道。是指由一家公司控制和统一管理若干个生产企业以及批发商和零售商,负责开展生产、销售各方面的业务活动。这种渠道系统可以减少各渠道成员之间的矛盾冲突,增加协调性。

(2)契约式垂直营销渠道。是指由许多独立的生产企业和批发商、零售商以契约为基础组成的联合营销体。这种形式的营销渠道有许多形式,其中发展最快的是特许经营组织,由渠道中的一个成员作为特许经营管理者,由他发起并将其他成员组织在一起,构成生产销售的联营体。如福特汽车公司由生产者发起的生产—零售特许经营系统;可口可乐公司由生产者倡办的生产—批发特许经营系统。

(3)管理式垂直营销渠道。是指由某一个有威信的大型厂家出面组织,在购销、库存、定价、促销方面与零售商协商一致,共同开展营销业务。这种营销渠道,往往由一个管理中心统筹市场营销规划,其中大企业处于支配地位,但不改变其他渠道成员的所有权性质。

2. 水平式营销渠道

水平式营销渠道是由同一层次的两个或两个以上的营销组织联合而成,这些企业为了在资金、信息、资源、生产、销售等方面避免风险,而组成横向联营机构,相互取长补短,产生更大的作用,带来更大的效益。

3. 多向式营销渠道

越来越多的企业逐渐采取多渠道系统进入各种市场,以同类产品服务于不同类型的顾客,实行营销功能和管理功能的一体化。

第三节 代理与代理制

一、代理的含义

“代理(Agency)”一词原系法律概念,可指代理关系或代理行为,也可指法律制度。是指代理人(Agent)按照本人(Principal,即委托人)的授权(Authorization)代表本人同第三人订立合同或做其他的法律行为,由此而产生的权利与义务直接对本人发生效力。后被经销活动所借用,在国际经济贸易中普遍应用。代理制,也就是在市场经济条件下,在贸易活动中所采用的商务代理经销制度。一般是由流通企业来做生产企业的代理商,代表其进行活动。应该说,代理制与我们过去物资企业同生产企业之间的那种单纯价格买断关系比较起来,是一种新型的工商关系。

中国推行代理制是在1994年物资系统大面积亏损的情况下提出来的。1994年,生产资料市场由卖方市场转变为买方市场。一方面,全国物资系统购销额下降40%,市场占有率由30%下降为15%;另一方面,生产企业,如各大钢厂的销售也“晴转多云”,大部分产品打开销路都颇费周折。“穷”则思变,一些流通企业和生产企业在这方面进行探索,渐渐理清了代理制这一新招数的雏形,随后形成物资流通业的热门话题。到1994年底,内贸部明确提出了尽快建立以代理制为核心的新型工商关系的构想,并作为1995年的改革重点。

代理制的出现,绝非偶然。随着社会主义市场经济体制的逐步建立,流通格局呈现多元化,市场竞争日趋激烈,物资促销企业也就逐渐丧失了原有的资源垄断优势,导致其市场占有率逐渐下降,继而陷入了困境,这正是新的市场经济与旧的流通格局之间冲突造成的。而作为生产企业,在这一演变过程中受高额流通利润的吸引,也加入到流通市场,热衷于所谓的产品直销或产销一体化,但竞争的结果是,生产企业为开辟销售市场付出了昂贵的代价,占用了很大的精力,特别是1994年的流通市场,他们也感到束手无策了。

在这种情况下,构筑新的工商关系势在必行。然而,工商之间的经济利益关系究竟如何调整？经济学理论告诉我们，社会的大生产，最终将形成平均利润率，并且本质上要求企业遵循社会分工和平均利润的原则。这样，对产、销双方都有利的代理制，作为市场经济的必然产物，也就应运而生了，并且成为物资流通领域内生产企业和物资流通企业分工合作的一种有效形式。

根据代理制的要求，代理商受生产企业的委托在所委托的权限内进行产品销售活动，然后根据协议，定期按实际销售量进行货款结算并进行分成（实质上就是分享平均利润）。根据授权大小，代理制可分为普通代理、独家代理和总代理3种形式。在代理关系中，物资流通企业的经济职能，主要是努力扩展市场，积极信息反馈，集中结算货款等。

纵观日本、美国等一些发达国家，在商品流通中采用代理制的形式是相当普遍的，在那里，生产商和流通代理商建立了长期、稳固的合作关系，社会商品销售总额中，采用代理形式进行的达80%以上。

二、推行和发展代理制的现实意义

1. 推行代理制是中国经济体制改革的需求

流通方式（或工商关系）是由经济体制决定的。在计划经济条件下，流通企业与生产企业之间的关系主要是购进买断的关系，流通企业对生产企业实行统购包销，产品价格由国家确定，生产企业只管生产，从计划渠道取得原材料，完成国家下达的产量指标。流通企业则通过销售计划分配的产品获取利润。而在市场经济条件下，流通企业与生产企业之间的关系主要是代理关系，生产企业有产品的定价权，企业可自由选择原材料购进和产品销售渠道，根据市场需要决定产品的品种和产量。流通企业则通过代理销售生产企业的产品获取一定比例的佣金和代理费。

中国实行以市场为取向的改革开放政策以来，国家大力推进商品市场建设，逐步由计划经济体制向社会主义市场经济体制转换，在国家宏观调控下强调发挥市场在资源配置中的基础性作用，在计划经济下形成的流通方式暴露出日益突出的工商矛盾。在产品畅销时企业不愿履行订货合同，不按时按量交货，利用自销层次少、成本低的优势，向最终用户直销而获取高额利润。在产品滞销时，生产企业形成大量商品库存而造成巨大损失。在计划体制下工商关系极易受到商品价格的波动影响,市场供不应求时,流通企业不满生产企业的不履行合同而大量直销的行为,生产企业则埋怨流通企业只要短线产品而见利忘义;市场供大于求时,流通企业不满生产企业的大量倾销而不得不承担市场风险,生产企业则埋怨流通企业不按合同接货实行经营资格审批并拖欠货款。这种市场变化形成的工商矛盾甚至发展成为某些企业间在市场变换中的相互制裁。所以计划经济形成的以购进买断为主的流通方式不能适应中国社会主义市场经济发展的要求,向以代理关系为主的流通方式转变成为探索建立社会主义市场经济体制下新型工商关系的新构思。

2. 推行代理制的现实意义

流通利润应该是生产利润的再分配,几乎所有实行市场经济的国家,流通与生产之所以要代理关系而不是买断关系,是因为它最大限度地兼顾了生产企业、流通企业和用户各方面的利益,充分体现了公平、效率的原则。以代理关系取代买断关系,不仅是流通方式的重大改革,也是产销关系的根本变革,甚至影响到整个国民经济的发展。提倡推行代理制的现实意义在于以下几个方面。

(1)有利于改善工商关系。代理关系中,由于商品售价由生产企业确定,商品在售出以前所有权归生产企业所有,售出后归用户所有,流通企业既不承担商品滞销和市场风险,也不能享受商品差价的利润,而只服务于生产企业与用户商品生产和再生产的过程。双方的经济利益将具有相同的增减方向,因而可缓解买断关系下的工商矛盾。

(2)有利于提高流通效率。由于买断关系下流通企业按行政办法层层设置,缺乏规模经济的组织结构和批发体系,现代化程度低、基础设施差,因而形成了较高的流通费用和较低的流通效率。代理制遵循最直接、最方便、最快捷地将商品由生产企业送达用户的原则,要求代理商在市场竞争中需具有先进的流通技术手段和先进的管理方法,从而最大限度地降低流通费用,提高流通效率。

(3)有利于提高资金使用效益。买断关系下资金使用效益低下的重要原因,是受产需衔接和流通效率的影响形成了较大的社会库存,大量资金成为无销售对象的库存商品,同时企业间互相拖欠货款的现象已成为家常便饭,严重制约了各自正常的经济活动。在代理关系中,一方面通过代理原则最大限度地降低存货资金占用额度,通过较高的流通效率加快资金周转速度,同时通过严格的规范约束企业行为,减少或避免拖欠货款的现象,从而提高了资金的使用效益。

(4)有利于稳定供销渠道。买断关系中,流通企业和生产企业在商品滞销时希望回避价格风险,在商品畅销时,又千方百计地争取各自市场占有份额以获取价差利润,严重地影响了供销渠道的稳定性。而在代理关系中,销售代理的一个重要特征是代理商不拥有商品的所有权,生产企业只有在商品出售之后才能在规定的时间内从代理商那里取得货款,代理商也才能获得佣金或代理费。双方利润均和商品销售数量成正比,共同的利益取向易于形成长期稳定的供需关系。

(5)有利于调整产品结构。在买断关系中,商品滞销时流通企业由于承担了一部分生产企业转嫁的市场风险,容易形成较大的商品库存,在某种程度上缓解了生产企业调整产品结构的压力。而在代理关系中流通企业由于不再直接承担市场风险,商品滞销时只减少佣金和代理费收入,因而生产企业出于自身利益的需要必须按照市场需求生产适销产品,不断提高产品质量,调整产品结构,开发新产品以保证企业再生产的需要。

(6)有利于国民经济的发展。买断的流通方式,商品紧俏时全民皆商,有时商品位移为零,货单可以被多次炒卖而使商品价格远离商品的价值;市场供大于求时,流通企业的巨额亏损又容易导致流通体系的消亡。而代理关系通过对流通利润和生产利润进行更为合理的分配,有利于社会平均利润率的形成,从而有利于国民经济在市场经济体制下平稳的发展。

三、西方代理制及其对中国的借鉴意义

1. 西方代理制的基本类型及其发展现状

西方工业国家现行的代理制并不仅限于产品的销售由谁来代理这一狭义的理解,而是指产品从生产企业经不同的分销渠道,以不同的方式到达最终使用者或消费者的一种交换过程和运作机制。简言之,西方代理制即是由市场上的各类从事商业运输、仓储、批发、零售的商业中间组织

以及商业服务机构将生产企业的产品通过各种有效的途径和方式销售给最终用户或消费者的分销机制。

在西方资本主义的自由市场经济制度下,商品流通领域里的代理制通常不由政府来规范和组织实施,而是由不同行业中具有各种不同经济利益或经济发展目标,却又相互依赖和相互联系的生产企业和市场中间组织,以商业性契约的方式构成的交换关系来表现,具有类型繁多和经营形态各异的特点。如按所从事的业务性质区分,这些市场中间组织可分为商业性中间商(Mechant Middlemen)、代理性中间商(Agents Middlemen)和为产品分销提供便利的服务机构(Facilitators)。每一类市场中间组织又根据其所服务的市场的具体需求与特点,派生出许多经营方式和特点各异的分销组织。

西方代理制的发展经历了一个由松散到紧密,由单一到综合,由独立到联合的过程。传统的西方代理制的一个显著特征,是产品分销渠道中各中间组织都独立经营,每个中间组织的行为只受利润动机或企业自身发展目标的驱使,生产企业与批发商,批发商与零售商彼此之间在义务上的必要结合较少,即使有也是不系统且支离破碎的,渠道整体缺乏正规的结构性分工。为克服这些弊端,西方许多企业对传统的分销渠道模式进行了改革,一个比较显著的发展是摒弃常规分销渠道模式,建立纵向营销体系(Vertical Marketing System,VMS)。纵向营销体系可以有效地控制分销渠道各个成员的行为,消除因独立的渠道成员追求各自的目标而导致的彼此之间的冲突和矛盾,并依靠相应的规模,较强的成交能力和消除重复的服务来取得较好的经济效益。在美国,纵向营销体系已成为消费市场上分销的主要模式,占整个市场的70%~80%。

目前,纵向营销体系主要有3种形式,一是公司型纵向营销体系(Wrporate VMS),二是管理型纵向营销体系(Administrated VMS),还有一种是契约型纵向营销体系(Contractal VMS)。公司型纵向营销体系将生产和分销的几个连续的阶段合为一体,归置于分销渠道某一组织的统一领导之下。管理型纵向营销体系是通过分销渠道中某一成员的规模和实力对从生产到分销的几个阶段上的产品流通活动进行协调。契约型纵向营销体系是由从生产到营销的不同环节上的独立的企业和组织组成的。

在这种体系下面,这些企业和组织以契约的形式将各自的经营计划有机地结合起来,以获取比单独经营更多的销售和市场经济效益。除了上述各种纵向营销体系外,近年来西方代理制主要是向横向营销体系和多渠道营销体系发展。

2. 西方代理制对中国的借鉴意义

根据西方发达国家的经验,新的分销体系的建立一般要经历 4 个基本的步骤。首先要全面、详细地分析最终使用者和消费者的实际需求并以此为依据确定分销渠道的服务量。第二要按照已确定的服务量制定分销渠道的经营目标。第三要策划有关市场覆盖面和渠道中间组织与合作的渠道经营策略。第四是根据实际情况选择合适的经营模式。在整个策划过程中,每一个步骤对所涉及的与产品销售有关的因素都要加以认真对待。其中 3 种主要因素是:产品分销渠道提供给顾客的服务量或服务力度;分销渠道的经营目标;分销渠道的模式。

服务量或服务力度是我们设计分销渠道时首先加以确定的问题,因为它关系到企业的产品如何能够以最有力、最有效的途径到达企业的目标市场。具体地说,一个分销渠道所提供的服务量包含了 5 个方面:

(1)产品的批量,即某一分销渠道上顾客在购买某一产品时可以得到的单位数量。比如作为顾客,出租汽车公司需要购买的汽车批量就远远大于个体的顾客。因此,根据市场需求的具体情况,可以建立不同的渠道以满足集体和个体这两个不同的市场需求和购买行为。一般来说,批量越小,服务量越大。

(2)待购时间。所谓待购时间是顾客等待产品被分销到他们手中的平均时间量。顾客一般都希望尽快地购买到所需要的产品,但产品发货的速度越快,服务量就越大。

(3)空间便利性。所谓空间便利,是指某一分销渠道可以在多大程度上使顾客方便地购买到所需要的产品。例如,美国雪佛莱公司(Chevrolet)的分销渠道提供给顾客的空间便利就比凯迪拉克公司(Cadillac)的分销渠道所提供的要大得多,因为雪佛莱公司的汽车经纪商的数量要比凯迪拉克公司经纪商的数量多得多,这就大大节省了顾客买车前花在交通和寻求产品信息上的成本以及买车后花在汽车修理上的费用。

(4)产品种类。产品种类代表了某一分销渠道提供的产品品种的数量或广度。一般来说,顾客倾向于产品品种较多的渠道,因为它提高了满足他们实际需求的概率。这就是为什么汽车购买者更愿意从经销不同厂家、不同品牌汽车的经纪商那里购买汽车。

(5)产品的售前与售后服务。例如向顾客提供购货信贷,货物的发送、安装和维修。售前与售后服务的程度越高,分销渠道的工作量就越大。

要确定服务量必须了解顾客的购买行为,即顾客购买什么种类的产品,购买的原因或动机,一般在何地或经过何种渠道购买,一般什么时候或季节购买,以及如何购买。只有详细、透彻地了解顾客的这些购买行为,才能确切地为分销渠道的服务量找到适当的定位。从根本上说,顾客所需要的服务量正是顾客的这些购买行为所决定的。确定分销渠道服务量的另一个重要意义是,只有确定了服务量才能制定出分销渠道的经营目标。例如,市场覆盖面、分销效率和分销渠道的经营效益等都要根据必须提供给顾客的服务量来确定,以保证企业在竞争的环境中得以生存。

分销渠道的设计还必须参照企业的分销渠道目标。分销渠道目标的确定受两个因素影响:一是上面提及的分销服务量,二是企业长期的总体发展目标(例如企业各项投资的回报率、市场份额、企业应获得的利润水平、销售增长率等)。之所以要参考企业长期的总体发展目标,是因为某一种分销渠道一旦被选择就将是一种长期的安排,更换它的频率如果过于频繁,成本和风险都会很大。另一方面,具体的分销渠道目标则要根据由目标市场的需求确定的分销服务量的大小来制定。如果企业面对的是几个不同的细分市场(如汽车制造企业要同时面向具体的分销目标,则要根据按目标市场需求确定的分销服务量的大小,须根据不同年龄、不同收入、不同社会阶层和职业,将其划分为不同的子市场),就应该按照不同的市场需求、不同分销服务量来确定具体的分销渠道目标。

在策划分销渠道的经营策略时,必须认真分析与分销服务量密切相关的其他因素:被分销产品的特点、市场覆盖面和市场中间组织对整体渠道的支持程度。比如,大体积或散装的货物(如各种钢材和建筑材料)就要求企业考虑尽可能地缩短货物的运程和减少运输的次数。而需要安装或维修服务的产品（如汽车、计算机等），一般最好由企业自己的经销组织或生产企业的特许经销组织来分销。拿市场覆盖面和市场中间组织对整体渠道的支持程度来说，如果生产企业对其产品实行广泛分销以期获得较大的市场覆盖的话，它从渠道成员（比如中间商）那里得到的支持就比较少。

在明确了分销渠道服务量和经营目标之后，另一个重要的问题是分销渠道的模式。如前所述，目前西方流行的主要分销模式有3种，一种是使用独立的中间商或供应商，一种是某一层面上的渠道中间组织的横向营销体系，还有一种就是纵向营销体系，将厂家和批发商或零售商的不同的功能结合到一起。采用纵向营销体系的模式，企业可以通过内部的计划和监控对分销渠道进行控制，可以增进渠道成员之间的协调和保证各种努力的一致性。然而，纵向营销体系也有成本高以及其他一些不利因素，比如灵活性较差。另一方面，企业与独立的中间商在分销渠道中结为贸易伙伴比企业自己单独拥有一个体系更加困难，因为中间商对产品的分销有着与企业不同的棋谱和目标，从而造成控制和协调上的诸多问题。然而，非纵向联合式传统分销渠道模式也有其长处，可以使生产企业和中间商能够在其各具特长的一些业务领域发挥较好的作用。因此，在设计分销渠道的模式问题上，企业应该全面衡量不同模式的利弊。在这方面，西方一些企业所采用的4种衡量标准值得我们参考和借鉴。这4种标准是：效益、效率、质量和适应性。所谓效益，是指分销成本与所获得的利润之间的差别；所谓效率是指某一分销渠道模式导致的市场份额的大小；所谓质量，是指最终消费者或使用者的满意程度；所谓适应性，是指企业或分销渠道的中间组织适应不断变化的营销环境的能力与意愿。

第四节　运输代理制

一、运输代理与运输代理业

运输代理，是指以完成客货全过程位移为目的，为一种或多种运输方式的衔接与联系提供各种运输中介服务的行为。即在整个运输经营过程中,作为货物所有者(货主)的实际托运人同拥有运输工具的实际承运人之间,并不直接接触,而是以各种不同的形式,分别通过其代理人进行运输业务活动。在运输代理活动中,运输代理人既是托运方的代理人又是承运方的代理人,具有承托双方代理人的双重地位。他对实际托运人处于承运人的地位,享有和承担承运人的权利和义务;对于实际承运人则处于托运人的地位,享有和承担托运人的权利和义务,如图 11-2 所示。

图 11-2　运输代理商的地位

运输代理商应是独立核算、自负盈亏,独立于实际托运人和承运人之外的独立经济实体,能独立承担经济和法律责任的法人。其经营行为以保障托运和承运双方利益为前提。

运输为商品流通服务,因此《民法通则》认为运输代理是商务代理的一种,归属于委托代理。随着市场经济的发展和生产的社会化、专业规模的扩大,为适应商品流通和运输业务范围的需要,运输代理逐渐发展成为一个行业行为,形成了相当成熟的运输代理规则,并有"国际货物运输代理协会"(FIATA)等国际组织存在。目前运输代理已经渗透到运输领域内的各个角落,在社会经济生活中发挥着重要作用。

一般运输代理按照业务内容可分为租船代理、船务代理、货运代理和运输咨询代理这四大类。这里重点介绍货运代理和运输咨询代理。

1. 货运代理

货运代理指接受货主的委托,代表货主办理有关货物报关、交接、调拨、检验、包装、仓储、转运、定舱等业务的行为。在办理货运代理业务中,它以货主的代理人身份对货主负责,并按代理业务提供的劳务向货主收取代理费。同时,由于为承运人增加了运量,可以从承运方得到一定的运价折扣。

从国际经营的范围讲,货运代理行业的具体业务内容一般包括揽货、托运、配载、报关、报检、监装、监卸、装箱、拼箱、交接、分拨、转运、仓储、填制有关运输单证、垫付和结算运杂费、提供货运信息、从事咨询服务以及"门到门"运输代理业务等。目前,世界发达国家一般都拥有数百家国际货运代理企业,成立了国际货运代理组织,并颁布了一整套有关的法律规定。

按照不同的方式可以对货运代理进行如下分类。

(1)货运代理按业务过程可分为以下几种:定舱揽货代理、货物报关代理、货物装卸代理和集装箱代理。此外还有转运代理、理货代理、储存代理等形式。

(2)按货运方式的不同,货运代理又可分为海运代理、空运代理、陆运代理和多式联运代理。海运代理与陆运代理较为常见。代理人代发货人交付运费,并向发货人收取其他费用,如因代办保险、申请许可证、报关报验、分拨、运送等服务而收取的服务费等。多式联运是国际运输的主要形式,多式联运代理也成为国际运输代理的一个重要内容,各种运输方式通过运输代理实现有机结合,发挥综合效率,形成全新的运输组织方式。这些代理都是介于货主和运输企业之间,通过一定的运输组织工作,达到货主所期望的运输过程的最佳利益,并收取报酬的独立的法人实体。

2. 运输咨询代理

运输咨询代理则是指代理人应委托人的要求,提供有关运输方面的情报、资料、数据等信息,并向委托人收取一定报酬的行为。现代社会的专业化分工越来越细,信息量越来越大,任何一个人都不可能成为各方面的通才,而且运输过程牵涉到许多方面和环节,更具有较强的专业性,某些运输业务还涉及不同国家的法律、法规。因此,运输咨询代理人在帮助委托人选择合理运输方式与路线、核算运输成本、研究解释规章法律及调查有关运输企业信誉方面起着重大的作用。

经济的发展必然引起运输领域内的变革,运输代理业的发展正是这种变革的需要。现在,德国有“联邦货运联合会”,英国有“货运代理协会有限公司”,加拿大有“国际货运代理商协会”。美国的国际货物联运代理由联邦海事委员会进行管理,并严格地实行“营业许可证制度”。在国际贸易、国际运输迅速发展的今天,国际货运代理业已发展成一个全世界的行业。

国际上从事运输代理的一些著名货运代理企业,如瑞典 ASG 货运公司、日本的日通株式会社等,本身拥有的运输工具并不多,主要是通过组织协作、利用信息传递、电子计算机管理等现代化手段,开展运输代理业务。对于每项国际或国内的货物运输,都尽可能合理利用各种运输工具,实行“门到门”运输。这些企业在国内广设站点,在国外也有许多代理机构,有效地组织国内和国际间运输,取得了较大的经济效益。

公路运输十分发达的北欧工业化国家瑞典,只有800多万人口,国土面积45万km^2,但在20世纪80年代初,全国性货运代理企业就有20多家,年组货量占全国货运量的50%。规模最大的ASG货运公司,自身没有大量的运输工具,却在全国15个地区建立了60多个货运站和20多个代理机构,雇员达万余人。通过提供货源的方式平均每天调动14 000多辆汽车,并与铁路、海运轮船公司和国营民航公司等签订车、船调拨合同和陆、海、空联运合同,及时地将32 000名货主的货物运到3 500个目的地,国内市场占有率达20%以上,年营业收入50亿瑞典克朗,同时将服务延伸到许多国家和地区。

日本在20世纪90年代初,国内有规模庞大的运输代理公司140多家,大部分代理企业都建立了计算机管理系统,经营管理的科学化、现代化水平不断提高和完善,对运输的全过程实现了有效的监控,保证了运输质量,提高了运输工作效率。

二、运输代理的功能及大力发展铁路运输代理的必要性

1. 能够降低交易成本是运输代理企业存在和发展的根本原因

经济学家认为:“生产”活动是人对自然的活动,“交易”活动则是人与人之间的活动。生产和交易活动共同构成了人类的全部经济活动。交易成本是用于策划、签约及履行合同的一种资源支出。交易成本一般包括获得信息所需的信息成本以及合同的谈判及履行成本。

在运输代理活动中,针对货主一方,由于代理企业与众多运输企业联系密切,取得运力供给方面的市场信息比较容易,平均每单位货物负担的信息成本较少;在运输合同的谈判和履行时,代理企业和运输企业有固定的交易关系,谈判容易进行,合同谈判的成本就容易降低;代理企业了解供需的市场信息,可以根据运输方式的运力分布情况和货物运输需求的特性为货主选择可行的最佳的运输方式或路径,使得合同的履行成本也尽可能地降低。总之,运输代理企业的专业化工作和一定程度的规模经

营,能够使货主负担的运输交易成本降低。

2. 运输代理的产生进一步促进了社会生产的专业化分工

如果说人类社会生产发展的历史是社会分工的范围和程度不断扩展的历史,那么运输代理既是运输业发展的客观要求和重要标志,也对运输业和社会经济的发展起着重要的推动作用。

(1)细致的专业分工可以提高各专业人员的技术水平,提高生产效率。运输业分工的细化、工作范围的缩小和复杂程度的降低,不仅可以提高运输代理人员的专业熟练程度,也解放了运输企业和货主企业的人员,使他们可以致力于生产技术的改进。例如,货运代理就具有许多专门知识,可以采用最安全、最迅速、最经济的办法组织货物,既提高了流通环节的效率,也使生产企业能够集中精力进行生产效率的提高。

(2)社会的专业化分工和规模经营,便于采用更加先进的机器设备,运输代理将相关的工作集中在一起操作,对设备的使用更为经济,和少量业务相比,更具备改进设备和技术的条件。

(3)运输代理的专业化和规模化的经营,也提高了运输代理企业的管理效率。例如,许多大的运输代理公司,利用先进的技术和设备,通过在世界各贸易中心建立的客户网和自己的分支机构就可以控制货物的全程运输。

(4)可以带动相关业务的发展。运输代理可以就运费、包装、单证、结关、领事要求、金融等方面为工贸企业提供咨询;能对国内市场和国外市场销售的可能性提出建议。

3. 开展运输代理有利于铁路走向市场,扩展营销

竞争是市场经济的基本规律,铁路走向市场,必须适应竞争。当前的情况表明,只有争取到货源和客流,才能够在竞争中生存。运输代理作为货主和运输企业之间的桥梁,有利于铁路加强与货主的联系,了解市场的需求,按照市场要求配置运力;由于它能够代表货主组织、协调和监督各种运输,使货物安全、及时地到达目的地,提高了铁路运输服务质量,有利于争取货源和客流;运输代理独立于所有运输企业,更有利于综合组织利用各种运输工具的特长和优势,实现运输工具间相关作业的紧密衔接,挖掘铁路运输的潜力,加速商品流通和运输工具的周转,有利于铁路争取到

更多的运量;铁路开展运输代理也能为社会提供更好的服务,简化手续,方便客户,拓展运输市场,满足货主对量和质的需求,也就有利于提高铁路的竞争力,争取到更多的生存空间。

4. 开展运输代理有利于提高铁路资源利用效率,优化资源配置

目前铁路拥有大量闲置物质资源,一些支线和货场等客货服务设施,由于不能面对市场,得不到充分的利用,无论对于铁路还是社会来说,都是一种很大的浪费。特别是多经企业在10多年的发展中积累了大量的存量资产,拥有仓储货场近2 000个,其中独立货场近1 000个,货场面积约1 000万 m^2,仓储能力5 700万t,日均集散能力达163万t。同期,地方联运企业拥有仓库面积85.8万 m^2,货场面积81.8万 m^2。可以看到,如果铁路能够按照资源互利的原则与地方加强协调,让丰富的资源面向市场,就能提高资源的利用效率,也可以在一定程度上避免重复投入。

5. 开展运输代理可以为铁路开辟新的经济增长点,分流人员

从社会发展的角度看,运输代理具有广阔的发展前景,基于铁路过去的情况,铁路在这一领域极具挖掘的潜力,能够开发一系列新的经济增长点。例如:“八五”期间,中国铁路对外服务公司一家的外运代理就实现了1 820万t的运量,营业收入近10亿元,给铁路上缴了7.68亿元的运费。铁路拥有丰富的人力资源,运输代理开辟的经济增长点可以为分流人员创造新的就业岗位,有利于解决中国铁路用人多,劳动生产率低,与世界先进水平相比差距大的问题。

虽然铁路长期处在计划经济下,走入市场比较缓慢,但是也有许多优势。

(1)铁路多年来积累的大量的物质基础足以开展运输代理业。铁路已经具备了开展运输代理的条件和基础。

(2)根据1997年国家计委和铁道部联合下发的计电〔1997〕76号文件规定,延伸服务是指在货物承运前、交付后,为托运人、收货人提供代办货物接取送达、仓储报关、包装整理及代办货物运输有关手续等服务。这说明延伸服务是运输代理的雏形,运输代理涵盖了延伸服务。铁路多种经营工作从1984年开始,一直以延伸服务为主,立足铁路,面向市场,和社会建立了广泛的联系,了解运输和货主的情况,积累了开展运输代理的宝贵经验。

(3)多经作为铁路精简人员的主要吸收渠道,培养了一批既懂经营

又懂运输业务的专业人才,已经具备了开展运输代理的人才储备。

(4)目前铁路收费渠道众多,标准不统一。发展运输代理有利于规范收费项目,对于属于运输代理行业的,可以和国家、地方共同管理,改变当前铁路收费不规范的状况。

三、运输代理企业的基本条件及运输代理的报酬

1. 运输代理企业应具备的基本条件

根据国家有关文件规定,从事运输代理的业户必须是独立核算、自负盈亏的经济实体,具有法人地位,能独立承担经济和法律责任。只有独立于实际托运人和承运人之外的独立经济实体,其经营行为才能以保障双方利益为前提。

根据国内外运输代理业的情况,运输代理企业开业,应具备以下条件。

(1)有稳定的代理货源(客源)和车、船代理业务来源。

(2)有与其经营范围相适应的组织机构和专业人员。

(3)有与其经营活动相适应的固定经营场所和必要的营业设施。

①经营一种运输方式代理业务的营业场所面积不低于100 m^2,库场面积不低于600 m^2(其中库房面积不低于100 m^2)。

②经营两种以上(含两种)运输方式代理业务的营业场所面积不低于150 m^2,库场面积不低于2 000 m^2(其中库房面积不低于600 m^2)。

(4)有最低限额的注册资金。

①经营一种运输方式运输代理业务的注册资金为人民币20万元。

②经营两种以上(含两种)运输方式代理业务的注册资金为人民币50万元。

③经营国际货物运输代理业务的注册资金:海上国际货物代理为人民币500万元,航空国际货物代理为人民币300万元,陆路国际货物代理为人民币200万元。

(5)在运输代理过程中,代理人要根据代理合同和有关法律法规,对货物的灭失、损坏负责,并按照交接前由交方承担,交接后由接方承担的原则分清责任,协助理赔。

(6)运输代理企业对所代理的运输、装卸、中转、堆存等各环节的业

务收费必须严格执行国家、省、市有关物价标准,使用单证和票据。

(7)运输代理企业应定期向交通主管部门报送统计报表和有关经营情况的资料。国际客货运输代理企业还应向口岸办公室报送年度计划和完成情况统计报表。

2. 运输代理的报酬

运输代理通过代理业务,获得运输代理的报酬。运输代理的利润,是在执行所代理的职能并实现委托者的利益以后,委托者在其所获得的利益中扣除一部分作为代理服务的报酬,因此,它可以是生产利润,可以是销售利润,也可以是商业利润乃至购买(采购)费用的转化。按照国际惯例,代理者的报酬通常包括向货主收取的代理费以及从运输公司取得的佣金或者运价折扣。一般包括以下几方面的内容。

(1)设备使用费(固定费用),如营业场地所付租金、照明费、办公设备费、电话费等。

(2)劳务费或服务费(可变性费用),如营业人员工资、办公用的低值易耗品购买开支。

(3)应交的营业税和所得税。

(4)运输公司支付给代理者的佣金或提供的折扣。

例如:按照国际航空运输协会(IATA)的规定,由于代理为运输企业承揽了业务,空运代理人可以从航空公司收取5%的定舱佣金和一些运输暗扣(按航空公司的空运费率),代理人代发货人交付运费,并向发货人收取其他费用,如因代办保险、申请许可证、报关、分拨、运送等服务而应收取的相应服务费等。

思 考 题

1. 试述市场营销渠道的概念、特征、类型。
2. 什么是“代理”“代理制”“运输代理”?
3. 不同运输企业应怎样发展运输代理?
4. 分析中国航空运输代理现状。
5. 分析中国国际运输代理的现状和发展前景。

第十二章 运输产品促销

促销,是销售促进的简称。就是企业为了激发顾客的购买欲望,影响他们的消费行为、扩大产品的销售而进行的一系列联系、报道、说服等促进工作。当今社会,由于行业、企业、产品的快速发展,市场供求、市场竞争的复杂多变,生产者和消费者之间的信息沟通对于企业的发展日益显示出关键性作用。生产者必须了解真实的需求信息才能组织生产适销对路的商品,同时,生产者还必须不断向消费者传递产品信息,影响消费者的购买行为。由此,促销活动就成为现代市场经营活动的重要组成部分,促销决策也就成为企业经营决策的重要内容。

第一节 促销的意义和目标

上面谈过,促销是企业为了激发顾客的购买欲望,影响他们的消费行为的一系列联系、说服活动,通过这些活动,可以帮助消费者认识产品的特点和性能,引起他们的注意和兴趣,激发其购买欲望和行为,达到扩大企业销售的目的。促销活动是整体市场营销活动的组成部分,它是企业与消费者之间的沟通。

沟通在市场经营中发挥着 3 种基本功能,即告知、劝说和提醒。对于运输市场中的潜在顾客来说,他们需要知道运输企业提供运输服务的时间、地点和内容。运输企业需要通过促销活动与潜在顾客进行沟通,告知他们运输企业所提供运输服务的详细内容,劝说他们购买本企业的运输产品。

促销的意义通常表现在以下几方面。

1. 提供信息情报

企业有必要把企业产品和服务信息传递给目标市场的潜在顾客。信息的传递有助于引起他们的注意,并使他们知道本企业产品和服务的特点,也知道有关的时间、地点和运输产品的各项质量内容。

运输企业传递信息是通过一定的文字、图像或声音等手段与目标市场顾客的沟通过程。沟通模式的确定要解决:谁来说;对谁说;说什么;通过何种渠道和方式说;效果怎样。信息传递与沟通模式如图 12-1 所示。

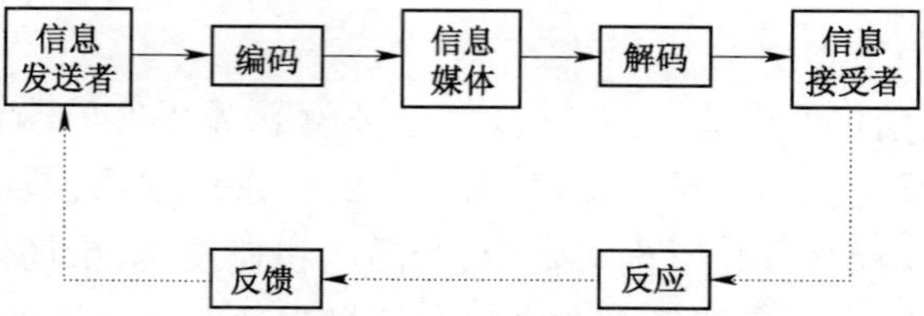

图 12-1　信息传递与沟通模式

图中,信息发送者与信息接收者是沟通的两个主体,信息与媒体是沟通的主要手段,编码、解码、反应与反馈是沟通系统的职能。

图 12-1 所表示的沟通模式中,信息发送者的任务就是将信息传递给接受者。发送者要知道信息的受众,并想得到何种反应。他们需要根据受众的信息解码方式来对信息进行编码。他们必须选择有效的媒体来传递信息,还必须建立反馈渠道,以便了解接收者对信息的反应。

2. 激发购买欲望,扩大产品需求

运输业作为信息发送者(沟通主体)必须设法使其发送的信息能引起受众对象的注意,力求激发潜在顾客的购买欲望。有效的促销活动不仅可以诱导和激发市场需求,在一定条件下还可以创造需求。

3. 突出产品特点,树立产品形象

促销是运输企业进行市场竞争的一项重要手段。在存在相互可替代的运输产品情况下,企业应当通过沟通,向顾客阐释本企业产品和服务的特点以及与其他同类产品和服务的差别,让顾客了解购买本企业产品和服务能够得到的利益。通过宣传,树立企业特有的、与众不同的鲜明形象。

4. 维持企业应有的市场占有率

企业在激烈的市场竞争当中难免出现经营上的波动,为了维持企业既有的市场份额,并设法扩大这一份额,就要开展促销活动,与更广泛的顾客进行沟通,让他们了解并设法使他们接受本企业的产品,从而稳定市场占有率,在可能的情况下,进一步扩大市场范围和市场份额。

运输企业的促销目标应该包括以下几方面。

(1)在潜在的顾客当中创造企业的知名度。

(2)树立鲜明的企业和产品形象。

(3)对于企业的产品和服务提出详尽的说明,包括:顾客的成本——利益分析等。

(4)改善企业在现有和潜在顾客当中的形象,从而改善顾客对企业的态度和看法。

(5)当企业向市场上提供新的产品时,设法让目标顾客群更容易接受。

(6)消除顾客可能存在的错误认识和种种疑虑。

(7)让现有和潜在顾客了解,企业有哪些特殊项目和服务以及他们的调整情况。

(8)告知现有及潜在顾客企业各种新的服务渠道。

第二节　运输企业促销活动形式

一、广　告

1. 广告的含义

广告是企业通过一定媒体,运用印刷、书写、画面或口头宣传等向顾客促销产品或服务的一种方法。

从广义上说,广告是企业与外界接触的一种手段;从狭义上说,广告是一种面向目标市场和社会公众的支付费用的传播行为,它由商业性组织或个人通过不同的媒体或途径推行。这个概念包含以下含义:

(1)广告要支付费用,新闻稿无须支付费用,类似的传播工具都不是广告。

(2)广告并非个人之间的行为。人与人之间的互相影响可能达到类似广告的效果,但这种传播不属于广告。

(3)广告要通过诸如电视、广播、报刊、告示等各种传播媒体来实现。

(4)广告必须有特定的对象,即所宣传产品或劳务的最终消费者或用户,以及对他们有影响的社会公众。

(5)广告必须有明确的主题内容。广告要针对目标市场的需求,有效地传达整体产品概念,并突出产品为消费者带来的特殊利益。

2. 广告的分类

广告按照不同的标准具有多种分类方法,下面介绍广告的种类及选择。

(1)根据内容,可以把广告划分为介绍性广告、提示性广告、说服性广告、分类广告和比较性广告。

介绍性广告也称为开拓性广告,主要用于介绍产品的用途、特点或使用方法,以及生产企业的情况和所能提供的服务。提示性广告是提醒顾客注意企业的产品,加深他们的记忆,提高重复购买率。说服性广告也叫竞争性广告,它着重宣传产品的用途、特色、生产厂家等,说服顾客购买。分类广告是一种比较简单的广告形式,其主要功能是介绍产品的特点和交易条件,起到"告知"的作用,较少宣传色彩。比较性广告的作用则是通过产品间的比较来突出宣传某种产品的特点,但要符合广告规则。

(2)根据目的,可以把广告划分为商品广告和企业广告。

商品广告用于传播商品信息,激发顾客当前和长期需求,具有推销和宣传的双重目的。企业广告则侧重宣传企业的历史、成就、经营范围等,目的是加深社会印象,推动经营事业的发展。

(3)根据所使用的媒体,又可以把广告划分成电视广告、广播广告、报纸广告、杂志广告、户外广告、交通广告、邮寄广告等多种形式。

3. 媒体

在通过广告进行宣传时,广告媒体的选择十分重要。应当说,不同的广告媒体有不同的特点,其宣传效果也存在较大差异。

(1)报纸。报纸是新闻宣传中最有效、最广泛运用的舆论工具。其优点有:本地市场覆盖率高,易被接受和信任,传递迅速,时效性强,费用较低,制作简单。其局限性:时效较短、保存性差,报纸内容繁杂、易分散注意力,制作和印刷不够精细,形象效果欠佳。

(2)杂志。利用杂志的封面、内页、插图登广告。由于大部分杂志是专业性的,有特定的阅读对象,所以,比较容易选择目标读者。杂志媒体的优点:针对性强、选择性好、可信度高,并有一定权威性,反复阅读率高,传阅率高、保存期长。其局限性:及时性差,会产生无效广告,受专业限制,传播范围窄。

(3)广播。广播媒体的优点有:信息传播迅速、及时,传播范围广泛,制作简便,成本低。其局限性:有声无形,印象不深,转瞬即逝,难以保存,盲目性大。

(4)电视。电视作为广告媒体,通过声音、图像、色彩、动作等视觉和听觉形象的结合传递各种信息,是重要的现代化广告媒体。其优点有:能直观、真实、形象化地传播信息,既可演示,又可解说,能具体生动地反映商品的特点,具有强烈的表现率和感染力;覆盖面广,收视率高,娱乐性强,宣传效果好。其局限性:信息消逝快,不易保存,编导复杂,费用昂贵,选择性差,目标不具体。

(5)路牌。将设计画面醒目的广告牌竖立在行人较多的街道、公路两侧和机场、车站、码头、体育场等公共场所,以及利用建筑物的高墙直接把广告画在公共场所周围的墙壁上。这种媒体面积大,色彩鲜明、画面醒目、文字简洁,因而容易引起过往行人的注意;并且费用低,保存时间长。其缺点是无法选择目标对象。

(6)交通工具。即利用公共汽车、电车、出租汽车、火车等交通工具为广告媒体传递信息,其优点是容易引起人们的注意,有重复宣传的作用,且比较容易普及。

4. 运输企业广告宣传的特点

运输企业在从事广告宣传时有其自身的一些特点,具体表现为以下几个方面。

(1)广告的区域性强。广告媒介所要达到的范围应与企业所要求的广告信息传播范围相应。列车有具体的运行方向和始发到达地点,所以,一般应选择列车所在地、到达地及其沿线的电台、电视台、报纸及其他广告媒体,而不适宜选择在全国或者全省传播的广告媒体。例如沈阳开往抚顺的循环旅客列车,宜在沈阳和抚顺地区及沿线做广告,对吸引客源,增强运输市场竞争力具有明显的效果。上海铁路局先后开行发往杭州、南京、苏州、无锡、黄山、千岛湖、武夷山的假日列车,为市民提供"包去、包回、包住、包玩"的服务,就应该通过广告媒体多加宣传,开发潜在的消费者市场。

(2)广告的时间性强。铁路运输企业做广告,主要是告诉用户有关运输时间、地点、价格、质量等方面的信息,如按不同季节开行旅游列车、在城乡结合的部分支线开行农贸列车等,此类广告并不要求天天出现、多次重复,只要及时广告,一次或几次就可以,关键在于广告的及时性。据此,可选择时间性强的报纸、电台和电视等媒体。

(3)广告效果多注重听、视觉。运输企业的产品是无形的,且产品的规格、种类、型号也很难有视觉上的区分。对广告效果的追求不需要动作表演、音像图示,只要求大众能听到、看到就可以了。据此,不一定要选择费用高的电视广告。

总之,选择广告媒体考虑的因素归纳起来就是费用少、效果好。运输企业应根据不同时期、不同市场目标和宣传侧重点,选择适宜的广告媒体。

二、人员推销

1. 人员推销的含义和特点

所谓人员推销是指企业派出推销人员,直接向消费者推销商品或劳务的一种促销方式。运输企业推销的是运输企业的运输能力,即争取旅客乘坐本企业列车、航班或车船旅行,或争取货主委托本企业运输货物。这个过程,用运输业的"行业术语"称为组织客货源。

人员推销是最古老又是至今为止最有效的推销方法。与非人员推销(广告、营业推广)相比,人员推销具有5个特点:

(1)供求双方面对面洽谈,情感交流随机应变,容易达成协议。

(2)建立与消费者良好的联系,能真正了解市场对产品和服务的反应,为企业长期利益服务。

(3)可以把销售过程的几个环节合并在一起完成,方便了消费者。

(4)通过推销过程,可同时兼做市场调查、预测和信息反馈等工作。

(5)费用高。

传统观点认为,人员推销的目标就是追求最大的销售额。为此,推销员必须具有较高的推销艺术和技巧,推销员所完成的商品推销业绩,被作为衡量推销工作效益的唯一标准。按照现代营销观念,人员推销的最终目标是为企业带来最大的、长期的、稳定的利润及有利的市场地位。因而,强调推销人员不仅要懂得推销艺术,而且要懂得整体营销战略,并且应用于推销实践。

2. 推销人员的工作任务

运输企业推销人员的工作仅仅被看作是推销运力,未免过于简单。作为企业与购买者之间相互联系的纽带,推销人员的工作任务,概括起来主要有6项:探求、沟通、销售、服务、情报收集、协调产销关系。

(1)探求。即寻找消费者,包括现实的消费者和潜在的消费者。对现实的消费者,如果是本企业的老客户,要注意联络感情巩固关系,如果是其他企业的客户,要积极争取使他们成为本企业的客户。同时,推销人员还要善于发现新的消费者,不断扩大市场。

(2)沟通。凡消费者需要了解的各种信息,包括运输能力、到达时间、装卸能力、货物种类、车辆类型、运输价格、服务水平等,推销人员应了如指掌,不厌其烦地详细作答。并将消费者的各种意见、要求和其他市场情报及时反馈给企业。这项工作做得越好,运输企业的信誉就越高,竞争能力越强。

(3)销售。承担并完成销售运力的各项具体业务和手续。

(4)服务。向消费者提供服务也是推销人员的一项重要职能。旅客可能在运输方式的选择上举棋不定,也可能在车次选择、时间安排上犯愁。货主可能在包装、装卸、转运等方面产生困难。推销人员要随时了解消费者的困难,尽自己最大能力为其排忧解难,以增加消费者对本公司的信任感和亲近感。

(5)情报收集。利用一切渠道,采用科学、正当的手段,收集各种市场情报,包括同行业的客货源组织情况,市场竞争态势的变化等,并对这些情报进行初步的整理,提出自己的分析意见。推销人员兼作情报收集,有其优越的条件,他们直接与旅客和货主打交道,深知货主的生产经营情况,对运输的要求和对价格的考虑等。

(6)协调产销关系。运输业的不均衡性十分明显,它包括客货运输在时间上和空间上的不均衡性。运输企业营销人员需要根据市场需求情况安排运量与运力之间的关系。在运量不足的情况下,大力开发客货源。在运输需求大于运能供给时,合理安排运力资源分配,并向旅客、货主阐明情况,说明困难。切忌在运输淡季求人,而在运输旺季又不理睬人,失去长久顾客和客户。

3. 组织推销人员的方法

运输企业在组织人员进行推销时可采用不同的方法。

(1)按地区组织人员推销。这是一种最简单的推销组织,它分派一个或一组推销人员独立地负责一个地区的全部推销工作。这种方法责任明确,有利于鼓励推销人员努力工作,有利于加强与当地消费者和有关单位的个人关系,提高工作效率,并能节省往返旅途费用开支。例如,铁路运输企业可在沿线重要城镇或者货源、客源集中地区(甚至不在铁路沿线)组织推销力量。

(2)按产品系列组织人员推销。对于运输企业来说,可根据具体情况,组织客运产品人员推销和货运产品人员推销。

(3)综合方法。运输企业可考虑将上述两种方法结合起来使用,即按地区和产品系列组织人员推销。

在市场竞争日趋激烈的情况下,运输企业要重视人员推销方法,同时要重视对推销人员的培训,以提高人员推销的工作绩效。

三、公共关系

公共关系简称“公关”,是指企业为获得公众信赖、加深顾客印象而进行的一系列旨在树立企业及产品形象的促销活动。

公共关系与一般推销术不同,其区别在于:一般推销术研究的是推销具体的商品;公共关系研究的是树立企业的良好形象,推销企业的形象。公共关系的要旨是使组织被公众所了解,这是提高企业信誉和知名度的重要前提。

运输企业公共关系的对象主要是顾客、舆论界、各有关机构、协作单位、竞争者和本企业职工等。通过与顾客的公共关系,企业能够不断地吸引现实和潜在的顾客,争取长期市场;通过报纸、刊物、电台、电视台等新闻机构和社会团体,能够争取舆论;通过和有关各界的关系,能够得到地方政府、群众组织的积极支持,并与他们建立广泛的联系;通过和协作单位的关系,能够和银行、物资、商业、劳动人事部门保持协作,保证生产经营活动的正常进行;在经营中,企业之间既是竞争对手,又是协作伙伴,它们之间的关系也是密不可分的。至于和本企业职工的公共关系就更为重要,企业职工是真正创造财富的人,没有他们的劳动支出,其他公关活动都显得没有意义。要关心职工福利,提高职工的积极性,增强他们的荣誉感,提高劳动效率。

运输企业的公共关系活动包括以下几种方式。

1. 赞助和支持各项公益活动

如节日庆祝、基金捐献、运动会、希望工程等。这些活动为万众瞩目,各种新闻媒介会进行广泛的报道,因此企业能从中得到特殊利益,建立一心为大众服务的形象。

2. 新闻宣传

企业应争取一切机会和新闻界建立联系,及时将有新闻价值的信息提供给报纸、电台等新闻媒介,加深顾客印象,鼓励推销人员及其他职工的工作热情。

3. 听取和处理公众意见

企业应积极收集公众对经营、生产、产品质量等方面的意见和建议,及时将改进后的情况告之公众,并予以感谢。这样,既能满足公众要求,发扬诚实作风,又可以使顾客心满意足,密切企业与公众之间的关系。

4. 建立各种密切联系

建立和消费者、社会团体、政府机构、银行、商业企业等的密切联系,主动向他们介绍企业的经营情况,听取他们的咨询意见,争取他们的支持。

5. 提供特种服务

企业的经营目的是在满足社会需要的基础上获得利润。为此,就应积极满足顾客的各种特殊需要,争取更大的长期利益。

6. 积极参加各种社会活动

通过举办新闻发布会等向公众推荐产品、介绍知识、增进了解。

7. 建立企业内部的公共关系制度

企业应当关心职工福利,鼓励他们的工作积极性,要开展针对职工家属等的公共关系活动,密切与社会各界的联系。

同其他工作一样,运输企业对其公共关系活动也需要有一个评价。

公共关系的评价主要依据以下标准:一是展露率。最常用的方法就是看其在媒体上创造的展露率,包括在不同媒体上出现的频率和次数。二是理解率。即在开展公共关系活动之后,考察顾客对企业产品的知晓、理解、态度等与未开展公共关系之前有什么改变。这需要运用各种市场调研方法来解决。三是运量增长率。通过对比开展公共关系前后运量的变化情况来评价公共关系活动的效果。

第三节　运输服务的有形展示

消费者在做出购买决策时要受到一系列因素的影响。运输产品由于其本身不具有实物形态,不能展览,不能陈列,所以,其促销形式受到了一定程度的影响。不过,虽然运输服务本身不具有实物形态,但运输企业的车辆、人员、站舍、信息资料、价目表等却是以实物形式存在的,它们是了解运输服务的基本线索。

在购买运输产品之前,消费者总是对上面谈到的基本线索感兴趣,这些线索在很大程度上会影响他们的购买行为。因此,对于运输企业来说,对上述有关线索加强管理是提高运输企业竞争力的重要手段。

上面谈到的有关线索问题,我们称为运输服务的有形展示。

一、有形展示的类型

按展示的要素构成情况,可将其划分为 3 种不同类型,即物质环境,信息沟通和运价,如图 12-2 所示。

1. 物质环境

虽然运输服务本身是无形的,然而提供运输服务的一切措施、手段却是实实在在的。消费者在消费运输产品之前,首先接触到的就是特定的物质环境,如站舍、飞机场、候车(机)大厅、车辆、飞机的状况等。

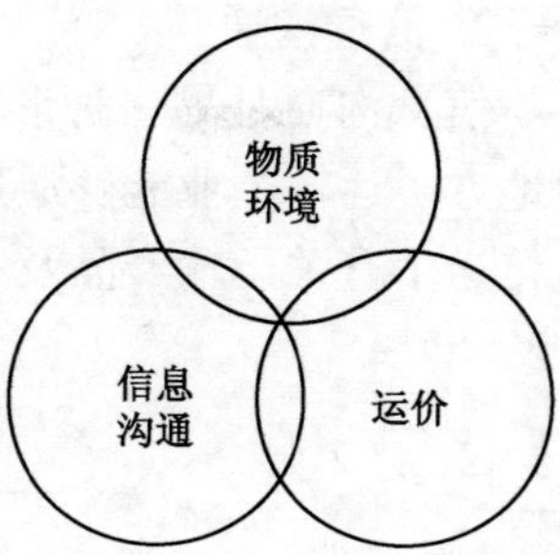

图 12-2　有形展示的类型

物质环境可以从三方面来分析。

(1)设计因素,是顾客直接感受到的环境刺激。

①美学因素:建筑、材料、颜色、尺度、结构、形状、风格。

②功能因素:陈设、舒适、标识。

设计因素可以用来点化运输企业的外在形象。例如,站舍、候车(机)大厅的设计等。设计得好,使人赏心悦目,而设计得不好,则会给顾客造成不好的印象。设计因素有利于培养顾客对企业的直接感受,并鼓励其接近企业,提高企业的吸引力。

(2)周围因素,即背景条件,包括:空气质量、噪声、气氛、卫生状况等。

顾客进入特定的环境内,对他产生影响的还有其周围环境。例如,候车(机)大厅、车厢内或飞机内的空气情况、噪声情况、周围的气氛、卫生状况等会对顾客产生对运输服务最直观的印象和感觉。显然,周围因素好,顾客对服务的第一感觉就好,否则,后期的服务再好,其总体服务水平也会被大打折扣。

(3)社会因素,即环境中的人。

①顾客:数量、行为。

②服务人员:数量、服装、形象、行为。

这类因素是指一切参与并影响运输服务的人,包括运输企业职工以及被服务人员。在这里,服务人员的外在形象(服装、行为等)成为服务水平的一个重要表现和象征,因为在一般情况下,顾客很难把服务和服务人员截然分开。一个衣冠不整的服务人员实在没有办法与高水平服务联系在一起。因此,注意外在形象是对运输企业从业人员的一个最基本也是最合乎情理的要求。

2. 信息沟通

信息沟通是另一种形式的有形展示,沟通的信息来自运输企业或其他地方。运输企业能够通过多种渠道或媒体展示企业及其产品。这些信息传送了有关运输产品及其服务的线索,如图 12-3 所示。

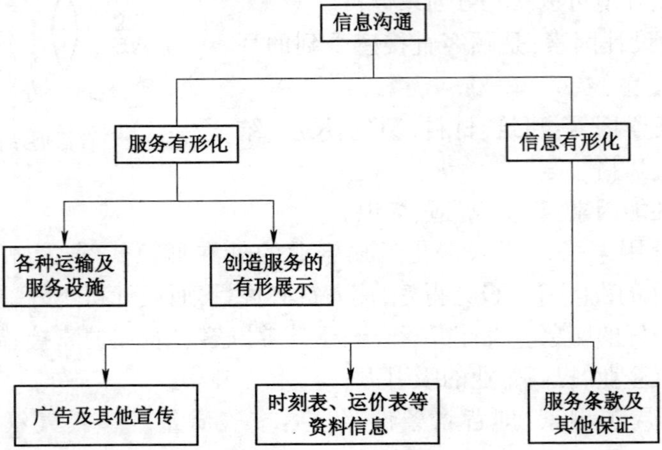

图 12-3 信息沟通

服务有形化与前面谈到的物质环境因素相关。通过强化物质环境因素,展示运输服务的外在形象。

信息有形化是将企业及其产品的信息通过特定形式传递给顾客,例如,列车时刻表,各种运价表,企业各项信息资料等。这些有形的信息是展示企业及其产品的重要手段,它可以使顾客更多地了解企业及其提供的各项服务,通过这些信息的获取,建立对企业及其产品的认知。

今天的世界是一个充满了各种各样信息的社会,运输企业如何将本企业及其产品的信息通过有形化的形式传递给消费者,刺激消费者的购买欲望是营销工作中一个非常重要的问题。

二、有形展示的作用

有形展示是运输企业营销管理工作中非常重要的一项内容,是运输企业扩大知名度,提高竞争力的重要手段。

有形展示作为运输企业实现其产品有形化、具体化的一种手段,在市场营销中具有重要意义。因此,在运输市场营销中,它成为重要的营销组合因素之一。具体表现在以下几方面。

(1)通过有形展示,让顾客感受到运输服务给自己带来的好处。消费者购买行为理论告诉我们,产品的外观(形式层)是否能满足顾客的需要将直接影响顾客对该产品的购买。同样,在购买运输产品时,消费者直接接触到的有形展示也会影响他对运输产品的态度和购买。人们生活水平的不断提高,社会的不断发展与进步使得运输活动中有形展示的作用愈来愈重要。

(2)有形展示影响顾客对运输服务的第一印象。对于从未接触过某种运输服务的消费者而言,在购买这项产品之前,他们往往会根据第一印象对企业和产品作出判断。有形展示作为运输产品的基本载体无疑是顾客产生第一印象的基础。作为运输企业,要搞好市场营销工作,就有必要给顾客留下好的第一印象。

(3)引导顾客对运输产品产生合理的期望。前面的理论分析告诉我们,消费者对于其购买行为是否满意,取决于运输产品给他带来的利益与其期望值之差。然而,运输产品的不可感知性使得消费者在实际消费它之前,很难做出正确的理解和描述,他们可能对整体利益的期望也是模糊的。运用有形展示,可以让消费者在消费运输产品之前能够具体地把握它的特征、功能和能够带来的利益,从而对它产生合理的期望。

(4)促进消费者对运输产品产生"优质"的感觉。运输产品质量的高低,服务质量的高低是由多种因素影响的,"可感知性"是其中一项重要因素,有形展示正是努力强化运输产品的"可感知性"。优质的有形展示是消费者感觉优质服务的基础。

第四节　运输企业 CI 战略

一、CI 的理论含义

市场经济的发展,把中国企业带入了一个新的时代——形象时代。

日常生活中,人们频繁接触不同企业的产品和服务,在接触过程中,人们有意识无意识地形成对企业形象的不同感受。这种感受的不断积累会逐渐形成对企业的不同认识和看法,从而形成消费者对不同企业的差别化对待。

在市场经济条件下,企业的人格化特征越来越明显,不同企业由于各种因素影响,其外在形象差别越来越大。不同的形象特征极大地影响了消费者的消费偏好。因而它成为企业的一项巨大财富,也正是在这种情况下,它受到企业界的高度重视。

CI 是英文 Corporate Identification 的缩写,其意义为企业识别。CI 问世之前,美国企业界曾流行 Corporate Design(企业设计)、Specific Design(专门设计)、Design Policy(设计方案),它们的主要内容是围绕企业的发展提供为企业服务的设计形式和设计策略。20 世纪 80 年代初逐渐形成统一的名称。

中国大陆最先引入 CI 是 20 世纪 80 年代末,当时的叫法有好几种,如"企业识别""企业身份""公司形象""企业形象"等。渐渐地人们发现,用"企业形象"作为 CI 的中文名称,有利于对 CI 的认识和理解,也简单明了地说明了 CI 的实质和目的。

在巨大的企业群中,CI 具有识别作用。企业通过展示 CI 的内容,在企业群中树立了唯一的企业身份和特征,形成清晰明朗的企业形象。

经过发展,CI 逐渐形成了它的系统性,于是便产生了 CIS(Corporate Identifity System),它由 3 部分内容组成,如图 12-4 所示。

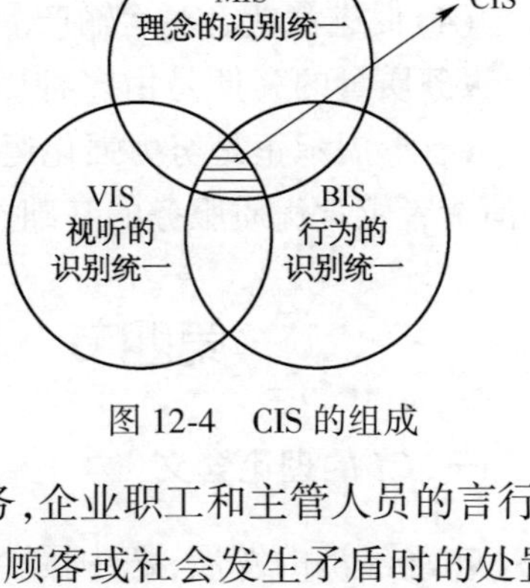

图 12-4 CIS 的组成

(1)理念系统(MIS),其内容包括企业的经营宗旨,企业的社会责任和企业倡导的特定价值观念。

(2)行为系统(BIS),是指以企业理念系统为基础的企业特殊行为方式,包括企业的生产方式、营销方式、售后服务,企业职工和主管人员的言行,企业对各项社会公益事业的态度,企业与顾客或社会发生矛盾时的处置方式等。

(3)视觉识别系统(VIS),内容包括企业的环境,企业的名称、招牌、标志,主要产品的名称、商标等。

上述三部分,理念系统是企业的灵魂,行为系统和视觉识别系统是依据理念系统,通过个人和整体的行为以及物的形态来树立企业的特定形象。

企业形象可以从图 12-5 中得到分析和解释。

企业形象是社会对企业的总体印象,是企业文化传播的特征。优秀企业应建立有个性的、真实的、鲜明的企业形象。

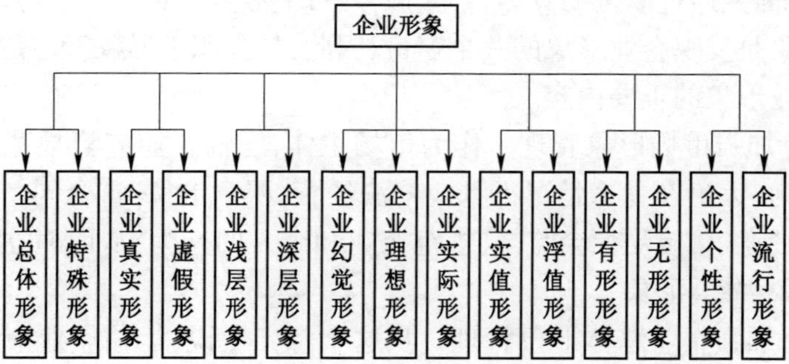

图 12-5　企业形象的分析和理解

二、运输企业的 CI 战略

运输企业集生产性、服务性于一身,是与社会公众接触性极高的产业。在市场经济不断发展,运输市场竞争日趋加剧的今天,企业必须重视 CI 战略,重视树立良好的企业形象。良好的企业形象既是现代企业的重要特征,同时也是企业的巨大财富和资源,是企业进入并占领运输市场的一把钥匙。

1. 实施 CI 战略,树立运输企业良好的企业形象应注重管理

(1)明确社会责任,确立运输企业的经营宗旨。运输业是国民经济的基础产业,对经济发展和人民生活有着十分重要的影响,所以,肩负的社会责任十分重大。在市场经济不断发展,运输市场逐渐完善的今天,运输企业既应该依据市场原则,注重提高企业的经济效益,同时也需要重视

运输业的服务特性,应不断扩大生产和服务范围,为社会提供更为广泛的运输产品和相关服务。

(2)加强产品形象管理。运输产品不同于其他工业产品,不具实物形态,因此,也就无法以一定商标、品牌或造型为特征,无法向运输消费者进行充分展示。要创造良好的运输产品形象,关键在于提高服务质量和服务水平。

(3)加强职工形象管理。同社会及公众的高接触性,决定了加强职工形象管理对树立运输企业形象的重要性。职工形象是企业人格化的表征,它一方面反映劳动者的整体素养、精神面貌以及企业领导的管理水平,一方面又通过职工的具体行为、服务意识、服务质量和水平得以反映。职工形象是反映企业形象的一个窗口,因此,加强职工形象管理是创建良好的企业形象的重要内容。

(4)加强市场形象管理。作为市场主体,运输企业应当规范自己的市场行为,无论在什么情况下都应依法经营,照章纳税,重合同,守信用,实行公平竞争,接受社会监督,规范企业和个人的行为,从而树立良好的市场形象、社会形象。

(5)加强企业总体形象管理。从这个意义上说,运输企业应当根据自身的特点并考虑未来发展的需要来确立本身鲜明的总体形象。以铁路为例,路徽作为中国铁路的一种标志已经广为人知,但这远远不够,铁路企业总体形象的内容和范围比这更为广泛,它需要专门设计和研究,需要整个企业为它的创立和维护付出努力。

树立企业形象是企业文化的内容之一,企业文化是对企业存在和发展的一种深层次定位,它是企业价值观和行为准则的体现。企业文化渗透到 CI 以后,丰富了 CI 内容。

2. 运输业是一个规模庞大的企业,必须重视企业文化的建设

运输业可以在现有条件基础上,借鉴国内外先进经验,走出符合自己特点的企业文化之路,具体应重视以下几方面工作。

(1)将企业文化建设融于运输生产和经营活动之中。交通运输是国民经济发展的先导产业,建设企业文化,树立企业形象必须以运输生产和经营工作为中心,要反映运输生产的特征,并为运输生产服务。

(2)培育企业精神,增强企业凝聚力。“人民铁路为人民”是铁路企业生产经营的宗旨,也正是铁路企业精神的最好提倡,将此视作铁路企业文化之魂,是建设铁路企业文化,树立铁路企业形象的有利条件。运输企业应加强对企业职工的主人翁意识教育,增加他们的光荣感、责任感和危机感;培养职工不仅有过硬的技术本领,而且有顾全大局、相互协作的精神,有高度的自觉性和纪律性,形成较强的企业凝聚力。

(3)发展企业文化,树立企业形象,提高市场竞争力。企业文化和企业形象是企业应当十分珍惜的财富,它可以提高企业的市场定位,增强企业的竞争能力。市场经济的发展,运输市场的发育和完善决定了铁路运输将面临愈来愈严峻的挑战,未来市场竞争在很大程度上是企业形象的竞争。未雨绸缪,运输企业只有及早采取对策,才能在未来竞争中立于不败之地。

思考题

1. 运输企业促销活动的形式和内容有哪些?

2. 什么是运输服务的有形展示?

3. 运输企业如何实施CI战略?

4. 运输业应如何创建自己的企业文化?

5. 试分析中国运输业(包括铁路、公路、民航、水运等)是否具有自己的企业文化。

6. 试举例说明运输企业公共关系活动的类型和形式。

第十三章　运输、物流与供应链管理

货物流动的基本条件是运输,运输是物流的基本物质载体。运输企业应当为物流提供良好的服务,同时,运输企业也完全有可能通过前向一体化和后向一体化发展成为新的物流企业。

物流价值的发现大致可以分为 3 个阶段,第一阶段(20 世纪 60~70 年代)是产品物流阶段(或称为产品配送),主要是对产品生产出来到消费者这一段物流过程中潜力的发展与挖掘。第二阶段(20 世纪 70~80 年代)是综合物流阶段,企业认识到原材料物流与产品物流的综合管理,可以带来很大的效益。第三阶段(20 世纪 80 年代以后)人们认识到市场的竞争是供应链之间的竞争,提出供应链管理的概念。

第一节　物流的概念

物流(Logistics)一词最早是指军事后勤。二次大战后,物流这一概念被用于经济领域。简单地说,物流是关于在需要的时候,在指定的地点,得到所需的物品,或者可用 7 个恰当(7R)来表示:恰当的产品(Right Product)、恰当的数量(Right Quantity)、恰当的条件(Right Condition)、恰当的地点(Right Place)、恰当的时间(Right Time)、恰当的顾客(Right Customer)、恰当的成本(Right Cost)。

物流可以从不同角度进行定义,在国际上,最普遍采用的是 1992 年美国物流管理协会(Council of Logistics Management)的定义:"物流是为满足消费者需求而进行的对货物、服务及相关信息从起始地到消费地的有效率与效益的流动与存储的计划、实施和控制的过程。" 从物流的定义可知,物流管理包含一系列的活动内容:运输、仓储、包装、物料搬运、存货控制、订单处理、需求预测、生产计划、采购、客户服务、工厂和仓库的选址、物品回收、零部件及服务保障、废品处理。

人们对物流的认识其实是一个不断发展的过程,2001年美国物流管理协会对物流的定义又进行了完善:“物流是供应链运作中,以满足客户要求为目的,对货物、服务和相关信息在产出地和销售地之间实现高效率和低成本的正向和反向的流动和存储所进行的计划、执行和控制的过程。”

第二节　供应链的特征与管理

在计划经济时期,供应链的概念就是“产供销一条龙”,即强调是企业自身利益的最大化,从企业外部采购原材料和零部件,到生产转换和销售等活动,再传递到零售商和用户的一个过程。这一时期的供应链概念和采购、供应管理相关联,但这样一种关系也仅仅局限在企业与供应商之间,而且供应链中的各企业独立运作,只追求自身利益,重视的是企业内部各部门的合作与协调,忽视了产业链中上下游企业的连接及相互合作,企业应对市场的法宝是市场预测和安全库存,供应链企业间常常出现目标冲突的现象,导致在突变的市场变化下企业反应的滞后和浪费的出现。

在全球经济一体化的今天,企业处于一个用户需求不确定和个性化增加、产品寿命周期缩短和产品结构越来越复杂的市场环境中。在这复杂的竞争环境中,产品从原材料向成品消费的转化过程中,必然经历原材料供货商、产品制造商、分销商、零售商、顾客等各个环节,形成一个价值不断增值的链,而且链上的企业必须通过有效的分工合作,实现资源的有效共享和整合,才能有效地实现步调一致地向市场提供具有较强竞争力的产品和服务。

供应链和传统的销售链或“产供销一条龙”不同,它已跨越了企业界限,从建立合作制造或战略伙伴关系的新思维出发,从产品生命线“源”头开始,到产品消费市场的“汇”,是实现用高品质产品或服务快速响应用户需求这一目标的基础。但是实现这一目标仅仅依靠构建这样一种网链结构或实现企业间联结是不够的,还需要确定与供应链特性相匹配的有效组织、管理与控制方法或手段,通过消除供应链中可能出现的信息壁垒和失真、改进工作传统的生产与库存组织、确立供应链企业的合作协议、平衡节点间能力和利益的分配、确立供应链运作的模式,进行供应链的整体管理组织,才能真正达到用户需求的高质量满足和供应链利润获得的目标。从这个角度出发,可以认为供应链管理就是从全局和整体的角度考虑产品的竞争力,执行供应链中从供应商到最终用户的物流的计划和控制等职能的一种管理性的方法体系或一种集成管理思想和方法。

一、供应链的概念

所谓供应链是围绕核心企业,通过对信息流、物流、资金流的控制,从采购原材料开始,制成中间产品以及最终产品,最后由销售网络把产品送到消费者手中的将供应商、制造商、分销商、零售商直到最终用户连成一个整体的功能网链结构模式。

供应链的概念更加注重围绕核心企业的网链关系,如核心企业与供应商、供应商的供应商乃至与一切前向的关系,与用户、用户的用户及一切后向的关系。由图 13-1 我们可以看出,供应链由所有加盟的节点企业

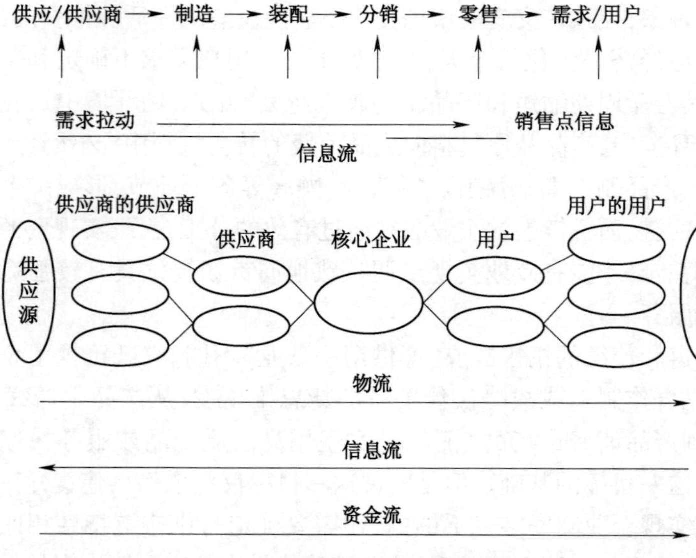

图 13-1 供应链的网链结构模型

组成,其中一般有一个核心企业,节点企业在需求信息的驱动下,通过供应链的职能分工与合作(生产、分销、零售等)实现整个供应链的不断增值。

二、供应链的特征

从供应链的结构模型可以看出,供应链是一个网链结构,由围绕核心企业的供应商、供应商的供应商和用户、用户的用户组成。一个企业是一个节点,节点企业和节点企业之间是一种需求和供应的关系。供应链的主要特征如下。

1. 复杂性

因为供应链节点企业组成的跨度不同,供应链往往由多个、多类型甚至多国企业构成,所以供应链结构模式比一般单个企业的结构模式更为复杂。

2. 动态性

供应链管理因企业战略和适应市场需求变化的需要,其中节点企业需要动态的更新,这使得供应链具有明显的动态性。

3. 面向用户需求

供应链的形成、存在、重构都是基于一定的市场需求而发生的,并且在供应链的运作过程中,用户的需求拉动是供应链中信息流、产品和服务、资金流运作的驱动源。

4. 交叉性

节点企业可以是这个供应链的成员,同时又是另一个供应链的成员,众多的供应链形成交叉,增加了对于供应链管理和协调的难度。

三、供应链管理

1. 供应链管理的概念

物流在 20 世纪 80 年代以来经历了空前的飞速发展,特别是在经济全球化、市场竞争更加激烈、产品寿命周期的缩短以及顾客期望的提高的形势下,使企业不得不关注其传统物流之外的整个供应链的效率。

供应链管理可以定义为:在满足服务水平需要的同时,为使系统成本最小而把供应商、制造商、仓库和商店有效地结合成一体来生产商品,并把正确数量的商品在正确的时间配送到正确地点的一套方法。

这个定义包含以下三方面的内容。

(1)供应链管理把对成本有影响、在产品满足顾客需求的过程中起作用的每一方都考虑在内,从供应商和制造工厂经过仓库和配送中心到零售商和商店。实际上,在一些供应链分析中,有必要考虑供应商的供应商和顾客的顾客,因为他们对供应链的业绩是有影响的。

(2)供应链管理的目的在于追求效率和整个系统费用的有效性,使系统总成本达到最小。这个成本包括从运输和配送成本到原材料、在产品和产成品的库存成本。因此,供应链管理的重点不在于简单地使运输成本达到最小和减少库存,而在于采用系统方法来进行供应链管理。

(3)因为供应链管理是围绕着把供应商、制造商、仓库和商店有效率地结合成一体这一问题来开展的,因此它包括公司许多层次上的活动,如战略层次、战术层次和操作层次。

2. 供应链管理的内容及目标

供应链管理主要涉及4个领域:供应、生产计划、物流、需求。供应链管理是以同步化、集成化生产计划为指导,以各种技术为支持,尤其以Internet/Intranet为依托,围绕供应、生产作业、物流、满足客户需求来实施的。供应链管理注重总的物流成本(从原材料到最终产成品)与用户服务水平之间的关系,为此要把供应链各个职能部门有机地结合在一起,从而最大限度地发挥出供应链整体的力量,达到供应链企业群体获益的目的。

供应链管理的目标是通过调和总成本最小化、客户服务最优化、总库存最小化、总周期时间最短化以及物流质量最优化等目标之间的冲突,实现供应链绩效最大化。

(1)总成本最小化。众所周知,采购成本、运输成本、库存成本、制造成本以及供应链物流的其他成本费用都是相互联系的。因此,为了实现有效的供应链物流管理,必须将供应链各成员企业作为一个有机整体来考虑,并使实体供应物流、制造装配物流与实体分销物流之间达到高度均衡。因而,总成本最小化不是指运输费用或库存成本,或其他任何供应链物流运作与管理活动的成本最小，而是整个供应链物流运作与管理的所有成本总和最小。

(2)客户服务最优化。物流的本质就是服务，供应链物流的本质也是为整个供应链的有效运作提供高水平的服务。由于物流服务水平与成本费用之间的二律背反关系，要建立一个高效的供应链物流网络结构系统，就必须考虑总成本费用与客户服务水平的均衡。因此，供应链管理的目标是要以最低化的总成本费用实现整个供应链客户服务的最优化。

(3)总库存最小化。传统的企业管理思想认为，库存是维系生产和销售的必要措施，因而企业与其上下游企业之间在不同的市场环境下只是实现了库存的转移，整个社会库存总量并未减少。按照 JIT 管理思想，库存是不确定性的产物，任何库存都是浪费。因此，在实现供应链物流管理的同时，要使整个供应链的库存控制在最低程度，“零库存”就是这种目标的理想状态。总库存最小化目标的实现，依靠整个供应链的库存水平与库存变化的最优控制，而不只是单个成员企业库存水平的最低。

(4)总周期时间最短化。在当今的市场竞争中，时间已成为竞争成功的重要因素之一。因而，供应链之间的竞争实质上是时间竞争，必须实现有效客户反映，最大限度地缩短从客户发出订单到获取满意交货的整个供应链物流的总周期时间。

(5)物流质量最优化。在市场经济条件下，企业产品或服务质量的好坏直接影响到企业的成败，同样，供应链物流服务质量的好坏不仅关系到物流企业的兴败，而且也关系到整个供应链的存亡。为实现这一目标，必须从原材料、零部件供应的零缺陷，甚至供应链物流管理的全过程实施全面质量管理。

3. 供应链管理中的关键问题

供应链管理中的问题涉及许多方面的活动，从战略层次到战术层次一直到作业层次。战略的问题是对企业有着长远影响的决策，这包括关于仓库和制造工厂的数量、布局和能力大小，以及物料在物流网络中流动等方面的决策。战术层的决策一般每季度或每年都要进行更新，这些决策包括采购和生产决策，库存策略和运输策略。作业层次上，包括日常活动的决策，如计划、估计备货期、安排运输路线、装车等。

(1)配送网络的重构。配送网络重构是指采用几个工厂生产的产品来服务一组在地理位置上分散的零售商。例如,目前的一组仓库可能不是合适的,管理层希望重新组织和设计配送网络。这可能由于需求模式的改变,或者由于现有的几个仓库租赁合同的终止。另外,需求模式的变化可能要求改变工厂的生产水平,选择新的供应商,设计商品在配送网络中新的流动方式。管理层如何在最小化总生产、库存、运输成本和满足服务水平的条件下,选择各仓库的地点和容量,确定每一个工厂的生产水平,安排各设施之间(从工厂到仓库或从仓库到零售商)的运输。

(2)库存控制问题。例如,一个零售商对某一特定的产品应该持有多少库存。因为顾客需求随时间而变化,零售商只能用历史数据来预测需求。零售商的目标在于决定在什么点上再订购一批产品,以及为了最小化库存订购和保管成本,应订多少产品。更基本的问题是,零售商为什么要保留库存?是因为顾客需求的不确定性,那么是否可以采用一些措施来减少这种不确定性?零售商的订货量是否应该大于、小于或等于需求的预测值?最后,应该采用多大的库存周转率?不同行业是否有不同的库存周转率?

(3)配送战略问题。大家知道沃尔玛公司的成功与采用直接转运的配送战略有关。直接转运是一种配送战略,在这个战略中商店由中央仓库供应商品,中央仓库充当供应过程的调节者和来自外部供应商的订货的转运站,而其本身并不保留库存,我们把这样的仓库称为直接转运点。我们需要考虑以下问题:需要多少直接转运点?采取直接转运策略是否比仓库中持有库存的经典战略更好?某个特定的企业应采用哪个战略:直接转运策略还是在仓库中保留库存的经典配送战略,或者把物品直接从供应商运往商店的直接运输战略?

(4)供应链集成和战略伙伴。由于供应链本身的动态性以及不同机构和伙伴有着相互冲突的目标,对供应链进行集成是相当困难的。但不管怎样,成功事例表明集成供应链不但是可能的,而且它能够对企业的业绩和市场占有率产生巨大的影响作用。当然,有人会认为这些成功的例子是在各自行业处于最大的公司的例子,这些公司能够实施其他公司无法实施的技术和战略。然而,在当今竞争激烈的市场中,大多数公司别无选择,他们是被迫集成其供应链并忙于寻找战略性合作伙伴的,这种压力来自顾客和供应链伙伴。集成如何取得成功？显然,信息共享和作业计划是成功的集成供应链的关键。但是问题是什么信息应该共享？如何共享？信息如何影响供应链的设计和作业？在组织内部和外部合作人之间需要什么层次的集成？最后,可以实施哪些类型的伙伴关系,以及在给定的情况下,应实施哪种类型的伙伴关系？

(5)产品设计。有效的设计在供应链中起着多方面的关键作用。最明显的是,某些产品设计相对于其他设计会增加库存保管成本或运输成本,而其他一些设计可能有利于缩短制造周期。但是,产品重新设计通常是代价昂贵的。什么时候值得对产品进行重新设计来减少物流成本或缩短供应链的周期？通过产品设计的作用来弥补顾客的需求的不确定性是否可行？能否对战略导致的成本节约额定量化？为了利用新产品设计,对供应链应做什么样的修改？最后,诸如大量定制化等新概念越来越流行,在成功地实施这些新概念的过程中,供应链管理扮演着什么样的角色？

(6)信息技术和决策支持系统。信息技术是促成有效供应链管理的关键因素。实际上,目前对于供应链管理的许多兴趣是因为有了大量数据而出现机遇,以及通过对这些数据进行复杂分析能够取得成本节约所引起的。供应链管理的基本问题不在于是否可以获取数据,而在于应该传递什么数据,即哪些数据对于供应链管理是重要的,哪些数据是可以忽略的？应该如何进行数据的分析和利用？因特网的影响是什么？电子商务的作用是什么？在企业内部和供应链伙伴之间需要什么样的基础设施？最后,因为能够获得信息技术和决策支持系统,能否把这些技术看作是用来获取市场竞争优势的主要工具？如果可以的话,那么是什么因素阻止其他企业采用同样的技术？

(7)顾客价值的衡量。顾客价值是衡量一个企业对于其他顾客的贡献大小的指标,这一指标是根据企业提供的全部物品、服务以及无形影响来衡量的。最近几年来,这个衡量指标已经取代了质量和顾客满意度等指标。显然,如果一个企业希望满足顾客需要和提供价值,那么有效供应链管理是很关键的。但是在不同的行业中,是什么因素决定顾客价值的呢？供应链管理如何作用于顾客价值？顾客价值中出现的趋势，如关系的培养和经验的积累，是如何影响供应链管理的？

4. 供应链管理的发展趋势

目前，供应链在很多行业的很多方面已经取得了成绩和成效，供应链管理的理论也得到了很大的发展，但是面对日新月异的世界的快速发展，供应链管理也会在以下几个方面具有新的发展趋势。

(1)时间和速度方面。越来越多的企业已经认识到时间和速度是影响市场竞争力的关键因素之一。起初，大多企业只重视产品的设计与制造的时间与速度，目的是减少推出新产品系列的时间。例如，在汽车制造行业，日本的企业具有灵活设计与制造的优势，推出新车型的时间比过去减少了一半以上。欧美的汽车制造商也已考虑了时间因素，减少了设计时间和采用了柔性制造。尤其在供应链管理模式下，时间和速度已经被看作是提高整体竞争力的主要来源，一个环节的拖沓往往会影响整个供应链的运转。供应链中的各个企业通过各种手段实现他们之间物流、信息流的紧密连接，以实现对最终客户要求的快速反应、减少存货成本、提高供应链整体竞争力水平的目的。

(2)质量管理方面。供应链管理涉及许多环节，需要环环相扣，并确保每一个环节的质量。因为一个环节如运输服务质量的好坏，将会直接影响到供应商备货的数量、分销商仓储的数量，最终影响用户对产品质量、时效性以及价格的评价。厂商们已经认识到，即使其产品在其他方面有出色的表现，一旦交付延迟或损坏，都是客户所不能接受的。因而，全面质量管理的理念应该贯彻到供应链的每一个环节，这样才会使得供应链有着更强的竞争力。

(3)资产生产率方面。在改进资产生产率方面，一直很受重视的是存货水平和存货周转的加快，因为存货所发生的费用是资产占用的重头戏，减少存货可以减少存货成本。固定设施如仓库的投资也是影响资产生产率的重要方面，通过减少存货和利用公共仓库而减少自有仓库已成为明显的趋势。在供应链管理的环境下，改进资产生产率不仅仅是注重减少企业内部的存货，更重要的是减少供应链环节中的存货。供应链中的企业可以利用共享数据和协调管理等手段，以减少在整个供应链流通过程中的存货数量。

(4)客户服务方面。传统的量度是以“订单交货周期”“完整订单的百分比”等衡量的,而目前更注重客户对服务水平的感受,服务水平的量度也是以它为标准。例如,一些企业已采用订单准时交送的百分比,订单完整收到的百分比(货损货差率),账单准确的百分比等指标。客户服务的重点的转变也要求供应链中的物流企业必须提供更高的服务水平,这样整个供应链才会在激烈的市场竞争中具有优势。

5. 供应链管理的效益

1997 年 PRTM(Pittiglio Rabin Todd & Mcgrath)公司进行的一项关于集成化供应链管理的调查(调查涉及 6 个行业的 165 个企业,其中化工 25%、计算机电子设备 25%、通信 16%、服务 15%、工业 13%、半导体 6%)表明,通过实施供应链管理,企业可以达到以下多方面的效益。

(1)总供应链管理成本(占收入的百分比)降低 10%以上。

(2)中型企业的准时交货率提高 15%。

(3)订单满足提前期缩短 25%~35%。

(4)中型企业的增值生产率提高 10%以上。

(5)绩优企业资产运营业绩提高 15%~20%。

(6)中型企业的库存降低 3%,绩优企业的库存降低 15%。

(7)绩优企业的现金流周转周期上具有比一般企业少 40~60 天的优势。

而戴维德·霍尔(D. Hole)认为通过良好的供应链管理可以在进入新市场、开发新产品、开发新分销渠道、改善售后服务水平、提高用户满意程度、降低库存、后勤成本、单位制造成本、提高工作效率等方面获得满意的效果。有效的供应链管理能够使供应链上的企业获得并保持持久的竞争优势,从而提高供应链的整体竞争能力,越来越多的企业正在意识到供应链管理的重要战略意义,正如英国著名供应链专家马丁·克里斯多夫(M. Christopher)所说,“21 世纪的竞争不是企业与企业之间的竞争,而是供应链与供应链之间的竞争”。

6. 供应链管理与物流管理的关系

供应链管理是物流管理的最新理念,是物流管理的更高级的形态,是在物流管理的基础上发展起来的,但二者的确存在着一些区别。

(1)物流管理的对象是货物资产,而供应链管理的对象是货物流动过程中的关系,是对供应链上的产品或服务实施需求管理、订单执行管理、制造流程管理、采购管理和新产品的研发设计管理等。

(2)物流管理中对于成本的控制主要是基于库存成本的转移,整个社会的库存总量没有减少,而供应链管理是通过注重产品最终成本来优化供应链的。这里的最终成本是实际发生的到达客户时的总成本,包括采购时的价格及送货成本、存货成本等,制造商作为供应链的核心企业不仅要关注企业内部的制造成本,同时还要考虑供应商和第三方物流企业的成本。

(3)物流管理关注企业内部的物流事务,而供应链管理更强调企业之间的战略联盟,更强调整合企业外部资源和企业核心竞争力。

(4)物流管理需求企业内部利益最大化,而供应链管理需要风险共担,实现供应链的每个企业的“共赢”。在供应链管理的过程中,利用现代化的信息技术手段,平衡每个环节的物流和存货水平,满足客户的服务需求,使得供应链伙伴互利互惠、共同发展。

第三节　基于供应链的第三方物流

一、第三方物流的含义

第三方物流系统(Third Party Logistics—TPL)是供应链集成的一种手段。TPL也叫物流服务提供者,它为客户提供各种服务,如产品运输、订单选择、库存管理等。把库存管理的部分功能委托给第三方物流系统管理,可以使企业更加集中精力于自己的核心业务,第三方物流系统起到了供应商和客户之间的联系桥梁的作用。第三方物流服务提供的主体是第三方,既非生产者自身或货主,也非最终用户,它所提供的产品不是自己所有的。这就是第三方物流最基本的含义,即第三方物流经营主体。因而,企业的自营物流不属于第三方物流。

第三方物流的服务是建立在现代技术基础上的物流活动,包括支持物流服务过程实现的功能技术和信息技术,其中电子技术的支持尤为重要。所谓功能性技术支持指支持物流作业流程和相关管理职能的技术依托,诸如装卸、仓储、运输、配送、流通加工及其一体化作业所需要的技术设备,实现托盘化物流、物流增值服务所需的技术设备等。信息技术是指基于如互联网、内联网、外联网(Internet/Intranet/Extranet)技术平台的移动通信(Mobile Communication)、全球定位系统(GPS)、数据交换技术(EDI)、电子商务(EC)、条形码(Barcode)技术等,它们能够充分支持满足客户所需全部或部分物流需求的集成运作、可视化监控、个性化服务等过程的技术需要。

第三方物流提供者和客户之间是现代经济关系,并以合同这一调整和约束现代经济活动和关系的法律形式为基础得以体现。现代经济关系包括体现个性化服务、合作双方或多方建立企业间战略联盟、业务联盟等形式,采用合同规范双方或多方的长期合作伙伴关系,一般可建立1~5年,或者更长的合作关系。采用合同这一契约形式规范经济关系可以具有很广的内涵,可以有效确保第三方物流提供者和客户双方的利益。

二、第三方物流成功运作的关键因素

随着第三方物流市场的变化与物流业的发展情况,第三方物流就要考虑制造商运输和生产计划的安排,并考虑如何降低成本获得更多的利润,考虑与销售商构筑流通渠道,实施快捷、低成本一体化物流。

1. 建立快速反应的体系

第三方物流提供商要将现有流程重新设计,利用实用信息技术把大量的运输、仓储、销售业务信息化,形成对生产企业、批发企业、零售企业等都有用的数据和信息管理系统,形成能够准时、有效地调配物流资源的控制能力,就可以把客户需求信息转化为对生产、运输、仓储、配送的指导,这样服务水平与库存量就可以同时改善。

2. 形成规模经济效益

由于拥有强大的购买力、货物配载能力、物流过程控制能力,第三方物流公司可以通过资源整合能力、专业化服务得到比他的客户更为低廉的物流报价,并集中配载很多客户的货物,大幅度地降低单位运输、仓储、增值服务成本。第三方物流市场定价一般是采用成本加成法,依据合作对象、客户行业、服务内容、业务规模、合同期限等因素综合确定。

3. 运用电子信息技术

许多第三方物流公司与独立的软件供应商结盟或者开发了内部的信息系统,这使得他们能够最大限度地利用运输和分销网络,有效地进行多式联运的货物追踪,进行电子交易,实施几种仓储等策略,生成提高供应链管理效率所必需的报表和进行其他相关的增值服务。因为许多第三方物流已在信息技术方面进行了大量的投入,可以做到帮助其客户弄清楚哪种技术最有用处,如何实施,如何保持和日新月异的物流管理技术的同步发展。制造商、销售商与第三方物流服务提供商所形成的战略联盟,可以使得供应链上的企业以最低的投入充分享用更好的信息技术服务。

4. 有助于客户减少资本投入

制造商通过物流业务外包,可以减低因拥有运输设备、仓库和其他物流过程中所必需的投资,从而改善公司的赢利状况,把更多的资金投在公司的核心业务上,最终降低整个供应链物流总成本。

5. 有助于客户进入新的市场

许多专业的第三方物流公司都有良好的运输和分销网络,需要开拓新的市场的企业就可以借助第三方物流企业的网络,迅速进入新的市场,开展新的业务。

6. 发挥第三方物流的灵活性

把物流业务外包给第三方物流服务商,可以使得公司的固定成本转化为可变成本。公司通常向第三方物流供应商支付服务费用,而不需要自己公司内部维持物流基础设施、设备来满足企业的物流需求。尤其是对于那些业务量呈季节性变化的公司来讲,外包物流业务对公司赢利的影响更为明显,而第三方物流服务商可以提供面向多用户的服务,调节自身的资源利用率,可以促使第三方物流企业和需要物流服务的企业实现"双赢"。

三、第三方物流对供应链企业的业务影响

供应链管理的目的是通过提高整个供应链活动的效率,取得竞争优

势。在供应链管理模式下,企业的最终产品只有一个最终的用户市场,所有其他市场是原材料转变为产品的过程,是整个供应链的一部分,因而所有供应链的参与方都有着相同的战略目标,是通过合作而不是竞争得益。物流是供应链中不同事物综合的过程,如果要把供应链运作得如同一个真正的企业,整个物流过程必须作为一个统一过程来运作。可见,第三方物流对于整个供应链管理的重要影响。

第三方物流系统还可以为供应链上的企业带来诸多好处。

(1)减少成本。

(2)使企业集中于核心业务。

(3)获得更多的市场信息。

(4)获得专业的物流咨询和物流管理。

(5)改进服务质量和服务标准。

(6)快速进入国际市场。

面向协调中心的第三方物流系统使供应和需求的双方都取消了各自独立的库存,增加了供应链的敏捷性和协调性,并且能够提高供应链的客户服务水平和运作效率。

思　考　题

1. 试分析运输与物流之间的关系。
2. 试分析供应链的网链结构模型。
3. 供应链管理与物流管理存在什么样的关系?
4. 第三方物流的含义和成功运作的关键因素有哪些?
5. 第三方物流对供应链企业的影响有哪些?

第十四章　公路运输经济分析

第一节　公路运输发展现状

公路汽车运输是陆路运输的重要方式。美国“国家工程院”评选出的20世纪20项重大科技成就和突破中，汽车名列第二，高速公路系统名列第十一。由此可见，汽车以及公路系统在现代社会发展和文明建设中具有十分重要的作用。公路运输具有方便、快捷、灵活的特点，在综合交通体系中具有重要的地位。

发达国家的公路系统非常普及，公路网几乎连接了所有的地方。不同的公路质量差别比较大，随着经济的不断发展，一个重要的趋势是，公路运输系统的智能化程度越来越高。

中华人民共和国成立以来，特别是改革开放以来，中国的公路运输有了迅猛的发展。截至2015年末全国公路总里程457.73万km，比上年末增加11.34万km。公路密度47.68 km/百 km^2，提高1.18 km/百 km^2。公路养护里程446.56万km，占公路总里程97.6%。全国等级公路里程404.63万km，比上年末增加14.55万km。等级公路占公路总里程88.4%，提高1个百分点。其中，二级及以上公路里程57.49万km，增加2.92万km，占公路总里程12.6%，提高0.3个百分点。各行政等级公路里程分别为：国道18.53万km（其中普通国道10.58万km）、省道32.97万km、县道55.43万km、乡道111.32万km、专用公路8.17万km，比上年末分别增加0.61万km、0.69万km、0.23万km、0.81万km和0.14万km。全国高速公路里程12.35万km，比上年末增加1.16万km。其中，国家高速公路7.96万km，增加0.65万km。全国高速公路车道里程54.84万km，增加5.28万km。全国农村公路（含县道、乡道、村道）里程 398.06 万 km，比上年末增加 9.90 万 km，其中村道 231.31 万 km，增加 8.85 万 km。全国通公路的乡(镇)占全国乡(镇)总数 99.99%，其中通硬化路面的乡(镇)占全国乡(镇)总数 98.62%、比上年末提高 0.53 个百分点；通公路的建制村占全国建制村总数 99.87%，其中通硬化路面的建制村占全国建制村总数 94.45%、提高 2.68 个百分点。全国公路桥梁 77.92 万座、4 592.77 万 m，比上年末增加 2.20 万座、334.88 万 m。其中，特大桥梁 3 894 座、690.42 万 m，大桥 79 512 座、2 060.85 万 m。全国公路隧道为 14 006 处、1 268.39 万 m，增加 1 602 处、192.72 万 m。其中，特长隧道 744 处、329.98 万 m，长隧道 3 138 处、537.68 万 m。

2015 年全国营业性客运车辆完成公路客运量 161.91 亿人、旅客周转量 10 742.66 亿人公里，比上年分别减少 6.7% 和 2.3%，平均运距 66.35 km。全国营业性货运车辆完成货运量 315.00 亿 t、货物周转量 57 955.72 亿吨公里，比上年分别增长 1.2% 和 2.0%，平均运距 183.99 km。

截至 2015 年末，全国有 99.01% 的乡镇开通了客运线路，乡镇通车率比上年末提升 0.06 个百分点；94.28% 的建制村开通了客运线路，建制村通车率比上年末提升 0.96 个百分点。

2016 年 8 月—2017 年 8 月，道路运输业固定资产建设投资、1978—2015 年全国公路里程(万 km)、运输完成的客货运量如图 14-1~图 14-4 所示。

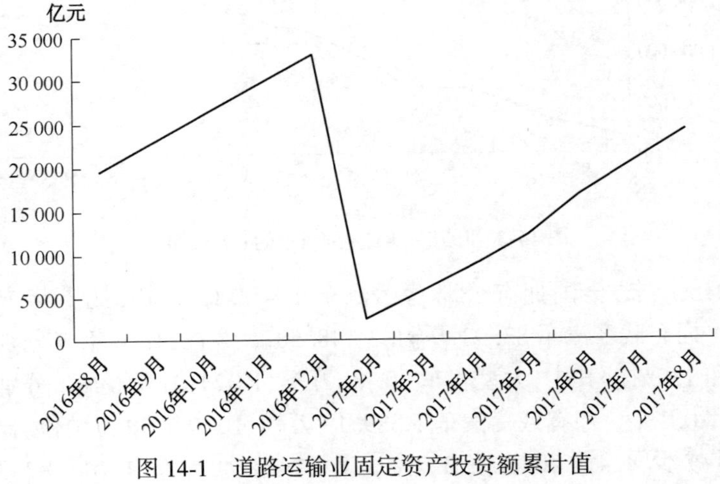

图 14-1 道路运输业固定资产投资额累计值

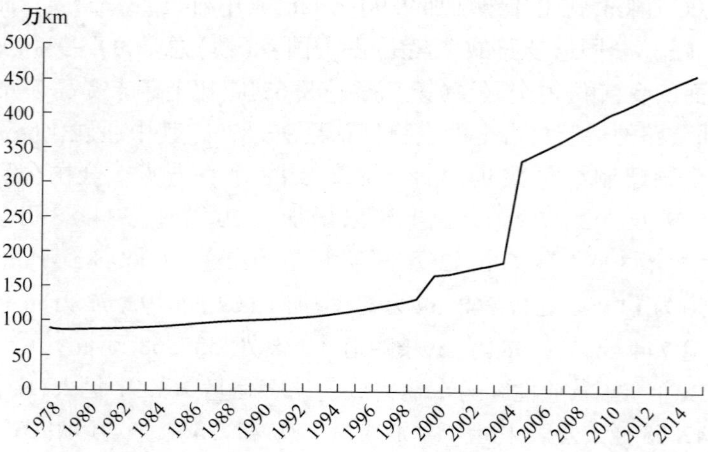

图 14-2　1978~2015 年全国公路里程

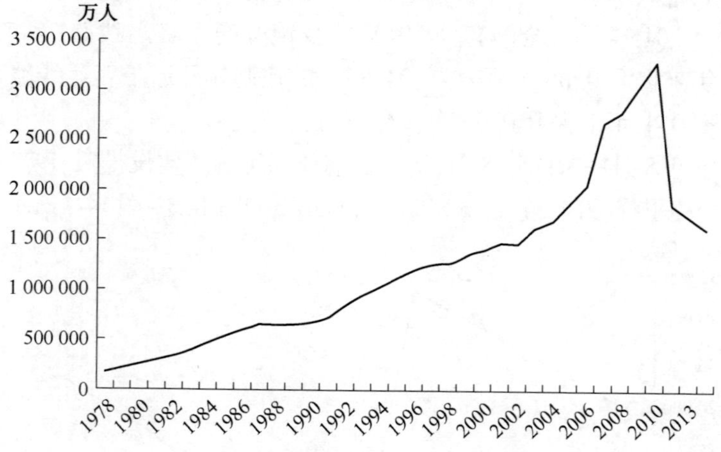

图 14-3　1978~2015 年全国公路客运量

2015 年末,全国拥有公路营运汽车 1 473. 12 万辆,比上年末减少 4. 2%。拥有载客汽车 83. 93 万辆、2 148. 58 万客位,比上年末分别减少 0. 8%和 1. 9%。其中,大型客车 30. 49 万辆、1 324. 31 万客位,分别减少 0. 6%和 0. 1%。拥有载货汽车 1 389. 19 万辆、10 366. 50 万吨位,比上年末分别减少 4. 4%和增长 0. 7%。其中,普通货车 1 011. 87 万辆、

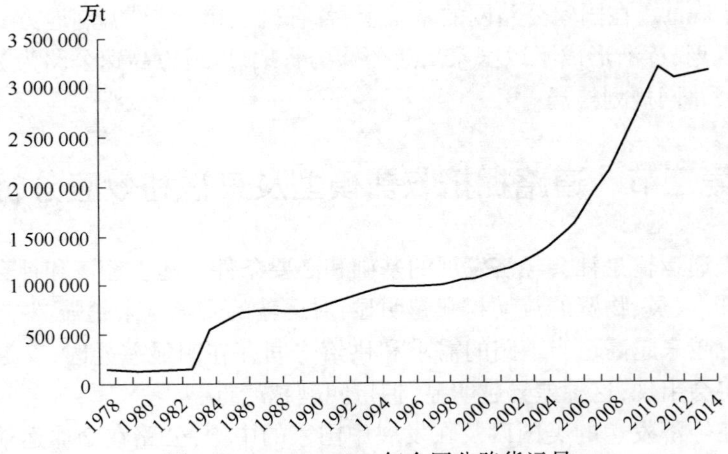

图 14-4　1978~2015 年全国公路货运量

4 982.50 万吨位，分别减少 7.3% 和 4.9%；专用货车 48.40 万辆、503.09 万吨位，分别增长 6.2% 和 2.5%。

高速公路是 20 世纪 30 年代在西方国家出现的交通基础设施，经过 70 多年的发展，目前全世界已有 80 多个国家和地区拥有高速公路，通车里程超过了 20 万 km。其中，美国、德国、日本等发达国家已经构筑起比较完善的高速公路网。

近十几年来，随着中国综合国力的全面提升，中国高速公路的建设也在迅速发展。从 1988 年中国大陆第一条高速公路——沪嘉高速公路通车，2016 年我国新增高速公路 6 000 多 km，总里程突破 13 万 km。明年我国将新增高速公路 5 000 km，新改建农村公路 20 万 km，新增贫困地区 7 000 个建制村通硬化路。中国高速公路增速全球第一，2017 年再度新增 5 000 km。

改革开放以来，公路基础设施建设取得了令人举世瞩目的成就，实现了跨越式发展。公路行业为国家的经济发展做出了重要贡献，是我国经济社会健康运转的重要支撑和保障。2013 年，国务院批准《国家公路网规划(2013~2030 年)》，对国道网层次架构进行了补充和完善，明确了由 7 条首都放射线、11 条北南纵线、18 条东西横线，以及地区环线、并行线、联络线等组成，约 11.8 万 km 的国家高速公路网(另规划远期展望线约

1.8 万 km)。在国家公路网的基础上,各省(区、市)纷纷编制地方高速公路网规划,逐渐形成了以国家高速公路为骨架、以地方高速公路为补充的高速公路网规划格局。

第二节　道路拥挤收费模型及其福利效应分析

交通运输是社会经济发展的基础和必要条件。随着经济和社会的不断发展,人员、物资的流动越来越明显,对运输的需求越来越强,对道路的要求也越来越高。当道路的需求和供给之间存在明显差异时,交通拥挤问题将会出现,这种差异越明显,拥挤问题越严重。

在经济发达的美国以及在发展中国家的中国,公路在交通运输中都发挥着十分重要的作用,公路货运量在各种运输方式完成的货运量中占据首位。

公路运输的迅速发展使其面临着在理论上需要解释、在实践中需要解决的重要问题,即是否收费和如何收费。目前,不同的国家有不同的做法,甚至同一个国家不同地区也有不同的做法。

一、不同道路状况下收费模式及其福利效应

关于运输收费问题,首先需要澄清两个概念:道路收费和道路拥挤收费。道路拥挤收费是针对道路使用的外部性而言的,由于车辆的不断增加,影响了道路上车辆的正常行驶,社会边际成本大于个人边际成本,整个社会福利受到损失,因此,要对社会边际成本和个人边际成本的差额进行收费,这就是拥挤费或拥挤税。从整个道路使用来看,拥挤费是边际成本高于平均成本的部分。道路收费是道路使用的直接收费,它和拥挤费不完全一样。当道路发生拥挤时,可以收取拥挤费,而当道路不拥挤时,就不能收取拥挤费了。道路收费则不管有无拥挤情况,只要使用道路就要收取费用。由于道路收费先于拥挤收费,往往是一个稳定的、便于征收的数值,而拥挤收费则是和拥挤程度相关联的。

1. 道路通行能力充足,不存在拥挤现象

在这种情况下,运输数量的增加不会带来明显的边际成本的升高,因

此不存在拥挤收费的情况,即潜在的需求总数小于 q^*,如图 14-5 所示。

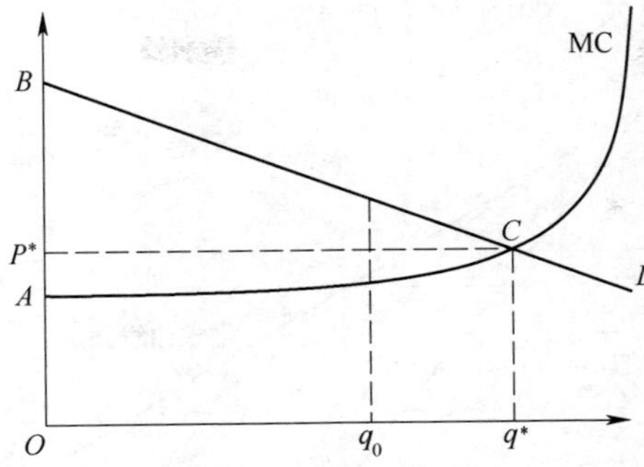

图 14-5　通行能力充足的情况

如图 14-1 所示,潜在需求量 q_0小于 q^*,新增的运输量不会带来更多的边际成本,因此在这里可以忽略。另外,由于运量充足,也不会出现由车流速度—车辆数目公式所导出的拥挤现象。证明如下:

车流速度—车辆数目关系的经验公式为 $S=34.17-0.2124D$(其中 S 以每小时英里数表示的车速,D 是某方向单车道上每英里的车辆密度),在这里为了分析问题的普遍性把公式改写为:

$$S = a - bD$$

某一时段通过的交通量则是 D 和 S 的乘积,可以表示为 $M=DS=aD-bD^2$。

如果新增的运输量不会产生交通拥挤,但导致边际成本提高,而这些提高的边际成本将大部分地被公路上的其他车辆承担,导致社会福利下降,那么必须满足 $M'=0$,即 $D^*=\frac{a}{2b}$,可以看出,这也是交通量最大化的条件。通行能力充足,也就意味着实际的车辆密度小于 D^*。

当道路通行能力充足时各种收费模式下的福利效应为:

(1)不收费时的情况。

如果一条公路不是由私人投资而是由政府投资修建的,那么政府应当为了实现消费者剩余的最大化而不征收任何费用(实际上,使用财政资金修建道路是政府向社会提供的公共物品,所以也不应当收费),当公路的交通量将正好等于潜在需求量时,不会产生拥挤现象,所以这时社会净福利也达到了最大。如图 14-6 所示。

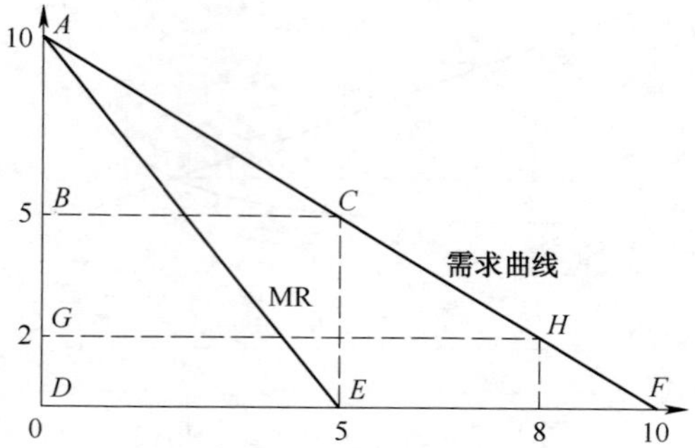

图 14-6 通行能力充足时的福利效应分析

这种情况下,$q=0$,$D=10$,社会总效益等于消费者剩余为三角形 *ADF* 的面积,即 50,但是这时投资者将不会从其投资的公路上得到任何收益。

(2)垄断定价时的情况。

如果公路的投资者(这时大多数情况下为私人投资者)将根据垄断市场的利润最大化原则制定价格,即当交通量使得其边际收益曲线为 0 时的价格,这在图中反映为价格为 5,交通量为 5,其获得的剩余为矩形 *BCED* 的面积,即 25,而此时的消费者剩余为三角形 *ABC* 的面积,即 12.5,社会福利总数为 37.5,小于定价为 0 时的情况。而所减少的三角形 *CEF* 的面积就是社会福利损失,这说明单纯追求自身效益最大化的垄断定价会降低社会福利。

(3)管制定价时的情况。

公共产品的性质本身决定了政府必将对其实行管制,这样投资者就不能按照自身利润最大化的条件来定价,因为政府可能会从限制最高定价。假如政府的最高限价为 2,那么投资者按照 $p=2$ 来收费,这时发生的交通量为 8,对应的消费者福利增加到三角形 *AGH* 所围成的面积,即 32,而投资者利润降为 16,社会总福利为 48,比垄断定价时增加了 10.5。

2. 通行能力有限,道路交通拥挤

交通拥挤产生的成本主要包括因速度降低而造成的旅行时间、汽油消耗量、空气污染等指标的增加。在分析拥挤形成的成本时，通常通过交通流量、密度、速度、成本之间的关系加以讨论。交通拥挤是一个复杂的渐进过程，在研究交通拥挤和拥挤代价时，以下采用一种静态的数学模型。在静态模型中，没有把时间作为一个重要变量加以使用，而是假定所讨论的问题，如速度、密度、成本以及所征收的通行费，在一定时间内是不变的。一定数量的道路使用者在交通拥挤期间完成特定区段的运行的社会平均成本和边际成本取决于交通拥挤持续时间(T)，持续时间越长，成本就越高。

仿照流体力学，行车速度与车流密度有以下关系：

$$S = B\ln D_0/D$$

式中　S——速度；

D——车流密度；

D_0——速度为零时的堵塞密度；

B——常数，决定于道路的宽度、道路等级等。

由上式得：$D=D_0\mathrm{e}^{-S/B}$

令 q 为单位时间里的车流数，则：$q=SD$

因此：$q=SD=SD_0\mathrm{e}^{-S/B}$

对 S 微分令其为零，得车流量最大时的速度(S_m)为 $S_m=B$。

因此最大密度为：

$$D_m = D_0\mathrm{e}^{-B/B} = D_0\mathrm{e}^{-1}$$

最大车流为：

$$q_m = D_0S_m\mathrm{e}^{-1}q = q_m\left(\frac{S}{S_m}\right)\mathrm{e}^{\left(1-\frac{S}{S_m}\right)}$$

另一辆车行驶单位距离所需的时间为 t，则 $t=1/s$ 全部车流所需的时间为：

$$\dot{T} = qt' = q_m/S_m \times \mathrm{e}^{\left(1-\frac{S}{S_m}\right)} = D_m\mathrm{e}^{\left(1-\frac{S}{S_m}\right)}$$

$$\mathrm{MC}_t' = \mathrm{d}\dot{T}/\mathrm{d}\dot{q} = \frac{\mathrm{d}T}{\mathrm{d}s} \times \frac{\mathrm{d}s}{\mathrm{d}q} = \frac{\mathrm{d}T/\mathrm{d}s}{\mathrm{d}q/\mathrm{d}s} = \frac{-D_m(1/S_m)}{q_m/S_m(1-S/S_m)} = 1/(S-S_m)$$

其中边际成本 $t=1/S$ 是由驾驶人员自己负担，由他加入车流所造成的延误为：

$$z = \mathrm{MC}_t - t = 1/(S - S_m) - 1/S = \frac{S_m}{S(S - S_m)}$$

此即为拥挤所造成的延误损失,即拥挤成本。

前面已经分析过,路面上车辆数量过多会导致车速下降的情况,车的数量不应超过合理水平,否则车辆越多车速越慢,成本上升也越快。有效率的运价要求每一位道路的使用者都支付其引起的边际成本。这意味着除了支付燃油费、维护费、车辆折旧和自己驾车时间的成本,新加入的驾车者还应该承担他所引起的其他驾车人的损失。这种损失并不是公路投资者的实际花费,而是由于车速降低给社会带来的。对新加入车辆的拥挤收费可以抑制对道路的过度需求,因而能够减少车流量,提高车速,节约驾车人的时间。

图 14-7 反映了存在拥挤现象时随着过往车辆增加到一定的限度边际成本急剧上升的情况。需要指出的是,这里的边际成本并不只是公路运营商的成本,还应该包括随着驾车人等待时间的增加而多支出的燃油费用和所有驾车人的时间成本以及给社会带来的其他外部成本。因此,在图 14-3 中 MC 曲线和 D 曲线交点的情况并不是公路运营商实现利润最大化的点,而是社会实现社会福利最大值的点。因此,图是 p^* 就应该是所征收的拥挤收费。

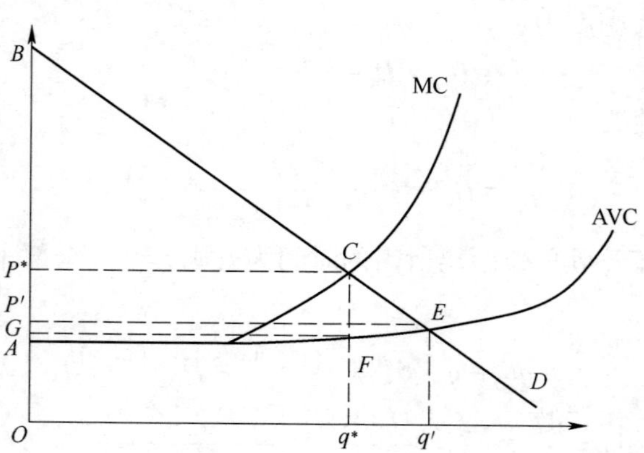

图 14-7 拥挤收费

拥挤收费并不是异想天开的想法,实际上,这是有些时候缓解交通拥挤不得不采取的办法之一。道路拥挤现象在大城市愈来愈明显,而增建道路受条件限制,所以在很多情况下它不是解决问题的根本和唯一方法。伦敦从 2003 年 2 月 17 日开始实施交通拥挤收费制度,在两个星期之后就产生了效果。由于实行拥挤收费,很多人转乘公共交通,实施该措施的地区交通量减少了大约 20%,伦敦的交通阻塞现象得到了很大改善,这为城市实施拥挤收费制度提供了的经验。

二、有关现实问题的探讨——一条公路如何收费

公路的收费可以遵循的原则有很多,可以是为了实现运营商的剩余最大化,可以是为了实现社会福利的最大化,也可以是在两者之间折中而行之。

回到模型 $S=a-bD$,已经证明,当公路上车辆密度过大时公路的通行能力是下降的。图 14-8 描述了两条曲线。可以看出,通过曲线同样也是价格 P 的函数,但是它和需求曲线不同的是它是一条曲线,而且通过量随着价格的下降先增加后减少。由公式 $S=a-bD$ 来看,某一时段通过一条公路的车流量(PA 曲线)应该是:

$$\mathrm{PA}=S\times D=aD-bD^2$$

要想建立 PA 和 P 的联系,首先要看 D 和 P 有什么关系。

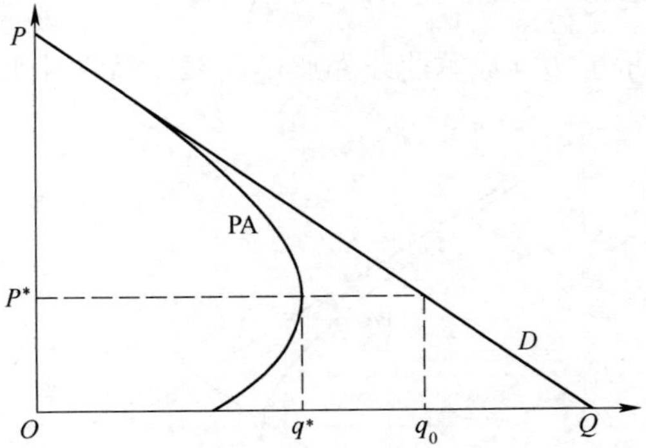

图 14-8　运输需求曲线和通过曲线

可以想象,需求曲线是价格的函数,而随着价格变化而引起的需求量变化必然导致公路上车辆密度的变化。由于需求量是价格的反函数,那

么车辆密度就应该也是价格的反函数,假设两者线性相关,那么可以假设以下关系成立:

$$D = \beta - \lambda p$$

将其代入到公式 $PA = aD - bD^2$ 中就能够得到 PA 曲线:

$$PA = a(\beta - \lambda p) - b(\beta - \lambda p)^2 = -b\left[(\beta - \lambda p) - \frac{a}{2b}\right]^2 + \frac{a^2}{4b}$$

这样,就可以得到 PA 取最大值时的价格 $p^* = \frac{\beta}{\lambda} - \frac{a}{2\lambda b}$,这时 $PA = \frac{a^2}{4b}$,即图 14-4 中的 q^*,而不是 q_0。

需要注意的一点是,当通过量趋近量大值时,车辆的行驶速度是加速递减的,这就意味着,如果考虑到驾车人的时间成本,那么在当实现通过量最大时驾车人的时间损失可能很大。如果这时再考虑到驾车人的利益,社会的最优情况又该如何呢?

驾车人的利益(福利状况)是和速度紧密联系的,假设社会福利为 F,它和速度的关系为:

$$F = PA \times S = S \times D \times S = S^2 \times D = a^2 D - 2abD^2 + b^2 D^3$$

对其求导,可以得出社会福利取最大值时的价格为:

$$p = \frac{\beta}{\lambda} - \frac{a}{3\lambda b}$$

图 14-9 列示了边际成本曲线和通过曲线。从图中我们可以更加明

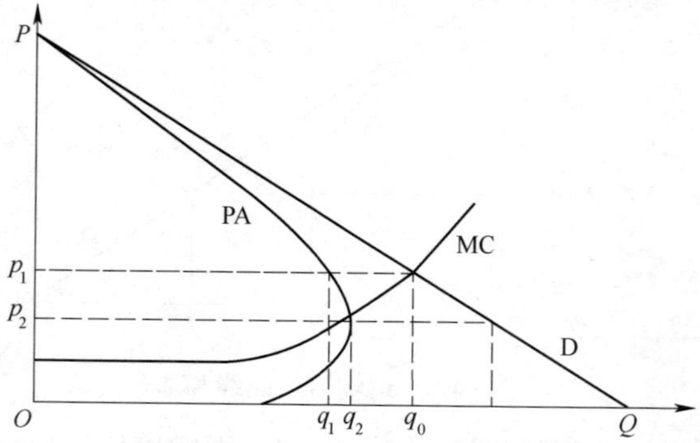

图 14-9　拥挤收费和通过曲线

显地看出,如果社会福利被定义为通过量和行驶速度的乘积,边际成本曲线(这里假设不包括外部成本)和需求曲线的交点所决定的价格正是使社会福利达到最大值时的价格。由此,本模型又从另外一个视角证明了拥挤收费的理论依据。

第三节　公路运输投资建设与管理

一、公路建设投融资方式

公路建设和养护需要大量资金,不同国家在公路建设和养护等方面的筹资方式有所不同,主要有以下几种。

(1)政府投资为主。国家和地方政府通过财政支出建设公路。

(2)征收公路使用者税(费)。

(3)集资或贷款修建公路。

目前,中国公路建设的养护的资金来源主要有以下几种。

(1)养路费。根据政府规定向拥有机车车辆的单位和个人征收的用于养护和改善公路的收费。

(2)车辆购置附加费。向所有购置车辆的单位和个人一次性征收的用于公路基本建设的费用。

(3)客货运附加费。是一项地方性公路收费,包含在公路客货运费中,是用于干线公路建设的专项资金。

(4)高等级公路还贷基金。这是部分省份征收的用于偿还高等级公路建设贷款的资金。

(5)道路通行费。是指通过银行贷款或其他渠道筹集资金修建的高等级公路,为偿还贷款向道路使用者征收的通行费。

(6)国家建设投资。政府用于重点公路建设项目的投资。

(7)国内外贷款。向国内外银行、金融机构或财团的贷款。

(8)BOT(Build-Operate-Transfer,建设—经营—转让)。

(9)PPP(Pubulic-Private-Partnership)即政府部门与企业合作的一种模式。它是指政府部门与企业或私人基于某个特定项目,形成的相互合作关系,并通过合同来明确双方的权利与义务,以确保项目合作的顺利完成和达到有利的结果。

随着市场化改革的不断深入,公路建设投融资渠道已经大大拓宽,初步形成了多渠道、多元化筹资的局面,这使中国公路建设有了比较可靠的资金来源和保证,促进了公路建设的发展。

未来中国的公路建设将继续推行多元化、多渠道的投融资体系。外资投资和民间资本的投入在未来一段时间内可能会有增加,但银贷资金占高速公路建设资本支柱地位的格局不会发生太大变化。2007 年,中国高速公路里程已位居世界第二位,高速公路通车里程超过 5. 39 万 km,仅次于美国。1998 年至 2007 年的 10 年间,我国高速公路年均通车里程超过 4 900 km,是前 10 年的 10 倍多。在此基础上,中国将再用 12 年时间打造总规模 8. 5 万 km 以上的国家高速公路网。总的目标是到 2020 年达到 8. 5 万 km。新路网由 7 条首都放射线、9 条南北纵向线和 18 条东西横向线组成,简称为“7918 网”,将把我国人口超过 20 万的城市全部用高速公路连接起来,覆盖 10 亿人口,工程总投资超过 2. 2 万亿元。

在目前实行的多元化、多渠道的高速公路建设投融资体系中,来自商业银行和政策性银行的贷款占了很大比重(约 60% ~70%)左右,此外,大约占总额的 6% ~7% 的中央财政的投入,和省市级地方投入,加上外资和民间资本投资,构成了中国高速公路建设的四大资金来源。从高速公路的效益分析来看,目前实行的多元化建设高速公路的方式符合中国的实际和未来的发展趋势。从发达国家的经验来看,要保持经济的持续、稳定、健康发展,必须对一些关系国计民生的基础性行业投入先行成本,而交通行业正是这其中最重要的部门之一,公路的建设仍然需要来自政府的财政投入和银行贷款来支持。总的来说,公路工程是一种重要的基础设施,尽管存在一定可经营性,可充分利用 BOT 模式和 PPP 模式等,但政府的主导作用是不能被忽视的,从长远角度来看,商业性资本无法成为公路建设融资资金的主要来源,政府必须加强对公路建设方面的投入,保证国家本金投入一定比例,再辅以市场融资解决不足部分。高速公路投融资体系经过二十多年的发展取得了突破性进展,由传统的政府投资发展到现在的投融资主体多元化,有效解决了我国高速公路的资金短缺问题。但是,我们必须认识到我国的高速公路投融资机制仍然不完善。

二、公路运输市场管理

在中国综合运输体系中,公路运输是较早进行市场化改革的运输方式,也是市场化改革比较深入的运输方式。随着公路建设速度的加快,公路网规模的扩大,公路运输市场的各项管理也成为公路运输发展中越来越重要的内容。

改革开放以来,随着公路运输的不断发展,对公路运输市场的管理逐渐完善。为加强对公路运输生产和市场的管理,有关部门出台了多项法律、法规,如《中华人民共和国道路交通安全法》《中华人民共和国安全生产法》《道路运输条例》《公路安全保护条例》等,以保证运输的安全、通畅。对公路运输的管理不仅体现在运营环节上,同样体现在公路建设环节上。2002 年以来,以建立健全公路建设管理法规体系为重点,交通运输管理部门对现行公路建设管理规章和规范性文件进行了清理。重新修订了《公路工程施工招标投标管理办法》,组织修订了《公路工程国内招标文件范本》《公路工程竣工验收办法》,编制了《公路工程施工招标评标委员会工作指南》《公路工程决算编制办法》。近年来,按照新的资质管理规定和资质等级标准,具有公路施工总承包特级、一级和路面、路基专业承包一级企业比实施资质管理前有了明显减少,达到了调控企业总规模的目的。加强了公路监理市场秩序的治理整顿,出台了《关于治理整顿公路监理市场秩序的意见》,明确了治理整顿的主要目标和工作重点。通过各项措施的实施,规范了公路建设市场准入和公路监理市场制度,公路建设法规体系逐步完善,公路建设市场秩序逐步规范,公路建设逐步走上了法制化的轨道,公路建设市场秩序逐步规范。

2004 年 6 月 20 日,政府有关部门在全国开展车辆超限超载集中治理工作,超限超载特别是严重超限超载现象得到了有效遏制。集中治超使运输价格合理回归,全国公路交通畅通,各地重要物资供应正常,对全国 20 家重点运输企业运输情况的跟踪结果显示,治超期间,全国平均货运价格出现回归性上涨,总体来讲价格波动较为平稳,基本维持在 0.6 元/吨公里,较治超前平均水平上涨 17.5%。

2004 国家颁布了《收费公路管理条例》。该条例共 6 章,分别为总则、收费公路建设和收费站的设置、收费公路权益的转让、收费公路的经营管理、法律责任、附则,共 60 条。

《收费公路管理条例》规定,各级人民政府应当采取积极措施,支持、促进公路事业的发展。公路发展应当坚持非收费公路为主,适当发展收费公路。全部由政府投资或者社会组织、个个捐资建设的公路,不得收取车辆通行费。

《收费公路管理条例》明确了收费公路权益的转让。收费公路的权益,包括收费权、广告经营权、服务设施经营权。转让收费公路权益的,应当向社会公布,采用招投标的方式,公平、公正、公开地选择经营管理者,并依法订立转让协议。转让公路收费权益的,应当依法保护投资者的合法利益。

《收费公路管理条例》还规定,收费公路不得边建设边收费。收费公路建成后,应当按照国家有关规定进行验收:验收合格的,方可收取车辆通行费。

2016 年 8 月 8 日《国务院关于印发降低实体经济企业成本工作方案的通知》提出“尽快修订《收费公路管理条例》,科学合理确定公路收费标准,逐步有序取消政府还贷二级公路收费”。交通运输部将按照国务院的要求,积极配合有关部门加快推进《收费公路管理条例》的修订工作。《收费公路管理条例》修订基于我国当前发展阶段和财政保障能力,按照“用路者付费、差别化负担”理念,构建“收税”与“收费”并行的两个公路体系,兼顾公平与效率。其中,非收费普通公路的建设和养护由公共税收和一般预算负担,占公路网总里程的 97% 左右;以高速公路为主的收费公路建设和养护,通过收取的车辆通行费负担。

收费公路门槛将进一步提高,积极推进关于收费公路的结构调整,必须严格地控制高速公路以外的收费公路里程规模。将收费公路信息公开,做到工作规范化、制度化、常态化,提高收费公路政策执行的透明度,让社会群众使用自身的知情权、监督权。增强对用路者需求的适应性和灵活性,提高公路基础设施的供给质量,将有效供给进一步扩大,提升物流效率,有效降低关于物流运输成本,全面促进经济社会持续健康发展。

思　考　题

1. 分析中国公路运输发展现状。
2. 公路运输为什么会快速发展？
3. 哪种道路应当收费？哪种道路不应当收费？
4. 分析国外道路收费类型和收费情况。
5. 哪些国家对拥挤道路进行收费？如何收费？
6. 公路建设资金的来源有哪些？如何提高公路建设的投资效率？

第十五章　铁路客货运输市场战略探索与实践

第一节　铁路客货运输现状分析

党的十八大以来,随着中国社会主义市场经济的发展,铁路客货运输工作逐步得到加强。运输企业解放思想,转变观念,积极推进运输改革,奋力开拓市场,努力增运增收,开创了运输工作的新局面。客运在激烈的市场竞争中遏制住了运量连年大幅度下滑的势头,客运量有所回升,特别是直通客运量有较大幅度增长。货运在货源十分紧张的情况下,做到了运输总量有所增长,特别是实现了高运价率货物运量的较大增长。运输进款收入大幅度增加,为减少经营亏损做出了贡献。可以说铁路客货运输工作已经实现了重大转折。

1. 运输系统的营销观念发生了空前变化

铁路企业市场竞争意识普遍增强,从上到下有了比较强的危机感,普遍认识到铁路运输必须加快改革,强化市场营销,确立了"营销围着市场转,运输跟着营销走,调度服从和服务于客货营销工作"的指导思想,形成了全面提高铁路市场竞争能力的良好氛围。

2. 提速和新图是铁路运输市场战略的重要体现

中国普通铁路经历了六次大提速后,进入了高铁高速发展的时代。铁路全面提高了旅客列车速度,实行了新的列车运行图,带来了铁路运输的进步,给铁路运输赢得了巨大效益。运力配置符合了市场变化,运输产品开发实现了与市场的对接,列车开行方案反映了旅客和货主的需求。以实施新图为契机,各铁路局普遍调整了管内列车运行图,优化了列车开行方案,推出了一大批运输新产品,如快速列车、"夕发朝至"列车、"直达"旅客列车、货运"五定"班列、中欧班列、动车等,大大丰富了中国铁路客货运输产品,初步形成了铁路新的客货运输产品系列。特别值得注意的是“夕发朝至”列车,2004 年第五次大提速后的“直达”旅客列车,既符合中国旅客的消费水平,又能满足现代社会快节奏高效率的要求,在中长途距离运输中有非常强的竞争能力,深受旅客欢迎,许多“夕发朝至”和“直达”旅客列车上座率达到 100%,2007 年中国铁路第六次大提速,首次开行了中国品牌的 CRH 动车组,中国正式走向快速发展的高铁时代。以上海为例,1949 年上海到北京坐火车最快需 36 h,2017 年“复兴号”运行后,上海到北京坐火车最快只需 4.5 h。客运产品改革取得了巨大成功。提速和新图是铁路强化市场营销的重要战略和举措。

3. 市场竞争手段不断完善和加强

近年来,铁路客货营销从无到有,发展较快,出现了可喜局面。铁路运输企业普遍把客货营销作为市场竞争的关键环节来抓。大力加强营销机构建设。铁路局、站段普遍设置了营销部门,配备了专兼职营销人员,推进货源、组织改革。一些运输企业对管内货源情况全面摸底,建档立卡。有的还与管内运量大的货主签订运输互保协议,实行承诺运输。一些铁路局在吸引和稳定直通客流的同时,扩大短途客运市场,寻求客流新增长点,充分利用管内运输能力,开行城际环行列车,与公路展开竞争,吸引了大批短途客流。提高服务质量。有的铁路局对管内部分客车实行了“客车公交化”管理,先上车后买票,极大地方便了旅客。

4. 新技术新设备的开发运用促进了客货运输发展

随着高铁占比的逐步提升,信息化在铁路投资上的比重将逐步加大,以此使得铁路运营更加的智能化和公开透明,符合铁路改革的方向要求。2011 年 1 月 19 日,12306 官网正式运行,铁路运营信息现代化程度有了很大提高,全路加快了客票发售和预订系统建设,客运站实行全面网络售票,客运售票方式实现了根本性变革。货运计划计算机管理试点顺利进行,从 1998 年开始在全路推广。实现货运计划计算机管理之后,货主可以足不出户申请货运计划,铁路可以直接通过信息网络批准计划,组织安排装车。这些科技手段将实现铁路运输的快捷、方便和优质,提高运输生产力,产生的影响是极其深远的。

从铁路运输市场战略的实践可以得到以下几点启示。

1. 铁路运输市场大有作为

过去,人们认为铁路是国家基础性行业,是宏观调控手段,内部又具有“高大半”特点,对铁路运输走向市场心存疑虑,对铁路开展客货营销信心不足。1997 年以来铁路营销的实践证明,只要坚持以市场为导向,做到铁路运输与市场要求紧密对接,强化营销手段,铁路运输就能够走出困境,闯出一条在市场中求生存、求发展的道路。

2. 加强铁路客货营销一靠深化改革、二靠科技进步

铁路客货营销之所以取得了较大进步,根本原因是加快推进了运输改革,实现了运输产品、运输组织、客货营销等多方面的重要突破。同时,加大科技投入,提高了铁路运输的现代化水平,为强化竞争手段提供了重要支撑。可以说,没有改革的深化和科技的进步,客货营销就难以开展。因此,对运输改革、科技进步必须坚定不移地抓下去,使铁路运输在市场经营中创造辉煌。

3. 强化市场竞争必须抓关键,大胆试,大胆闯

实施提速和新图,是铁路加强客货营销、攻占市场的重大决策,应该说,既有线大面积提速在中国铁路历史上是没有的。对列车运行图的全面调整,大量开行“夕发朝至”和“直达”旅客列车等,具有很大的创造性。实践证明,加强客货营销,必须解放思想,大胆实践,只要看准了,就要坚定不移地抓,否则就闯不出新路;必须抓住牵动全局的重大问题,坚决突破,推动改革的整体深入,带动铁路运输营销的全面发展。

4. 要努力研究探索具有中国铁路特色的客货经营战略

铁路的客货市场营销刚刚开始起步,应该说,对它的地位、作用、内涵等方面的认识还远远没有到位,铁路运输要建立一个比较完备的营销机制还有很长的路要走。中国铁路在国民经济中的地位、运输能力、生产方式、运输组织等方面,有自己鲜明的特点,既不同于纯商务性的营销,也不同于其他行业的营销,还区别于国外铁路的营销。怎样建立一个符合国家市场经济目标和铁路自身特点的客货营销机制,是一个重大课题,需要在实践中不断探索。

第二节 铁路运输市场竞争面临的形势与问题

随着社会主义市场经济体制的加快建立,运输市场在前几年剧烈

变化的基础上，又发生了非常深刻的变化，出现了大量新情况、新问题，新一轮市场竞争烽烟四起、日趋激烈，铁路运输面临着十分严峻的挑战。

一、运输市场需求发生了重要变化

1. 运输服务对象发生了很大变化

由于国民经济结构的战略性调整，铁路服务对象已经由清一色的国有企业群体变成了多种所有制形式的企业群体。乡镇企业、“三资”企业、私营企业发展速度很快，企业数量和生产能力大量增加，这些企业的运输需求不断增长。

2. 扩大运输能力，缓解铁路运输瓶颈制约状况

当前，铁路运输瓶颈制约的问题比较突出，2016 年 8 月，国家铁路日均货运装车 120 710 车，同比增长 4. 7%，成为该年份国家铁路日均货运装车连续第四个月实现同比增长。随着煤炭、钢材市场回暖，全路货源逐步回升，运输需求日均达到 16. 1 万车，同比增长 19. 5%，环比增长 10. 2%。其中，大宗物资运输需求日均达到 12. 7 万车，同比增长 18. 7%，环比增长 11. 5%。针对货源变化，按照中国铁路总公司要求，各铁路局继续坚持以煤炭装车作为突破口，突出抓好卸车和排空，抓好主要干线分界口交接对数和编组站作业效率，打通侯月、陇海等主要干线，保证重车及时送达和空车接续；继续落实好中国铁路总公司货运改革各项措施，全面落实敞开受理，提高一手货源比例，深入推进接取送达业务，继续抓好集装化运输，用好敞顶箱，推进物流总包业务开展，科学合理有效缓解和解决当前运输紧张问题。

3. 旅客和货主对运输质量的要求发生了很大变化

由于多种运输方式的激烈竞争，旅客和货主对运输服务的要求向多样化、高标准化发展。从客运方面看，旅客对运输的要求是购票方便、价格合理、快捷舒适、安全正点，达不到这些要求，旅客就会选择其他运输方式。从货运方面看，货主要求价格合理、手续简便、发到时限有保证、损坏丢失及时赔付。铁路运输与旅客货主的关系发生了根本性变化，铁路要扩大市场，就必须在提高运输质量上下功夫。

二、运输市场竞争日益加剧

首先,公路、民航、水运发展迅猛,规模越来越大,技术装备越来越先进,运输能力越来越强。中国东部沿海以及经济发达地区公路、民航发展迅猛。以广州为中心的珠江三角洲,以上海为中心的长江三角洲,以北京为中心的京津冀地区,以沈阳为中心的城市群带,以及武汉、郑州、济南、重庆、成都等中心城市,高等级公路网已成规模,沿江沿海地区水运越来越发达。广东省高速公路路网,是中国华南地区最重要的交通网络系统。至 2015 年底全省高速公路通车总里程达 6 880 km,居全国第一,全省 67 个县(市)实现"县县通高速"的目标。以"九纵五横两环"为主骨架、以加密线和联络线为补充,形成以珠江三角洲为核心、以沿海为扇面、以沿海港口(城市)为龙头向山区和内陆省区辐射的快速路网。2015 年,广东省高速公路建成 741 km,为"十二五"以来新增通车里程最多的一年,通车里程突破 7 000 km,继续位居全国第一,全省实现"县县通高速",与陆路相邻省(区,澳门除外)均有 3 条以上高速公路出省通道。全年新开工项目 19 项共 1 066 km。民航有 7 大机场,2004 年,广州新白云机场开始投入使用。公路跨省客运线路越来越多,区域越来越广,辐射相邻及华东、华北、西南的十几个省市,仅广州、深圳、东莞、中山、佛山五地日均运输能力就达 13 万人次。公路货运在华南、华东占据大部分市场份额,并已开始同铁路争夺华北、西北、西南市场。公路和民航不惜重金,引进了大批世界上最先进的交通工具,如豪华、超豪华大巴,其中"飞马"超豪华大巴价值高达 400 万元,功能相当齐全。南方航空公司客机实现了"波音"化。海上运输发展迅速,开往上海、福州、青岛、大连等客货航线有 200 多条。2015 年,全国营业性客运车辆完成公路客运量 161.91 亿人、旅客周转量 10 742.66 亿人公里,平均运距 66.35 km。全国营业性货运车辆完成货运量 315.00 亿 t、货物周转量 57 955.72 亿吨公里,比上年分别增长 1.2% 和 2.0%,平均运距 183.99 km。截至 2017 年,中国高速公路通车里程逾 13 万 km,位居世界第一。从民航上来看,2015 年全国民航完成旅客运输量 4.36 亿人次,旅客周转量 7 270.66 亿人公里,比上年分别增长 11.1% 和 14.8%。其中,国内(不含港澳台)航线、港澳台航线、国际航线分别完成旅客运输量 3.94 亿人次、1 019.1 万人次和 4 205.0 万人次，比上年分别增长 9.2%、1.4% 和 33.3%。

其次，公路、民航、水运经营方式和经营机制灵活，服务质量越来越高。从调查情况看，民航不仅服务水平高，而且价格灵活，以季节性浮动票价和多种优惠票价为引力，大力吸引客流。广州、上海、北京、哈尔滨机场均实行票价打折政策，票价上下浮动 20%，受到旅客欢迎，对铁路提出了挑战。公路客运以招手即停，就近下车吸引旅客；货运以门对门运输，准时到达吸引货主，并实行灵活的价格政策，随行就市，竞争优势越来越明显。

三、铁路经营工作存在的问题分析

面对激烈的运输市场竞争，铁路的客货运输还存在许多不适应，比较突出的问题有以下几个方面。

1. 价外乱收费和僵化的价格机制，削弱了铁路的竞争能力

在运输市场竞争中，价格已经成为旅客和货主选择运输方式的重要因素。因此，各种运输方式在价格上的竞争越来越激烈，许多地区价格战日趋白热化。铁路积累多年的运价问题，已经越来越突出。

(1)价费项目过多。从价费构成看，不仅有基本运价、建设基金、杂费，而且有不少价外收费。从收费的主体看，不仅铁路收，地方政府也收；不仅铁路内部主业收，多经、集经也收；不仅发站收，到站也收。难以实行“一口价”。

(2)收费水平过高。由于铁路失去了低运价的优势，许多运量较大的企业，纷纷购买运输工具，实行自产自运。青岛铁路分局管内潍坊碱厂到上海的运量很大，由于铁路收费水平过高，企业租用货船从事运输，将铁路运输改为水运；安阳玻壳厂生产的电视机显像管运量很大，由于铁路运费水平高，企业组建汽车队进行运输。这种现象有进一步发展的趋势。

(3)价费调节弹性小。相对公路、航空、水运而言，铁路价格机制僵化。价费不能做到随行就市，难以反映市场供求变化，虽然铁路在行包、集装箱返空、空车顺路捎脚等方面出台了一些优惠价格政策，并已在实践中收到好的效果，但这只是局部改革，僵化的价格机制并没有根本性

改变。

2. 运输能力不足,使铁路失去了应有的市场

目前铁路运力与需求呈不均衡状态,不同地区、不同季节之间差异很大。从总体看,运力不适应社会需求仍是矛盾的主要方面,铁路运输仍然处于限制型,并由此制约着潜在市场的开发。

(1)部分地区通过能力严重不足。比较突出的是,西南通道运能十分紧张,京广线南段运输能力季节性紧张,到西南地区的货源严重流失。

(2)车种、箱形结构不合理。受经济结构调整影响,铁路运输货物品类发生很大变化,由于“白货”增加,各铁路局对棚车、罐车需求加大,但目前这两种车型数量不足,尤其是广州、郑州、上海等经济发达地区,对此反映更为突出。

3. 运输产品结构不尽合理,与市场运输需求存在一定差距

在客运方面,虽然推出了“夕发朝至”、“快速”和“直达”列车等系列新产品,并取得了比较好的社会效益和经济效益,但这些新产品还供不应求,部分旅客需求得不到满足。有的区段一些双优列车、长途快车能力虚靡,但同方向的较低层次客流积压较多。这说明客运的红皮车与绿皮车、快车与慢车、长途车与短途车的结构还需要进一步优化。

在货运方面,主要是许多运量比较稳定、运到时限要求比较高的货物,没有与之相适应的运输组织方式。铁路推出的“五定”班列,在零散货物运输方式上实现了历史性突破,取得了比较好的社会反响。但集结时间比较长,满足不了货主对运到时限的要求。从今后货运竞争看,能不能尽快推出适销对路的运输新产品,已经成为巩固和扩大货运市场的关键。

4. 服务质量不高,营销手段不尽完善,制约铁路开拓市场

为了争夺市场,近年来,航空、公路、水运等其他运输方式以提高服务质量为核心,采用先进科技手段,强化服务硬件,优化服务软件,市场营销不断提高档次,增强了竞争能力。相比之下,铁路的客货营销工作有不小差距。

(1)客货服务质量不高。客运服务总体水平比较低,与民航差距比

较大,与公路相比也存在差距。货运服务问题突出表现在手续烦琐、时限不保证和货损理赔不及时。在办理货物发运手续上,手续繁杂,从申请计划到装车,要经过多重关口,货主感到十分不便。在运到时限上,由于各运输环节不协调,货物中转不及时,货物途中滞留时间过长,经常发生货物延期到达问题。在货运事故理赔上,存在推、拖等问题,影响铁路信誉。

(2)科技手段不适应。客票发售和预订系统建设,带来了铁路客运售票方式的巨大变革,大大缓解了旅客买票难的问题,但在目前的利益格局之下,座席未能集中上网,票额仍然没有实现共享。货运营销及生产管理系统建设进展不快,新技术在运输组织和生产经营中运用不够。货运计划、调度指挥等仍没摆脱传统的操作方式,实现货运计划、技术计划、实际装车信息一体化管理还有很大差距。

(3)营销机构和营销队伍不健全。一些运输企业和站段,虽然设置了负责营销的部门,但职能转变不够,很难承担起市场调查、产品开发、运力配置等市场营销责任,并且营销队伍数量不足,素质亟待提高。

第三节　提高铁路市场竞争力的方法与途径

铁路运输走向市场,扩大市场份额,根本出路在于实施市场经营战略,全面推进运输改革。主要目标是要实现如下 4 个转变:

(1)思想观念的转变。真正解放思想,彻底打破计划经济体制下形成的运输工作的固有观念,把思想定位于运输市场需求,一切工作的出发点和立足点都要服从于市场,服务于市场。

(2)营销机制的转变。全面建立和完善强有力的营销机构和高素质的营销队伍,全面强化和改进营销手段,全面建立营销激励与约束机制,大大增强市场竞争能力。

(3)运输组织的转变。建立起新的运输组织模式,运力配置必须紧密结合市场,调度指挥要服从营销,为开拓市场提供可靠的保障。

(4)管理方式的转变。适应铁路局成为市场经营主体的要求,控制宏观,放活微观,综合运用法律、行政、经济等手段,实现运输集中统一指挥和铁路局市场经营的有机统一。具体包括以下几点。

一、客运工作要寻求新突破,跨上新台阶,实现更大发展

具体目标是:继续发挥铁路客运优势,扩大中长距离客运市场,实现直通客流大幅度增长;积极开发新产品,按照因地制宜、注重效益的原则,发展短途客运市场;改革行包运输方式,实现行包运量的大幅度增长。

1. 进一步开发新产品,优化产品结构

主要是根据客流需要,安排好新增客车;调整客车结构,完善各类客车开行比例;开发新产品,满足不同层次旅客需求;提高既有产品质量,扩大精品效应。结合列车提速,编制实施新图,全面优化中国铁路客运产品系列。

(1)大力发展高铁。中国大陆铁路分高速铁路、快速铁路和普通铁路。2004 年中国铁路大提速起的快速铁路建设引进加创新,研制了 CRH 系列,后来,中国高速铁路用无砟轨道和高速动车组:起初用 C 型车(CRH2C 和 CRH3C),发展出 CRH380 型等,未来主流是中国标准动车组。中国最早的高铁京津城际和武广高铁分别在 2008 年、2009 年开通运营。2017 年中国高铁运营里程超过 2.5 万 km,占全球高铁运营里程的 65% 以上。2017 年 9 月 21 日,“复兴号”中国标准动车组在京沪高铁实现时速 350 km 运营,标志着我国成为世界上高铁商业运营速度最高的国家。

(2)增开“夕发朝至”列车。“夕发朝至”客车开行以来,旅客需求旺盛,大城市间“夕发朝至”客流逐渐增多,铁路要根据市场需求情况进一步增加“夕发朝至”客车数量。

(3)增开快速列车。随着社会生活的现代化,高效率、快节奏已经成为人们的共同要求,快速列车受到旅客广泛欢迎,增加开行这种列车将使铁路提高在中长途客运市场上的竞争力。

(4)增加开行“朝发夕归”列车。“朝发夕归”客车对中短距离旅客也有较强的吸引力,应该是开发新产品的一个重点,在有些区段,应适当增开这类客车,开创精品,闯出名牌。

(5)扩大开行城际列车。在近距离较大城市间的早晚黄金时段,开行大密度、小编组、快速度的城际列车。

(6)发展市郊列车。在大城市适当开行环城或市郊列车,吸引短途客流。

(7)开行旅游列车。为适应旅游客流增长的需要,在旅游资源比较丰富的地区或旅游季节,开行旅游列车。

(8)组织好假日列车。在有假日客流的区段,开行假日列车。

(9)适当开行各种特殊需求的列车,包括民工专列、球迷专列等,满足部分旅客的特殊需求。

2. 加快客票发售和预订系统建设,实现客票发售方式的根本性变革

实现客票发售现代化,是方便旅客、吸引客流的重要手段,客票发售的计算机管理是售票现代化的根本基础,这一点,已经被越来越多的人所认识,广大旅客要求也很紧迫。铁路客票发售和预订系统的建设,是实现客运进一步发展的关键性举措,需要加大力度,认真抓好,完善客票发售和预订系统。实现铁路客运票额共享和"一窗有票,窗窗有票"的目标。

3. 千方百计扩大行包运量,大幅度提高行包运输收入

在货源充足的地区,大力组织开行行包专列,统一组织铺画运行线,运力安排不受方向限制,运输组织给予重点保证。在行包运输能力紧张方向,灵活地加挂行李车,开行旅客与行包运输的混合列车。

在价格管理上,应尽快建立灵活的价格机制。行包专列可以采取协议运价,由铁路局根据市场行情和运量大小,与货主协商定价,实行运费包干。扩大隔离车、行李车包租,实行价格优惠,定额上缴。加大隔离车和行李车回空方向优惠运价的下浮幅度,并由铁路局具体掌握。

4. 扩大客车承包和租赁经营,进一步落实经营责任

实践证明,短途慢车、行李车的承包和租赁经营对于提高运量、增加运输收入,有比较好的效果,是提高运输资源效率,充分利用铁路能力的有效手段。应进一步完善承包租赁办法,解决好承包基数的确定,实行包死基数、定额上交,超收归己、欠收不补的原则,鼓励铁路局推广这种经营方式。应该大胆进行直通客车承包经营的试点,可比照管内列车承包的方式,实行定额上缴的办法,把客车的经营责任落实到铁路局,进一步研究探索客车承包经营的新办法。

5. 增加客运价格的灵活性,发挥价格的调节作用

争取季节浮动价,在春运、暑运等运能紧张季节,适当向上浮动,用价格调节运量,增加收入。给铁路局管内慢车票价下浮权,最大限度地吸引客流。探索实行客票优惠价格,实行多元化的价格政策。

二、货物运输要加大改革力度,扩大运能,满足运输需求

1. 建立灵活的运价机制

(1)规范价外收费,加强收费管理。价外乱收费,是开拓运输市场的一大障碍,应采取措施予以解决。对不合理的价外收费项目要坚决取缔,政策允许保留的价外收费项目,也要根据货主承受能力来制定。

(2)尽快打破僵死的运价管理方式。运价管理要与市场对接,运价要反映市场需求,以活运价对活市场,部分运价浮动权适当下放。

(3)大力推行运输收费"一口价"。提高运费的透明度,使货主对运输收费心中有数。

2. 大力开发和完善货运产品

货运市场变化和货运组织工作远比客运复杂,如何开发新产品是一个需要认真研究解决的问题。应以满足货主对运到时限、运输费用、运输服务等方面的要求为重点,加强对货运新产品的开发。

(1)进一步完善货运"五定"班列,扩大零散货物市场。在原来点到点的基础上,开行枢纽间的"五定"班列,增加发到点,扩大货源吸引范围。实行灵活的价格政策,适当降低"五定"班列快运收费,扩大这一产品的优势。缩短开行周期,固定开行日期,并做到按期开行,树立良好的信誉。

(2)开行合同列车,稳定大宗物资货流。对有稳定运输需求的大宗物资,开行对供、运、需三方有约束力的合同列车,铁路给予稳定的运力保障。

(3)开行快运列车,开拓鲜活货物运输市场。近年来,鲜活货物产量迅猛增长,运输市场前景广阔,为满足这类物资季节性强、批量小、到站分散、运到时限要求高的特点,在产销之间实行快运。

(4)根据市场需求,采取出租运行线的方式,开行定点、定线、定价的

货物列车,并在价格上给予优惠。

3. 大力改进货源组织工作

在货运服务对象上,要深入研究各类企业的生产情况和运输需求。不仅要了解国有大中型企业生产变化和运量变化情况,而且对近年来兴起的各类其他企业进行全面了解,与各类企业建立稳固联系,准确掌握货源动态。大力推行货运代理,通过这一方式,把货源组织的触角延伸到各个角落。

在吸引货源上,要采取不同对策。对较稳定的货源,要在运力上给予充分保证,建立良好信誉,防止这部分货源流失。对市场竞争激烈,变化较大的货源,在达到一定运量的基础上,给予一定比例的价格优惠,增强铁路的吸引力和竞争力。

在货源管理上,要建立货源包保责任制。各级营销部门应划分责任范围,铁路局、站段对管内企业货源情况实行分层分级管理,建档立卡。营销人员要明确分工、明确责任,与收入分配挂钩,严格考核,调动全体营销人员的积极性。

在货运服务上,应最大限度地方便货主。简化货运办理手续,在全路推行发站一个窗口办理,一次收费,门到门服务。规范货运保价管理,提高保价的理赔质量和速度。

4. 加快推进货运营销及生产管理系统建设

铁路货运中高质量的货运计划,方便快捷的货运办理,合理的运力配置等事关货运营销重大问题的解决,都有待于货运营销及生产管理系统的建成和运行,应加快整个系统的建设进度,尽早发挥系统作用。

结合系统建设,全面改革货运计划和技术计划。货运计划以货主方便、服务承诺、运力可靠、调控得法、信息准确、提高信誉为原则;技术计划以用足运力、合理调整、均衡运输、投入产出、提高效率为标准,实现货运计划、技术计划、运输方案、日请求车、实际装车的一体化管理。形成货运计划结合运输能力,技术计划贴近运输实际,日班计划执行运输计划,调度指挥服务于货运营销的运输生产组织形式。

5. 实现集装箱运输的大发展

近年来,全社会集装箱运输需求增长很快,铁路集装箱货源大有潜力可挖,这是铁路货运收入一个很大的增长点,应该抓住机遇,集中力量,取得突破,实现大发展。

(1)实行集装箱运输费用全程包干。实行统一票据,在发站一个窗口、一张票据、一次收费、全程包干、内部清算。

(2)增加运输能力。分界口能力要向集装箱运输倾斜,运力配置对集装箱给予优先保证;提高集装箱办理站的装卸能力,解决 20 ft 箱、40 ft 箱装卸机械配套问题;应根据市场需求,适当增加 1 t 箱、5 t 箱、10 t 箱投入,发展 20 ft 箱、40 ft 箱,积极开发冷藏箱和罐式箱等专用箱,增加集装箱保有量,加快集装箱货场和港站建设。

(3)扩大开行集装箱专列。在口岸站、港站、大城市间安排好运行线,开行集装箱专列。

(4)建立集装箱运输代理制度。大力开展国际、国内多式联运的集装箱代理,减少运输环节,实现集装箱运输一票到底、一次收费的"门到门"服务。

三、根据市场变化,优化运力配置,调整运输组织,提高质量效益

具体目标是:改变计划经济体制下形成的运输组织方式,根据市场变化和营销需要,调整运力配置方案,提高运力资源使用效率,运用多种手段,优化运输组织指挥,为铁路局市场经营和全路取得最佳效益创造有利条件。

1. 合理配置运力

运力资源的分配,关系到运输组织能否适应市场变化,在铁路局成为市场主体、承担盈亏责任的情况下,又直接关系到各铁路局的经济效益。应按照有利于运输集中统一指挥,有利于提高运输质量效益,有利于为运输企业市场经营创造条件的原则,结合运输生产计划改革,对运力合理分配。

2. 强化全路运输集中统一指挥

在运输组织指挥中重点管好以下几个方面:全路运输安全技术标准的制定与管理;列车运行图的编制与执行;跨局列车编组计划的编制与执行;全路车流径路的确定与调整;全路客货运输产品的设计与开发;客货

运输价格管理；国家指令性物资、国防建设物资、支农救灾物资、国家重点工程物资的运输组织；部属货车的统一运用与管理；全路运输生产计划的编制；全路运输工作组织及调度指挥；分界口列车交接与排空。在集中管好上述几个方面的同时，中国铁路总公司运输部门应根据铁路局作为市场主体的要求，合理配置运力组织运输生产，严格运输纪律，采取有力措施，强化运输集中统一指挥，维护全路良好的运输秩序。

3. 强化运输组织的经济调控手段

为维护运输集中统一指挥和给铁路局市场经营创造条件，应正确处理集中统一指挥与铁路局自主经营的关系。按照运力配置方案，在车流调整、分界口排空、限制口定量交接等方面，制定和完善经济考核奖罚办法，通过经济手段进行调控。

四、加大投入，加快技术改造，尽快缓解部分地区运能紧张状况

1. 加快西南通道改造

尽快制定和实施对西南通道的改造计划，早日打通限制口，缓解进出西南运能与运量的突出矛盾，实现扩能增运的目标。

2. 扩大主要干线运输能力

不断扩大主要干线及相关线路的运输能力，繁忙干线实现客货分线，人口稠密地区发展城际客运系统，提高路网质量，扩大运输能力，形成功能完善、点线协调的客货运输网络。

3. 合理调整车种结构

增加棚车、罐车、行李车生产数量，缓解这些车辆不足的状况。

第四节　铁路市场经营战略的重要实践——铁路第六次大提速和实施新的列车运行图

一、第六次提速调图的特点

1997 年至 2004 年，铁路已经连续五次进行了大面积提速调图，在市场上引起了强烈反响。随着经济和社会的发展，旅客和货主对铁路提出了新的要求。根据运输需求的变化，2007 年 4 月铁路在前五次提速基础

上,进行了第六次提速。这是铁路在营销实践中迈出的又一重大一步。此次提速和调图有以下重要特点。

1. 提高列车运行速度,增加列车密度

这次大提速将在主要干线开行时速 200 km、部分区段达到 250 km 的动车组列车。提速后,全路时速 120 km 及以上线路延展里程达到 2.2 万公里,其中时速 160 km 及以上线路延展里程达到 1.4 万 km,时速 200 km 线路延展里程达到 6 003 km,时速 250 km 线路延展进程达到 846 km。实施第六次大面积提速调图,在我国铁路发展史上具有里程碑的意义,是铁路部门深入贯彻落实科学发展观和构建社会主义和谐社会战略任务的重要举措,是推进和谐铁路建设进程中取得的重大成果,标志着我国铁路既有线提速跻身世界先进铁路行列。

2. 最大限度增加旅客运输能力

为满足不同地区、不同旅客对铁路客运产品的需要,最大限度增加旅客运输能力,为旅客出行创造更加便利的条件,第六次大提速以动车组、直达特快、夕发朝至列车为重点。在环渤海、长三角、珠三角城市群和华东、中南、西北、东北地区的重点城市间大量组织开行高密度、高速度、高等级的时速 200 km 及以上动车组旅客列车,形成以北京、上海为中心,主要中心城市间和不同经济区域间方便快捷的客运通道。新型动车组开行后,主要城市间的旅行时间大幅度压缩。这次大提速,还增开了一站直达特快旅客列车和夕发朝至列车,调整了列车沿途停站和始发终到时间,使客车开行方案更加符合旅客出行需要。同时,铁路第六次大提速继续执行提速不提价的政策。铁路部门在进一步缩短旅行时间、改善旅行环境的同时,不增加旅客的旅行费用,让旅客在乘坐火车时能得到实实在在的优惠。以哈尔滨为例,第六次大提速后,哈尔滨铁路局共开行旅客列车 149.5 对,其中直通旅客列车 57 对,管内旅客列车 92.5 对,新增开了 13 对旅客列车,停运旅客列车 3 对,主要包括北京至哈尔滨间开行动车组 D27/28 次、D25/26 次,哈尔滨至温州间开行快速 K554/553 次,齐齐哈尔至西安间开行快速 K548/547 次等。这里面最值得关注的是哈尔滨至北京间开行了 2 对时速 200 km 的“和谐号”动车组,它是原铁道部按照“引进先进技术、联合设计生产、打造中国品牌”的总体思路,在引进国外动车组先进技术，消化吸收再创新基础上，生产出来的国产动车组，国产化率达70%以上。“和谐号”动车组具有技术先进、安全可靠、乘坐舒适、速度更快等特点。京哈间开行动车组后，全程运行时间比原来最快客车缩短了2 h 40 min。动车组的开行，进一步拉近了哈尔滨与北京的距离，进一步满足了广大旅客快速、安全、舒适出行的愿望。

3. 第六次大面积提速调图是铁路部门自主创新成果的集中展示

创新是一个国家和民族兴旺发达的不竭动力，也是铁路事业发展的力量源泉。在这次提速调图中所展示的“和谐号”动车组、和谐型大功率机车、线路设施、牵引供电、列车自动控制和调度集中系统等一大批先进的技术和装备，以及在一条线上同时开行动车组、重载列车和双层集装箱列车等控制技术，都是我们坚持原始创新、集成创新和引进消化吸收再创新所取得的先进成果。这些创新成果的大量投用，使我国铁路跃上了世界先进技术平台，促进了相关民族工业的跨越式发展，极大地增强了民族自豪感。实践再一次证明，把握比较优势，坚持自主创新，是促进铁路又好又快发展的必由之路。

二、坚持以人为本，提高客运服务质量

这次提速调图突出了以人为本的要求，通过提高列车速度、调整列车开行方案、改善站车环境、提升服务质量，适应了人民群众的旅行需求。

1. 旅客列车运行速度进一步提高，适应了现代社会人们快节奏的生活需求

2007年4月18日零时实施第六次中国铁路大提速，时速达到200 km以上，其中京哈、京沪、京广、胶济等提速干线部分区段可达到时速250 km。在多年开行快速列车并引进外国动车组作高速列车的基础上，出现了中国品牌高速列车CRH；首次开行时速200 km及以上的城际铁路动车组212对（即中级快速铁路），形成一批快速客运通道，快速铁路进一步发展，而且既有线上部分区段最高时速达250 km（平时作为安全性速度盈余），这些高级快速铁路接近中国高速铁路，客运能力提高18%，开行时速逾200 km，时间总体压缩20%~30%。

2. 确保运行安全

第六次大提速,原铁道部是按照安全发展观的要求,把提速安全摆在最主要、最关键、最核心的位置。在提速准备工作中,对提速的安全进行了反复的科学论证,投入了上亿元经费,组织了50余项重大课题攻关,提速后的安全可靠性是建立在大量科学论证基础之上的。

3. 开行主要中心城市间的动车组快速客车,为主要城市间旅客出行提供极大方便

开行主要中心城市间的动车组快速客车,也就是所谓的中长途客运列车。开行北京到上海、北京到武汉、北京到沈阳、北京到长春、北京到哈尔滨、北京到青岛、上海到长沙等方向上的中长途快速旅客列车,主要安排在白天开行,和这些主要城市间原来夕发朝至的列车相配套,解决旅客白天出行、快速返回的需求。

4. 增开"夕发朝至"旅客列车,给广大旅客提供了最好的出发、到达时刻

夕发朝至和一站直达的特快旅客列车,虽然是老品牌,但是社会上欢迎,老百姓喜欢,所以第六次提速时继续增开。在这次提速中,将增加7对一站直达特快列车,其中福州至北京经京九线全程运行22 h以内,比现图经京沪到北京压缩12 h;一站直达特快旅客列车总数达到26对。同时适当增加夕发朝至、青藏铁路旅客列车开行数量。同时,还在一些客流集中的城市增开夕发朝至的列车。"夕发朝至"列车的品牌效应得到了更加充分的发挥,创造了很高的上座率,许多列车趟趟满员。

5. 开行城际快速客车

新图实施后,城际快速客车计划安排416列,其中以北京、天津为中心的环渤海地区安排动车组列车62列,以上海为中心的长三角108列,以广州、深圳为中心的珠三角224列,以郑州、武汉为中心中原城市群8列,以西安为中心的西北城市群8列,以沈阳、长春和哈尔滨为中心的东北城市群6列。新型动车组的旅行时间、舒适度都有很大的改善,这种新产品的推出极大地压缩了广大旅客的旅行时间,拉近了各个经济圈和各个城市群之间的距离。这种新产品对于旅客,对于经济社会发展都是非常有利的。

6. 优化大众化客运产品,为广大旅客创造更好的旅行环境

这次提速调图,普通百姓出行条件得到改善。为适应旅客不同层次需求,这次新图更加注重优化大众化客运产品。在已改造 5 500 辆绿皮车的基础上,进一步加大投入,再改造 1 500 辆绿皮车,同时动态优化 744 辆客车车辆,在西南、西北、东北以及中部地区主要干线增加一批普通旅客列车。

7. 坚持"提速不提价",让利于广大旅客

前 5 次提速实行了提速不提价的总政策。对于第六次大提速,在国家批准已经实行的高等级列车软座票价幅度内进行适当的安排。对于动车组之外,新增开行的直达特快列车、夕发朝至列车和普通旅客列车,一律维持现在票价水平,不做任何调整。提速不提价的大原则,在第 6 次大提速当中仍然要体现,使广大旅客得到实惠。铁路增加的成本,通过扩大运量,把"蛋糕"做大来消化。

三、通过提速调图创造了良好的运输经济效益

铁路以这次提速调图为契机,把科学发展观和提高经济增长质量的要求落实到铁路运输经营中去,以调整铁路运输结构、改革铁路运输组织、优化运力资源配置为重点,大胆突破传统做法,推进多方面改革,既促进了铁路运输生产经营方式的转变,提高了运输经济效益,又为铁路管理体制改革创造了条件。

1. 调整运输生产力布局,减少运力资源浪费

铁路运输生产力布局是铁路运输质量、效率和效益的基础性、源头性问题。中国铁路现有的运输生产力布局基本上是几十年前形成的,生产站段数量大、编组站设置多,中间小站密集、机车车辆检修基地分散,不仅制约了运输效率的提高,而且造成运力资源的严重浪费。这次提速调图,根据《中长期铁路网规划》确定的目标,按照建设发达完善铁路网的要求,打破传统运输生产力布局,对运力资源进行整合,收到了节省资源的效果。在对编组站进行合理分工方面,按照车流规律和发挥新技术装备作用的要求,重新界定了各编组站的作用和任务,促进了全路货物运输效率的提高。在调整客运站和货运站布局方面,根据旅客集散数量和货源

情况,加强了作业量大的客运站、货运站能力,关闭了部分客货运量小的中间站,不仅改变了资源分散使用的状况,形成了较大客运站和货运站的规模优势,而且为列车提速创造了条件。此外,撤并了部分机务、车辆等生产站段,扩大了生产站段管理跨度,提高了生产和管理效率。

2. 运输效率大大提高,促进经济发展

2007 年 4 月 18 日第六次大面积提速后与 1997 年 4 月 1 日第一次大面积提速前相比:第一,列车运行速度大幅度提高,主要城市间的旅行时间普遍压缩了一半以上,例如北京至深圳,压缩 25 h 35 min;北京至福州,压缩 23 h 2 min;北京至乌鲁木齐,压缩 27 h 22 min。第二,铁路运输产品全面创新,夕发朝至列车增加 259 列,增长 3.3 倍;一站直达列车达到 52 列;新开行了大量动车组列车;普通旅客列车增加 129 列,增长 13.6%。大宗货物直达列车增加到 406 列;“五定”班列运行线增加到 121 条;行包专列增加到 28 列;新增“一站装、一站卸”的快运直达班列线 45 条,基本形成铁路快捷货运网络。第三,客货运量持续大幅度增长。2007 年全国铁路旅客发送量比1996 年增长 43.1%;旅客周转量比 1996 年增长 1.2 倍。全国铁路货物发送量比 1996 年增长 81.5%;货物周转量比 1996 年增长 79.1%。以上数据深刻地反映出,从客货列车运行速度的提高到铁路运输能力的扩充,再到铁路运输效率效益的增长,都为社会经济高速运转创造了有利的条件。

3. 改革劳动组织和分配制度,实现减员增效

第六次提速改善了技术标准,改进劳动组织,职工队伍素质得到了明显提高。健全了时速 200 km 提速技术保障体系,制定了时速 200 km 提速技术条件和管理办法,修订了《铁路技术管理规程》等规章制度。针对大提速以后新的管理体制和生产力布局,调整了机构编制,实现了减员增效的目标。为适应大提速所带来的铁路设施设备、技术标准、技术政策、作业环境、生产流程以及劳动组织等方面的重大变化,对职工队伍素质提出了新的要求,并对行车主要工种人员进行了全面培训,职工队伍的整体素质发生了质的变化,提高了劳动生产率。

这些改革在多方面突破了铁路运输生产经营的传统方式,为提高铁路运输经营质量和效益积累了经验。由于这次大面积提速调图适应了经

济社会发展需求，增强了铁路在运输市场的竞争能力，因此，在取得良好社会效益的同时，也取得了良好的经济效益。

思 考 题

1. 结合实际分析中国铁路客货营销现状。
2. 查阅资料分析中国铁路运输市场的需求状况。
3. 铁路运输企业搞好营销的关键是什么？
4. 铁路运输企业应当树立什么样的营销理念？
5. 铁路运输企业在营销活动中应如何向其他运输方式学习？
6. 分析铁路提速对其他运输方式的影响。
7. 中国铁路在客货营销方面应当如何向其他运输方式学习？

第十六章　航空运输市场战略探索与实践

第一节　中国民航发展概况

新中国航空运输事业是从小到大逐渐发展起来的。中华人民共和国成立之初的中国民航规模小,基础薄弱,飞机只有 17 架,航线 12 条,年运输总周转量 157 万吨公里,年运输旅客不足 1 万人。经过 60 多年的努力,据民航局统计的资料显示,2015 年末共有颁证民用航空机场 210 个,比上年末增加 8 个,其中定期航班通航机场 206 个,定期航班通航城市 204 个。年旅客吞吐量达到 100 万人次以上的通航机场有 70 个,比上年增加 6 个,年旅客吞吐量达到 1 000 万人次以上的有 26 个,比上年增加 2 个。民航运输总周转量 850. 4 亿吨公里,同比增长 13. 7%。中国航线完成运输周转量 558. 4 亿吨公里,增长 9. 9%,其中港澳台航线完成 16. 2 亿吨公里,增长 0. 3%;国际航线完成运输周转量 292. 0 亿吨公里,同比增长 21. 6%。旅客运输量 43 564. 7 万人,同比增长 11. 1%;货邮运输量 625. 3 万吨,同比增长 5. 2%。正班客座率 82. 2%,同比增长 0. 8%。早在 2005 年年底,通用航空全行业飞机数量达 46 种共 570 架,2014 年通用航空全行业飞机数量达 1 798 架。2016 年民航全行业运输飞机期末在册架数 2 950 架,比上年底增加 300 架。随着我国机场数量的增加及航空旅客运输量的增长,预计未来 5~10 年,通用航空飞机数量年均增长率将达 30%。2021 年,我国通用航空飞机数量将达到 1 万架以上。

航空运输业的发展水平是衡量一国经济社会现代化程度的重要指标。航空运输业在整个综合交通运输体系中发挥着不可替代的作用,特别是在地理环境不便地区的中、长距离高速客运中占有非常重要的地位。近年来,随着居民收入水平的提高、消费结构的升级以及跨区域经济联系的日益密切，我国航空运输业务规模稳步增长，基础设施能力明显改善，行业市场化程度不断提高，航空运输干线网络不断完善，支线航空发展初具规模，航空运输业取得了长足发展。

一是航空业务规模稳步增长。2003 年以来，我国航空市场蓬勃发展，航空运力呈稳步增长态势。2003~2013 年期间，我国航空旅客运输量由 8 759 万人增加到 35 397 万人，增长了 3 倍多，年均增速接近 15%；航空货邮运输量从 219 万 t 增加到 2013 年的 561 万 t，年均增长率为 9.9%；机场数量及其吞吐量平稳增长，定期航班通航机场和通航城市分别由 126 个和 125 个增加到 190 个和 188 个。年旅客吞吐量达到 100 万人次以上的机场从 33 个增加到 61 个，增加 28 个，年货邮吞吐量在 5 000 t以上的机场从 42 个增加到 59 个，增加了 17 个。二是基础设施能力明显改善。2012 年我国民航基本建设和技术改造投资额突破 700 亿元，2013 年进一步提高到 716.6 亿元，是 2006 年的近 2.3 倍，年均增幅为 12.5%。随着我国民用机场进入新的建设高峰期，我国机场硬件设施已逐步赶超发达国家的水平。同时，空中交通管理、通信、导航以及气象等航行保障系统的技术升级改造也明显加快，建立了民航专用卫星通信网、空管数据通信网等信息服务网络。三是行业市场化程度逐步提高。2002 年以来，我国民航业在所有制分开、政企分离、机场和地方分离等方面进行了改革探索，逐步确立了以企业为主体、有序竞争的市场经济体系。截至 2013 年底，我国共有运输航空公司 46 家，其中国有控股公司 36 家、民营和民营控股公司 10 家，在 46 家航空公司中全货运航空公司 7 家、中外合资航空公司 13 家、上市公司 5 家。多元化市场主体的共同参与，使我国航空市场呈现出多样化与专业化竞争并存的良好发展态势。四是航空运输干线网络不断完善。近十年来，我国航空航线网络快速发展，形成了以大城市为中心，连接全国、通向国际的四通八达的运输干线网络。目前，已形成北京首都机场、广州白云机场、上海浦东机场和虹桥机场 4 个首位枢纽空港，建立了覆盖沿海发达城市以及重要省会城市的 20 家区域性枢纽空港。截至 2013 年底，我国共开通定期航班航线 2 876 条，比 2003 年的 1 155 条增长了 1.5 倍，其中国内航线已达 2 449 条，国际航线 427 条，通航 50 个国家的 118 个城市。五是支线航空发展初具规模。2003年以来,我国支线航空呈现出良好发展势头。支线航线数量从2003年的不足400条增加到2013年的1 512条,年均增幅超过14%。支线机场数量稳步增加,建设等级逐步提高,2013年我国支线机场已超过140个建设等级为4C级的支线机场的比例上升至60%。"十一五"期间,我国支线机队规模摆脱了此前逐年下降的趋势,由2006年的74架增加到近几年的百余架,新增支线飞机中大多是速度更快、航程更远的涡扇飞机,支线航线多分布在华东、中南及西南地区。

中国民航的持续快速发展是改革开放的成果,是社会主义市场经济发展的需要。在改革开放初期,邓小平就指示民航要按经济的办法来管理经济,要按企业来办,提出了"民航一定要企业化"的要求。从1978开始,中国民航体制改革一直在不断深入,1978年民航总局《关于改革民航运输企业核算体制的通知》对民航运输企业核算体制进行了改革,强调各民航管理局作为企业单位,实行独立的经济核算,计算盈亏;1980年国务院、中央军委发出的《关于民航总局不再由空军代管的通知》和《关于民航管理体制若干问题的决定》决定了民航总局不再归空军代管,宣布民航与空军分开,改变领导体制,明确了民航总局是国家管理民航事业的行政机构,统一管理全国民航的机构、人员和业务,逐步实现企业化的管理;1987年,国务院批准民航总局《关于民航系统管理体制改革方案和实施步骤的报告》,根据政企分开,减少管理层和简政放权的原则,有计划、有步骤地进行民航系统管理体制改革,进行了较全面的机构调整和企业重组,将民航总局、地区管理局、省(区、市)局、航空站4级管理改为民航总局和地区管理局两级管理,组建6个国家骨干航空公司,在市场准入、航线进入、机场建设和飞机购置等方面逐步放松管制,形成了相互竞争的航空运输市场格局,民航运输的发展开始步入新的时期。在1987年后至民航全行业大面积亏损的1998年,除1989年出现负增长外,民航运输总周转量始终保持着年均20%的增长率,全国各地先后组建了34家航空公司。

随着社会主义市场经济体制的建立和市场供求关系的变化,随着国际航空业竞争的日益激烈,中国民航管理体制和运营机制方面的深层次问题逐步显现,如:运输能力分散,企业规模小,负债率高,抗风险能力差,管理粗放,竞争不规范等。为了解决民航发展中这些深层次的矛盾和问题,也为了适应中国加入 WTO 后建立市场经济体制的要求,2002 年初,国务院正式批准了民航总局上报的《关于深化民航体制改革总体框架及直属航空运输企业重组方案》,根据《方案》的要求,民航总局按照"企业自愿、政府引导"的原则,对直属的航空运输企业和服务保障企业进行重组,最终组建了中国航空集团公司、中国东方航空集团公司、中国南方航空集团公司三大航空运输集团和中国民航信息集团公司、中国航空油料集团公司、中国航空器材进出口集团公司三大航空服务保障集团。通过此次联合重组,中国航空运输业形成了以三大集团公司为主体的行业结构,有利于规范竞争,扩大规模,增强实力,提高国际竞争力;有利于企业现有的运力、航线、航班、市场网络、人力等资源的优化配置,降低经营成本;也有利于航空企业加强内部管理,逐步建立现代企业制度。六大航空集团的成立,是航空运输企业联合重组的关键步骤,是深化民航企业改革、完善民航行业管理体制的重要举措,但必须注意的问题是,如果各集团内部的职能重组、机构重组、人员重组、资产重组、债务重组、运力重组、航线航班重组、市场网络重组不及时进行,管理理念和企业文化无法迅速整合,势必无法真正发挥联合重组的优势。

第二节　中国航空运输市场现状分析

随着民航体制改革的不断深入,中国民航已逐步走上了企业化之路。由于市场供求关系的变化和竞争压力的逐渐增大,民航企业正在由单纯扩大机队规模、增加运力的以生产为导向的传统企业,逐渐转化为注重市场营销、以顾客需求为导向的现代企业。

(1)树立营销观念,注重顾客需求。目前各航空公司在经营活动中,除考虑自身的运力水平、资金状况和人力资源外,已经开始越来越多地关注航空顾客的需求。航空公司通过对旅客数据的收集分析和问卷调查等方式了解旅客对航线分布、价格水平、航班时刻和延伸服务的需求和需求变化趋势,同时也了解旅客的分类、特点和满意度等,并以此作为制定营销战略和策略的依据。

(2)对市场进行细分,确定不同的目标市场,并有针对性地采用不同营销策略。旅客分类是市场细分的基础,以 2007 年为例,公务旅客在民航旅客中所占比例最高,为 45%,比上年有所下降;旅游旅客比例为 36.73%,比上年有所下降。从最近四年的数据看,公务旅客仍是民航客源的主要组成部分,但所占比例逐年下降;旅游旅客已成为民航客源的重要组成部分。其他目的的出行比例有所上升,旅客构成的总体变化趋势是公务旅客比例正在逐年减少,旅游旅客的比例在持续增加(见表16-1)。虽然公务旅客因其具有数量大、价格敏感度低的特点一直是各航空公司主要争取的顾客群,但公务旅客比例逐年下降的趋势和公务旅客市场激烈竞争的状况使得一些航空公司将目标市场转移至正在蓬勃发展的旅游旅客市场中。目前,国内大型航空公司主要将目标市场锁定公务旅客,为适应公务旅客需求,国航和南航不仅多次对机上公务舱进行改造,增加座椅间距和娱乐设施,还改造了公务旅客候机休息室,提高对公务旅客的地面服务水平。国内目前旅游旅客比例超过公务旅客比例的航空公司较为典型的是海南航空公司,这虽然与其总部处于热点旅游地区的地理位置有关,但更主要的是海航在将旅游旅客定位为目标市场后采取了一系列有针对性的营销策略。针对旅游旅客普遍乘机次数少,不熟悉办理手续的过程,希望能获得乘机前后的交通和住宿帮助等特点,海航在其通航城市均开通了免费的 800 订票电话,只要打个电话,不仅提供传统订票服务,还可预订酒店、叫醒服务,预订机上餐食、礼物,以及当地付款、异地取票服务;由于海口新建的美兰机场离市区较远,海航就利用在市区的原大英山机场作为"城市候机楼",乘客可在海口市内办完登机手续、行李托运后乘免费巴士前往美兰机场;此外,海航还增设了"自游人"计划,凡是海航乘客,只要凭机票就可享受海南 16 家、全国 34 家宾馆 2~7 折优惠,凭机票还可享受饮食、购物、休闲方面的优惠,以及岛内租车业务等,这些有针对性的措施极大地促进了对旅游旅客市场的开发和拓展。

表 16-1 2004—2007 年民航旅客构成比例(按旅行目的划分)

旅行目的	2004	2005	2006	2007
公务(%)	56.76	49.55	49.25	45
旅游(%)	32.52	38.43	40.3	36.73
其他(%)	10.72	12.02	10.45	18.27

资料来源:民航总局《中国航空运输发展报告》

(3)注重服务的外延,增加服务内容。虽然所有的航空旅客对航空运输的核心产品——“位移”有着同样的需要,但由于旅客需求的多样性使得旅客希望航空公司能够延伸其服务,增加服务内容。为此,航空公司纷纷在售票、地面服务、机上服务等方面扩展服务内容,开展新的业务。如电话订票、送票上门服务、网上售票服务、预订酒店服务、无人陪伴儿童乘机服务、为行动不便旅客提供的轮椅服务和市区与机场间的地面交通服务等。其中特别要提到的是通程登机服务,当两城市间无直达航班时,旅客往往需要通过中间站进行中转。过去中转旅客在中转站下机后,需要首先提取自己的行李,然后重新办理乘机手续并重新托运行李,重过安检后才能再次登机,这期间旅客不得不搬着自己的行李奔波于候机楼内办理各种手续,浪费了旅客的大量时间,使航空运输的快速便捷优势大打折扣。针对于此,航空公司在部分航线上开展了通程登机业务,即旅客在始发站可办理多段航程的登机牌,当旅客到达中转站后,不需提取行李和重新办理手续,也不必重过安检,只要持登机牌直接乘下一航段的飞机就可以了,大大缩短了中转时间,受到旅客的普遍欢迎。

(4)借助“常旅客计划”,力图培育航空公司的忠实顾客。在20世纪70年代,美国的航空企业通过研究旅客的构成发现,一部分公务、商务旅客经常乘坐航班,在航空公司整个旅客运输收入中,始终占有较高的收入比例,这部分旅客就是我们常说的“常旅客”。常旅客计划,即旅客加入航空公司的常旅客俱乐部,通过乘坐其加入的公司航班累积里程,达到相应的里程后,航空公司提供免票或升舱等奖励。由于需对旅客的大量乘机记录进行跟踪和处理,常旅客系统往往伴随常旅客计划同时产生并投入使用。自1981年美国航空公司(AA)第一个推出了名为Advantage的常旅客计划后,世界各国的航空公司纷纷效仿,推出自己的常旅客计划。1994年,中国国际航空公司在国内最早推出了常旅客计划和相应的知音卡,并为实施常旅客计划成立了“国航俱乐部”。其后,国内其他航空公司相继推出了常旅客计划,成立了诸如“东航金燕俱乐部”“南航明珠俱乐部”“北航蓝天俱乐部”和“新疆航天鹅俱乐部”等众多常旅客服务机构。符合各航空公司常旅客计划要求的旅客均可申请加入相应航空公司的俱乐部,并得到1张会员卡。会员可通过乘坐该航空公司的航班而得到里程累计,也可通过在该航空公司的合作伙伴处消费,如在酒店住宿而获得里程累计。当累计的里程达到一定的标准时,会员可获得航空运输奖励(如免费机票、免费升舱)或非航空运输奖励(如免费旅游、免费住宿等)。2002 年后,航空公司的联合重组也导致了各航空公司常旅客计划的重新整合,整合后的国航、南航和东航常旅客会员都达到了 100 万人以上。各航空公司的常旅客计划在稳定客源、收集旅客信息方面起到了一定的作用,但由于后续服务不深入、不细致,未能与旅客建立起长期、稳定、牢固的关系,目前还没有培育出真正对某一航空公司高度满意的忠诚顾客群。

(5)重视 CI 战略,树立企业形象。航空运输企业提供的产品是无形的,是不可预见的,这使得旅客在做出购买决定前充满了不确定因素。为了降低这种不确定性,旅客将寻求航空公司各种服务质量的标志和证据,而航空公司也希望通过各种宣传、标示和设施向旅客展示自己的形象和特色。在 CI 战略实施、展示企业形象和特色方面,海南航空公司走在了国内其他航空公司的前面,海航将自身品牌内涵定义为“清新自然”,耗资 1 300 万元人民币在飞机机身上彩绘出“君子慕兰”“喜鹊登梅”“椰风海韵”“国色天香”“快乐海浪”等图案。这些不带广告性质、无明显功利性的机身彩绘增添了旅客乘机兴趣,减少了飞行的不安全感,增加了航空公司与旅客的亲和力,潜移默化地向旅客宣传海航“清新自然的环境、清新自然的心情、清新自然的人生”理念。海航彩绘机身的这一举措,起到了树立企业形象,展示企业特色的作用,同时也为中国民航注入了新的形象理念。

近几年来,中国民航企业已逐渐认识到了市场营销的重要性,也进行了一些有益的尝试和探索,但从其成效来看却参差不齐。究其原因,是在航空市场营销中还存在着一些问题,主要体现在以下几个方面。

(1)缺乏全面系统的营销战略,营销组织有待改善。航空市场营销战略是指航空公司为了实现其经营目标,在一定时期内对其营销所做的全局性、长远性的谋划与对策。航空市场营销战略是航空公司发展战略的重要组成部分,也是航空市场营销活动过程中最重要的环节。目前,中国航空公司普遍缺乏全面系统的营销战略,因此造成在制定各种具体营销措施时缺乏整体协调,各自为政。市场营销活动是一个企业的整体行为,不是一个部门的部门行为,它必须在综合分析企业内外环境的基础上做出全局性部署,并要通过企业各部门共同努力才能完成。很多航空公司在对"应该干什么""能干什么""应该怎么干"等情况还不明确时就出台了各项营销措施,往往会造成措施难以落实到位、措施间相互影响和抵消等问题,大大影响了营销活动的效果。此外,中国航空公司的市场营销组织普遍存在机构设置重叠、职能不清、组织层次过多、纵向信息沟通困难的问题,无法对市场信息做出快速反应。因此有必要对营销组织进行重塑,使营销组织扁平化,减少信息传递的层次,保持市场信息的畅通,以便营销人员能针对市场变化及时制定营销策略,并将其付诸实施。

(2)忽视核心产品的价值,片面强调"附加价值"。航空运输的核心产品是"位移",航空运输服务最重要的就是将客、货、邮安全准时地运达目的地,而做到了这一点也就实现了航空运输产品的核心价值,除此以外的服务所实现的都是航空运输产品的附加价值,如舒适的座椅、可口的餐食等。由于目前中国各航空公司在安全、机型、时刻、价格等方面差别不大,为吸引客源、突出特色就纷纷在附加服务上下功夫,如"微笑服务""姓氏服务""预订机上座位"和"城市值机"等。但在各航空公司不断深化和细化其各项附加服务的同时,却未能真正认识到核心产品的价值,忽视了核心产品价值在吸引旅客、赢得忠诚、树立企业形象方面的重大作用。国航、东航、南航、深航和首都航空分别在 1995、2000、2004、2008 和 2016 年获得美国优质服务协会颁发的"五星钻石奖",这是对五大航空公司服务工作的认可,是对航空公司多年致力于提高服务品质的肯定。但与此同时,航空公司在航班准点起飞这一基本问题却频频出现问题。1991 年中国民航航班正点率为 87.7%,此后一直呈下滑态势,中国民用航空局 2016 年全年统计数据显示,全国民航平均航班正常率 76.76%,当前,民航航班持续高位运行,保障系统满负荷运转,运行安全风险累积叠加,航班正点率跌入低谷。近几年以来,旅客对航空运输服务投诉最多的是航班不正点和不正点情况下的服务,2017 年 3 月民航局通报航空运输消费者投诉情况,仅该月民航局运输司、民航局消费者事务中心和中国航空运输协会共受理消费者投诉 1 747 件,其中航班正点问题 577 件占比最高,占比达 38.67%。从航企被投诉数量来看,东方航空被投诉数量最多,合计 262 件,其中航班正点问题 106 件、超售问题 4 件。应该说,在民航的生产运行中,航班正点是仅次于安全的重要工作,在提高服务质量方面,保证航班正点则是第一位的工作。如果这项工作没有做好,航空公司就会缺乏核心竞争力,难以取得持续发展,而忽视航空运输核心产品价值,单纯地追求服务外延带来的附加价值,无疑是航空公司营销策略上的本末倒置行为。

(3)重客轻货,不注重航空货运市场的开发。航空客运市场和航空货运市场是航空运输市场的两个重要组成部分,随着中国国民经济的迅速发展,国内商品流通和进出口贸易的大幅度增加,社会对航空货运的需求不断增大,2016 年全行业完成货邮周转量 222.45 亿吨公里,比上年增长 6.9%。国内航线完成货邮周转量 72.11 亿吨公里,比上年增长 7.7%,其中港澳台航线完成 2.75 亿吨公里,比上年下降 3.4%;国际航线完成货邮周转量 150.34 亿吨公里,比上年增长 6.5%。而长期以来,中国民航普遍存在着重客轻货的思想,航空货运一直处于客运的从属地位。截至 2016 年底,我国通用航空企业在册航空器总数达到 2 096 架,其中窄体飞机占机队总规模的 79%,宽体机占 10%,货机只占 5%,国航 2016 年年报显示,国货航 2016 年营业收入 90.23 亿元,同比下降 1.19%,其中货邮运输收入为 75.67 亿元,同比下降 2.24%;实现归属母公司的净利润 0.11 亿元,同比下降 23.72%。从 2012 年到 2016 年,国航的货运业务收入甚至连年下滑。2016 年,国货航的货邮载运率仅为 54.29%。由于对航空货运市场的忽视,各航空公司对货运投入的人力、物力和财力远不及客运,在以客运为主的经营观念下选择的机型和设计的航线布局无法满足货运市场需求,难以做到客货并举、相互补充、共同发展。今年来,快递也迅猛发展,客户对效率的更高有要求也诱发了航空货运市场的巨大需求,因此必须重视航空货运市场的建设和发展。中国民航企业重客轻货思想使得客运和货运一损俱损、一荣俱荣,严重缺乏互补能力和抵御风险的能力。

(4)未能真正树立起全员市场营销观念。营销学家佩恩在其《服务营销》一书中对服务型企业在营销方面的特性做了如下评述:服务型企业通常不太可能在营销部门完成营销活动;服务型企业不太可能使用营销研究机构和营销顾问;服务型企业花在营销上的钱不太可能多得足以用一个占毛销售额的百分比来表示。佩恩的评述展示了这样一个事实,服务型企业的营销工作不是靠大量投资和专业研究完成的,也不能仅靠营销部门来完成,它需要所有服务人员的参与,即全员营销。目前,各航空公司虽然都认识到全员营销的重要性,但在实际操作中往往只把营销当作企业营销部门的工作,未能真正在企业中树立起全员营销的观念,未能采取有效措施保证这种观念转变为实际的营销成果,也未能充分发挥除营销部门外其他部门在营销工作中的作用,导致各航空公司内部的很多部门和人员认为营销只是高层管理者的工作,自己只要完成运输工作就可以了。这种传统的以生产为导向观念使得航空公司员工普遍关心的是生产工作是否完成,而漠视旅客的满意度,也使得航空公司的各项营销措施在实施效果上大打折扣。

第三节　航空运输企业面临的形势

随着中国经济的持续快速发展,人民生活水平不断提高,商品流通和人员出行日益频繁,对航空运输的需求不断增大。而航空运力的增加和市场的逐步成熟和开放又使得航空运输企业在面临着巨大发展机遇的同时也面临着竞争加剧、顾客需求变化和国外航空公司进入等挑战。

(1)经济增长带动航空运输的发展。作为国民经济先导性行业,同时也是运输业中朝阳行业的民航运输业,必将随着中国经济的持续快速发展而不断发展。从近年来的统计数据表明,民航业发展的速度高于国民经济增长速度,也高于公路、铁路等传统运输行业的增长速度。2016年中国人均 GDP 为 8 865. 999 美元;世界很多国家逐步放宽对中国公民入境旅游的限制、简化旅游签证办理手续;中国将实现旅游业全面振兴,开辟更多的旅游目的地国家,出入境游客和国内长距离游客人数会进一步增加,这些都将对中国航空运输产生更大需求。同时,国家西部大开发和振兴东北老工业区的一系列政策,也将使中国目前东、南部密集,西、北部稀疏的航线格局得以改善,有利于航空公司开拓市场,发展新的有效需求。

(2)民航体制改革改善了中国民航管理体制和运营机制,有利于促进航空运输企业的发展。自1978年以来不断深入的中国民航体制改革,改善了中国民航管理体制和运营机制,为中国民航的发展奠定了基础。2002年根据《关于深化民航体制改革总体框架及直属航空运输企业重组方案》进行的航空运输企业联合重组,形成了中国航空、东方航空、南方航空三大航空运输集团为主导的民航寡头垄断市场格局,有利于扩大企业规模、合理调配运力、整合航线布局、遏制无序竞争、提高国际竞争力。此外,民航总局根据中国航空运力已能基本满足社会需求,各航空公司航班客座率明显处于较低水平的现状,确定了“除适量增加少量货机、支线飞机外,原则上不再审批临时新增客运飞机”的方针,对于限制航空运力供给、提高航空公司的客座率和收益也起到了一定作用。

(3)逐步放宽的民航经济性管理政策也有利于航空运输企业的发展。政府部门对民航运输企业限制过多,直接插手企业内部经营政策的制定等情况一直为社会各界所诟病,阻碍了航空运输企业企业化的进程,不利于建立现代企业制度。为扭转这一局面,中国将逐步放宽民航经济性管理政策,如放宽市场准入限制,允许投资者根据市场准入条件设立新的企业或参股现有企业,为航空公司融资开辟新的途径;国家财政部批准了航空运输企业飞机折旧最长年限由15年调整为20年,降低了航空公司的运营成本;按照放开的方向调整国内航线经营许可证制度及与之相关的各项管理规定,增加了航空公司航线调整的灵活性,有利于航线布局的合理化。此外,在2004年经国务院批准实行的《民航国内航空运输价格改革方案》中规定,今后国内航空旅客运输,将以现行航空运输企业在境内销售执行的国内各航线票价水平作为基准价,允许航空运输企业在上浮幅度不超过基准价的25%、下浮幅度不超过基准价的45%(部分以旅游客源为主和航空运输企业独家经营的航线票价下浮幅度不限)的范围内,自行制定具体票价种类、水平、适用条件。这一运价浮动管理政策的实行,扩大了各航空公司的自主定价权,为航空公司引入多级票价制度,建立收益管理系统创造了条件,使航空公司可以根据本企业的营销策略,针对不同旅客的需求、承受能力,实行不同的价格水平。

(4)国外航空公司的进入加大了中国航空运输市场的竞争压力。随着国内航空市场对外开放程度的提高，越来越多的国外航空公司已经进入到中国市场，我国航空公司在规模上和竞争水平上具有一定的实力，但无论在进入世界前列的航空公司的数量以及整体实力方面，还远不及美国、日本和德国的航空业。国内目前主要是国有四大航空公司能够有实力参与国际竞争力，而这些所谓的竞争还不是世界范围内的竞争，其主要是区域性的竞争。与欧美发达国家航空公司相比，我国航空公司在航线优化与运营能力、航空品牌经营能力、航空市场应变能力、航空学习能力、航空联盟管理能力、航空组合激励能力等方面都比较落后，这固然与我国航空公司的发展基础以及发展时间的长短有关，但通过国内航空公司之间的竞争力对比，可以增强我国航空公司参与国际竞争的意识，目前美国货邮运输巨头 UPS 和联邦快递等国外航空公司抓住机会，迅速进入中国货邮运输市场，抢占了中国 2/3 的航空货邮运输市场，使国内航空公司在竞争中处于极为不利的地位。而像菲律宾宿雾太平洋航空公司(Cebu Pacific Air)这样的廉价航空公司进入中国市场后，将会使国内航空公司面临的形势更为严峻。

(5)来自国内其他运输方式的替代竞争不断加剧。在航空运输产业迅速发展的同时，公路、铁路等民航替代产业也在不断发展，高速公路网的扩展、铁路的提速和服务质量的提高使得公路、铁路运输已成为航空短途运输的有力竞争对手。现在，中国已正式步入高铁时代，无疑高铁的快速发展会对民航业的发展产生巨大的冲击，高铁和民航将正面交锋。例如随着石太高铁的开通，太原飞北京的早晚航班被迫取消。同样，在合武高铁客运专线 2017 年 4 月 1 日开通后，武汉至上海的民航客座率下降 5.5%，武汉至南京的民航客座率下降了 11.9%。“四纵四横”客运专线与三个城际轨道系统所覆盖的区域主要位于中东部地区，这个地区也正是民航黄金航线最多、运量最大、航空公司竞争最激烈的区域。高铁运输以较频密的发车率、较高的正点率、较便捷的地面交通接驳、安全性等优势，对航空运输发起挑战。在中短途运输方面(200~1 000 km)，高速铁路较航空拥有诸多明显优势：一是旅途全程时间短(节省往返机场、候机时间)；二是运送能力大；三是受气候变化影响小，正点率高。在短途运输领域,航空运输的舒适优势已不明显,快速优势又由于手续烦琐、等候时间长、市区和机场距离远、航班正点率不高等原因大打折扣,而价格高则是航空运输的明显劣势。而只有旅程超过了1 000 km,飞机才可显露出快速、便捷的优越性。总体来说高铁频繁开通对于民航是一个很大的冲击,几乎开通一条高铁,相应的民航市场就会萎缩。对于民航来说更应该做的事情是做好自身的品牌建设,高铁的竞争是短期的,将来的合作是一个大趋势。

除此以外,国际恐怖主义对包括中国在内的世界航空运输造成的安全上的威胁,国际局势的不稳定和国际航油价格的上涨,国内航空运输企业人力资源和基础设施能力不足,部分区域机场容量饱和、空域紧张等问题将会阻碍航空运输行业的发展。中国民航虽然面临着很多困难和巨大的市场竞争压力,但我们应该看到,快速发展的中国经济、相对稳定的国内局势、巨大的现有和潜在航空运输需求,为中国民航提供了广阔的发展空间。

第四节　航空运输市场经营战略构想

在航空运输市场营销的实践中,构建全面系统的营销体系和树立全员营销意识是一项非常关键的工作,但同时也是非常容易被企业管理者所忽视的工作。目前航空公司普遍存在的推销等同于营销,部门行为等同于企业营销措施,以及在营销活动中忽视一线员工作用等情况,都说明了中国的航空运输企业并未真正认识到构建全面系统的营销体系和树立全员营销意识的重要性。运输市场营销是运输企业旨在促进其总体发展的系统活动过程,这一过程涉及航空公司企划部门、销售部门、地面及机上服务部门及后勤保障部门等各个部门,需要各部门及部门内全体员工的共同协调配合。如果在制定营销策略时不能全面考虑各方面因素,不能充分发挥各部门的作用,必然无法达到预期的营销效果。应该说,构建全面系统的营销体系和树立全员营销意识是保障营销活动有效性的基础,是航空公司从事营销活动时必须首先考虑的问题。除此之外,中国航空公司在从事营销活动时还应该注意以下几点。

1. 进一步进行市场细分,确定航空公司的目标市场

对航空运输的需求属于派生需求,无论是旅客还是托运人,之所以会产生运输需求,并不是由于运输本身,而是由于位移可以满足他们的其他需求。由于出行目的不同、收入水平不同、年龄层次不同及购买习惯不同等,导致旅客对航空运输产品有着不同的需求,而这种需求的差异性正是市场细分的基础。市场细分是对市场上寻求相同利益和需求的旅客群加以区分的过程,航空公司应根据可衡量性、可进入性和需求的足量性对航空运输市场进行细分。在航空公司细分市场和确定目标市场的过程中要注意以下几个方面。

(1)细分市场不能过于笼统。目前,国内航空公司主要按出行目的细分市场,将旅客划分为公务旅客、旅游旅客和探亲访友旅客三大类。实际上,除以出行目的为标准外,还有许多其他的细分空运市场的标准和依据,如旅客出行频率、购买习惯、价值倾向(时间或价格)、年龄层次、购票资金来源等。这些标准和依据可以单独使用,但如果能综合运用将会使市场细分的结果更为明确,也更易采取有针对性的营销策略。以占整个空运市场 57% 的公务旅客为例,一般认为公务旅客价格敏感度低,关注的只是航班时刻便利和优质服务,愿意为高品质服务付高价,航空公司在经营中可以通过提高价格来提高收入。但据调查显示,公务旅客中有近 10% 为自费旅客;还有一些虽是公费公务旅客,但出差费用受到严格限制,一旦出差费用超出限额就不得不采用其他更廉价的交通方式;有超过 1/3 的公务旅客认为票价过高(数据来自民航协会用户工作委员会所做的《2001 年航空运输市场调查分析》)。可以看出,并非所有的公务旅客都是对价格缺乏弹性的,过于笼统地定义公务旅客市场特点将导致航空公司忽视这部分市场中的一些个性化需求。

(2)确定目标市场时应考虑到细分市场的发展趋势。由于航空公司在确定目标市场后要采取有针对性地开发航空运输产品、安排机型结构、设置航线布局、设计服务流程、拓展分销渠道、制定价格政策、进行人员培训、树立企业形象、宣传自身特色等一系列措施,需要投入大量的人力、物力和财力,这就要求所确定的目标市场必须是在较长一段时期能够获取收益的市场。仍以公务旅客市场为例,通常乘坐头等舱和公务舱的公务

旅客乘机频繁、价格敏感度低,他们代表着最有价值的细分市场,但也由于客源有限而导致各航空公司竞争激烈。频繁乘机,但通常乘坐普通舱的公务旅客,虽然价值不如前一类旅客高,但考虑到这些旅客普遍年龄比较低,有些人可能会成为今后频繁乘机的高舱位公务旅客,所以培育这一细分市场,建立这些旅客对航空公司的忠诚,对于保证航空公司的长远利益大有裨益。

(3)确定目标市场时应考虑多方面因素。航空公司确定目标市场时不应只考虑细分市场的吸引力,还必须考虑到自身拥有的资源、自身产品的特点、市场的供求关系和竞争对手所采取的营销策略等。

(4)尽量避免目标市场确定的单一化。如非特别需要或航空公司自身实力限制,航空公司应尽量避免只确定某个单一的细分市场为企业目标市场的现象。航空公司在运作过程中投资高且易受外部环境影响,如果采用“单一细分市场”战略,不利于实现规模经济,难以大范围拓展航线网络;不利于发挥多个细分市场的协同作用,如在经营假日旅游市场时,可能会增加航班班次,这样会吸引更多地看重航班班次的公务旅客;也不利于减少风险,当单一的细分市场业务量下降时,无法用其他细分市场的收益弥补损失。

2. 保障安全和正点,体现航空运输产品的核心价值

航空运输产品的核心价值体现在将客、货、邮安全准时地运达目的地,这其中最重要的就是安全和正点。就安全方面而言,经过几十年的不懈努力,目前中国民航在安全性方面已经达到国际先进水平。但在航班正点方面,中国民航近年来的正点率正在逐年下滑,旅客对航空运输投诉最多的就是航班不正点和不正点情况下的后续服务。为保证航班正点和做好航班延误后的后续保障工作,航空公司应针对航班延误原因采取措施。导致航班延误的原因有很多种,如天气原因、机场设施、航站放行能力、机械故障、商务原因、联检原因和旅客原因等。上述原因还可进一步细分,如天气原因包括本站天气原因、外站天气原因和航路天气原因;联检原因又可分为海关原因、边防原因和检疫原因。为便于采取有针对性的措施,航空公司可在细致划分航班延误原因的基础上将原因分为可控原因、部分可控原因和完全不可控原因三大类。

(1)航空公司可控原因包括运力调配、时刻安排、转机衔接时间、超售、餐食、乘机手续办理和地面保障等航空公司内部原因。航空公司可通过实施目标管理、落实责任制、严格操作规范、统筹安排运力和时刻等方式做好预先控制,降低因航空公司内部原因造成航班延误概率。

(2)航空公司部分可控原因是指非航空公司内部原因,但航空公司对其有一定影响力的原因,包括机场设施、安检及联检、旅客晚到等。由于这部分原因涉及航空公司以外的其他部门和旅客,航空公司无法进行直接控制,但可以通过与机场订立服务协议、预先通知旅客、重新安排旅客办理手续流程等方式减少这部分原因导致航班延误的可能性。比如:航空公司发现旅客在通过安检时往往由于证件不全或随身携带物品不符合安全规定,导致在安全检查区耗时过长,影响正常登机,引发航班延误,就可以在售票时向旅客说明办理乘机手续的程序和所需时间,需携带的证件和注意事项等,在旅客到达候机楼后,再次提醒旅客提前准备好相关证件,以便能迅速通过安全检查到达登机口登机,减少因等旅客而造成的航班延误。

(3)航空公司完全不可控原因主要是指造成航班延误的不可抗力类原因,如天气原因。针对此类航班延误,航空公司可采取使用备降场加地面运输的方式,减少旅客等待时间,使旅客能尽快抵达目的地。

此外,航班延误后的后续服务工作必须要有预案,一旦出现延误情况,要及时向旅客通报信息,妥善解决旅客的食宿和签转问题。对于航空公司原因造成的延误,为做好服务工作,航空公司也应有补偿预案,让旅客在购票时填写《补偿意愿书》,提前确定出现航空公司原因的航班延误情况时旅客希望的补偿方式,如使用高舱位休息室、增加免费行李额、免费升舱,或增加里程累计等,以便航空公司可以在航班延误时迅速对旅客进行安排和补偿,缓解旅客的不满情绪,提升服务品质。

3. 充分运用运价浮动管理政策,建立健全多级票价体系

2004 年经国务院批准实行的《民航国内航空运输价格改革方案》确定了运价浮动管理政策,由过去单一的政府指导价改为政府指导价为主市场调节价为辅,扩大了航空公司的自主定价权。航空公司应充分利用这一政策,建立健全多级票价体系。多级票价体系是世界上航空公司广

泛采用的一种定价方式,航空公司按照旅客的类型以及他们可能承受的价格水平,在航班上设置多级可调的舱位及相应的票价结构。在市场销售中,使那些支付能力强的旅客尽量支付高票价,给他们提供更优质的服务,在座位未能充分利用的情况下,再向支付能力低的旅客出售空余座位,同时有严格的限制条件,比如客票不得改期、不得签转,收取较高的退票费等。为切实发挥多级票价体系的作用,达到收益最大化的目的,航空公司应做好以下几方面的工作:

(1)通过对旅客需求和价格承受水平的分析、预测,通过对民航订座系统(CRS)和离港系统(DCS)中数据的整理、分析,根据旅客类别、购票时间、航班时刻、机型和淡旺季等精心设置航班上的多级可调的舱位和相应的运价结构及相关限制条件。

(2)向社会公布各种销售票价及适用条件,增加票价透明度,使消费者能了解航空公司的价格政策、及时获取票价信息。

(3)规范销售代理人行为,广泛采用网上售票和自动售票等直接销售形式,在销售中严格执行舱位等级限定条件,防止高票价旅客向低票价旅客"倒流"。

(4)制定多等级服务标准,确保高票价旅客获得的服务水平高于低票价旅客,如高票价旅客优先预订座位,优先签转等,使支付高票价的旅客能够真正感受到物有所值。

4. 拓展销售渠道

航空公司的销售渠道主要分为两大类:直接销售和间接销售。直接销售是由航空公司在全国甚至世界各地设立自己的销售机构,直接向旅客出售机票,免去了中间环节和代理手续费;而间接销售是航空公司通过销售代理人向旅客出售机票,虽需向销售代理人支付手续费,但航空公司可节省设立销售点的费用和部分推销的费用。在中国民航运输市场上,间接销售在航空公司销售渠道中长期占据主导地位,代理人销售的销售收入占航空运输业销售收入的70%以上。由于航空公司在销售中过分依赖代理人,而销售代理市场中又存在着一些违规操作、恶性竞争和管理失控的现象,使得航空公司的营销策略无法得以贯彻,多级票价体系难以严格执行。为拓展销售渠道,航空公司可利用现代科技手段及信息网络技术的发展成果,采取网上订票-送票上门、网上订票-机场取票、电子客票或自动售票等方式拓展直接销售渠道。为促进这种基于网络技术的直接销售方式,航空公司应对使用这种购票方式的旅客给予一定的奖励(如常旅客积分或票价折扣等)。在拓展间接销售渠道方面,航空公司在利用现有售票代理点的同时,还可利用其他拥有大量客户基础的企业或机构,如旅行社、酒店、车站,甚至是银行或超市等作为航空公司的销售代理,在降低对销售代理点依赖程度的同时,增加航空公司的销售额。

5. 以航空公司联合重组为契机,再造服务流程

目前,国内航空公司在服务流程的构建上主要采用职能型方式,由销售、地面服务、机上服务等部门分管服务流程的相应环节。虽然这种由不同部门分管流程的做法可以获得分工的效率和规模效益,但由于缺乏统一的协调和管理,往往使得本应完整连续的服务流程被人为地分割为几个部分,造成了流程片断化、服务标准不统一、各部门间沟通协调工作量大、整体运作效率低下、难以对顾客需求及时做出反馈等问题。为解决流程片断化等一系列问题,航空公司应以联合重组为契机,按照统一设计、统一控制、统一标准的原则再造航空公司的服务流程。

(1)统一设计要求航空公司在设计流程时必须保证流程的起点应是顾客需求,流程的终点应是顾客满意。无论是总体流程,还是细分流程,直至某一项具体操作流程都要按照这一原则进行设计,保证流程的协调统一、目标明确。

(2)统一控制要求航空公司设置一个而不是多个流程控制部门,对旅客使用航空运输产品的过程(订票-购票-前往机场-办理乘机-通过安全检查-通过检疫、海关、边防-登机-乘机-提取行李-前往最终目的地-安排住宿结束旅行)进行全程的统一监控、提供相应帮助,并随时收集反馈信息。避免在流程运作过程中出现交叉控制和多头管理现象,保证流程的完整性和连续性。

(3)统一标准是指在流程设计、流程运作和工作成果考核的过程中必须有一套明确且一致的标准,以保证服务水平的一致性。

6. 以常旅客计划为基础,实施客户关系管理(CRM)

中国航空公司实施“常旅客”计划已达 10 年,三大航空运输集团的

常旅客人数都已过百万,但航空公司希望通过实施常旅客计划培育忠诚顾客的愿望并未完全实现。据调查显示,经常乘坐飞机的旅客大多拥有两种以上的航空公司里程卡,各航空公司在服务内容和服务水平上基本相同,无明显优势和特色,旅客在选择航空公司时并无特定的偏好。航空公司发展常旅客,增加常旅客数量固然重要,但从现有常旅客中筛选出持久、忠诚、有价值的金牌旅客则是更为重要的工作,客户关系管理必须首先面向这部分旅客。实施客户关系管理需要大量的旅客数据支持,而航空公司为实施常旅客计划已建立了常旅客系统,收集了大量旅客数据,但这些多年积累下来的数据由于未能真正发挥它的价值,使得常旅客系统蜕变成了一种计算里程积分的记账系统。航空公司应以现有数据为基础,建立常旅客信息存储、共享、交互、分析的数据库,为各部门、各环节的常旅客服务提供统一的信息源和信息共享、交互平台,同时也为分析常旅客的忠诚度和贡献度、筛选潜在的具有"终生价值"的旅客提供依据。对潜在的具有"终生价值"的旅客采取优质、个性化的服务,与之建立长期关系,将其变成航空公司真正的"终生价值客户",这部分旅客必将会为航空公司带来固定的收入和长期的利润,而这一切正是最具现代意义的关系营销手段。

第五节 航空公司经营战略案例

一、案例一:经营战略创新——南航进军北京航空运输地面服务市场

2003 年 9 月 26 日,中国南方航空公司(简称南航)与首都机场控股的北京空港地面服务有限公司(BGS)在人民大会堂签约,双方分别投资 900 万元,共同组建"首都南航地面服务有限公司"。新成立的首都南航地面服务有限公司重新启用了已停用近 5 年的首都机场一号航站楼,并为南航旗下的 5 家公司,包括南航股份、北方公司、新疆公司、厦门航空和四川航空提供航空地面服务,南航以合资方式获得一号航站楼使用权后,候机楼内主要服务设施、人员着装等都按南航 VI 标志进行规范。

南航是以广州白云机场为基地的航空公司,之所以要进入北京的航

空运输地面服务市场,主要是为了实现其建立北京枢纽的战略目标。南航集团在 2002 年航空公司联合重组后,确立了打造北京、广州两个中枢的航线网络战略,需要在北方市场进一步优化航线布局,合理配置资源,统一服务标准和标识,确立南航品牌。在南航集团使用一号航站楼之前,南航集团航班的地面服务工作一直由国航代理,南航旅客的乘机手续办理工作在二号航站楼进行。二号航站楼是在 1999 年投入使用的,整体设计中未能充分考虑到中转旅客的需要,同时由于二号航站楼的客运能力已趋于饱和,高峰期旅客拥堵情况比较严重,中转旅客的转机流程也不顺畅。由于地面服务工作由其他公司代理,使得南航很难统一其服务标准,而二号航站楼多家航空公司共用和日趋饱和的现状,又使南航希望在航站楼内设立统一标示和提高服务水平的愿望难以实现。

随着中国经济的进一步发展,北京作为中国政治、经济、对外交往的中心和进出口贸易的重要口岸,对航空运输的需求会不断加大。加上 2008 年奥运会在北京举办,必然会使北京首都机场的客流量持续大幅上升,南航正是看到这一“利好”前景才会把建设北京枢纽当作其战略目标。南航进军北京航空运输地面服务市场不仅可以通过自行开展北京地区的地面服务业务降低代理成本,还可通过使用独立候机楼和自行办理地面手续的方式,充分发挥机场的枢纽功能,重新设计对旅客的地面服务流程,推行针对中转旅客的“南航中转”服务品牌,在北京建立起相对独立完整的地面服务体系,从而导入其枢纽战略。

二、案例二:作业流程再造——山东航空公司实行空地勤联体单机定包管理

山东航空股份有限公司(简称山航)是 1994 年成立的一家地方性航空公司,主营国内航空客、货、邮、行李运输及与航空运输有关的其他服务和经营性项目。1996 年,山航正式投入运营,此时正处于 1987 年以来中国民航业高速发展的后期,航空运输企业间日趋激烈的竞争使得行业利润率开始下滑。对于山航这个成立不久,尚不具备规模优势的小公司而言,要想在激烈的市场竞争中生存发展,就必须提高效率,推行低成本经营策略,而提高飞机的日利用率,摊低固定成本,狠抓占直接运营成本

40%左右的飞行、机务作业环节是推行低成本经营策略的重要切入点。

对航空运输企业而言,安全和效益在本质上是相辅相成、互相促进的关系,但在实际运营过程中,安全和效益却往往变成了一对矛盾。为保证安全而增加的飞机停场维修检测时间降低了飞机的日利用率、航班正点率,从而影响了航空公司的服务质量和效益;而片面追求高的飞机日利用率和航班正点率,不注意飞机必要的检修又会造成安全隐患。为解决这一矛盾,在确保安全的基础上,降成本、增效益,减少飞机停场时间,提高日利用率,山航实施了"空地勤联体单机定包管理"制度(简称"单机定包"),主要思路是:要确保安全、降低成本,必须切实落实安全责任和成本责任,而落实责任必须从责、权、利的结合出发,通过系统改造、机制建立,将安全责任和成本责任与个人利益联系起来。具体做法是:将飞行、乘务和机务维修三方联合起来,共同组成一个定包小组,每个定包组固定承担一架飞机的飞行、维护和机上服务作业,公司根据下达的单机定包指标逐月进行考核,奖励先进定包组,对低于指标标准要求的定包组进行处罚。定包组确定后,不得随意改变人员构成,要求"人随机走、机留人留"。山航通过"六定"(定飞机、定机组、定机务、定驻地、定考核、定消耗)的形式考核各定包组,考核指标为"六率",即安全率、正点率、飞机日利用率、飞机完好率、单机(航材、航油、机供品)消耗率、旅客满意率。

为保证单机定包管理制度的落实,山航在每年初与各个定包组签订《空地勤联体单机定包责任书》(以下简称《责任书》),详细规定定包组须履行的义务和被赋予的相应权利,保证责权对等。《责任书》中还规定定包组须制定内部生产管理制度,以提高"六率"为目标,对所定包飞机具体实施生产运作与维护;要求定包组严格填报生产作业报表,分析影响"六率"的原因,责任落实到人;定包组在公司指导下享有二次分解、下达定包指标的权利,享有对所定包飞机实施检查、问讯、建议的权利。

通过实行单机定包管理,采取建立"人机对号"的定包组和签订《责任书》等方法,基本解决了过去每架飞机机组和机务人员不固定,责任不落实所造成的一系列问题,理顺了空地勤的关系,机组人员和机务人员各负其责,相互协作,消除了相互扯皮、推诿现象,实现了部门间的横向联系和人员的合理跨部门组合,机组和机务作为对固定飞机承担生产任务的联合体,共同关心飞机“六率”的优劣,改变了以往机组只管飞、机务只管修的状况,加强了航前、航后的沟通,主动交流经验和机情机况,使飞机使用率明显提高。山航 B3653 号飞机是一架故障多、出勤率低的飞机,在定包前平均日利用率只有 6 h,定包后,B3653 号飞机的定包组针对这一飞机存在的问题开展技术研讨,查找原因、落实责任、限期解决,最终使该机的平均日利用率达到 8.5 h。在成本控制方面,根据单机定包责任制规定,定包组要控制单机的航材消耗、航油消耗和机上供应品的消耗这些变动成本的主要组成部分,这使得定包组成员的节约意识大大增强,飞行人员非常注意对机载设备的维护与调试,使用中精心细致,尽量延长机载设备的使用寿命;机务人员也非常注意减少航材损耗、避免误拆、误换事件的发生;乘务员注意机上供应品的节约,饮料由价格较高的听装改为大瓶装,按杯分送;食品由单一大包装换成多样小包装,增加口味、降低成本。

为使责、权、利对等,保证单机定包制度长期发挥作用,起到奖勤罚懒的激励效果,山航在总裁奖励基金中设立单机定包管理专项基金,用于单机定包的奖惩兑现,实行月度考核、月度兑现和年度评优、年度奖励相结合,奖罚金额在定包组进行内部二次分配。2000 年,在山航效益增长 31.3% 的同时,定包组空勤人员工资平均增长 17.5%,机务人员工资平均增长 38.3%,单机定包管理实现了员工个人利益、定包组集体利益、企业整体利益的兼顾与统一,大大调动了员工积极性。

山航的单机定包管理改变了民航运输企业传统的作业组织模式和管理机制,是对内部机构的重组和作业流程的再造,有利于疏通信息传递渠道,提高运作效率;在责任体系上实现责、权、利的直接对应,有利于发挥基层工作人员的积极性、主动性和能动性;有利于山航由大量占用、消耗资源的粗放型增长向集约型增长转变。截止到目前,山航已连续多年保持飞行、空防事故征候为零的纪录,荣获民航安全最高奖“金鹰杯”和国家安全生产监督管理局颁发的安全生产“安康杯”奖项;机上服务质量不断提升,平均每班旅客评价满意率保持在 95% 以上;自 1999 年单机定包管理实施以来,累计直接创造经济效益 1 140.3 万元,并保证了山航的飞机日利用率始终高于同行业平均水平。

注:本案例中数据及资料来源于《企业管理创新成果集(第八届)》中

《空地勤联体单机定包管理》。

三、案例三:服务创新——国航大力开展通程登机业务

通程登机又称联程值机(Through Check-in),是指通过计算机离港系统(DCS),在始发航站一次性地为飞行多个航段的旅客办理全程的乘机手续,通过一个系统的功能或多个系统的协同使用,产生旅客全程所有航班的登机牌和行李牌,为旅客提供“一票到底”的服务。在旅客乘机旅行过程中,如始发地和目的地之间无直达航班,旅客必须在中转站转机。在无法实现通程登机的情况下,旅客首先要在始发站办理乘机手续、托运行李、通过安检后登机,到达中转站后,旅客要提取行李,重新办理乘机手续、再次托运行李,重过安检后才能登机,这一程序不仅耗费了旅客的大量时间和精力,也加大了航空公司工作人员的工作量,航空公司地面服务人员需重复办理旅客乘机手续,重复进行行李运送操作,同时还会由于旅客中转时间过长、环节过多,影响航班正点率,引发航班延误。为解决这一问题,中国国际航空公司(简称国航)从2003年起大力发展以北京为中转枢纽的通程登机业务,使旅客可以在始发站一次性办理完全程的乘机手续,行李直接交运至目的站,旅客在中转站不需重新办理乘机手续,不需提取行李,也不必重过安检和购买机场费,只要下机后持后续航段的登机牌到登机口就可直接登机,大大缩短了中转所需时间,增大了旅客选择航班的余地,减少了旅客在候机楼内移动的距离和滞留的时间,缓解了办理乘机手续柜台和安检通道的压力。截至目前,国航已在包括沈阳、成都、大连、深圳和洛杉矶等十几个城市开通了以北京为中转枢纽的通程登机业务,可办理国内转国内、国际转国内和国内转国际的通程登机业务。对航空公司而言,开展通程登机业务不仅是为旅客提供一项服务,更重要的是可以通过通程登机这一服务形式争取更多的客源。以大连至洛杉矶为例,由于大连无直达洛杉矶的航班,旅客要在北京转机,如果没有通程登机,旅客到京后可能乘坐国航航班,也可能乘坐东航航班或其他国外航空公司的航班,但如果旅客在大连就已办理好全程国航航班的通程登机手续,那么他在北京转乘其他航空公司航班的可能性就非常小。应该说,国航通程登机业务的开展提高了航空运输产品的附加价值,体现了航空

运输方便快捷的优势,也扩大了国航吸纳客源的范围。

四、案例四:市场定位——美国西南航的成本领先战略

美国西南航空公司(简称西南航)自始创至今,一直采取与传统航空公司迥然不同的经营方法,在被许多航空业巨头称为"地板缝里的蟑螂"的同时,也在美国被多次评为"最受欢迎的航空公司"。现在,西南航已成为世界范围内低成本运营的典范。在美国,西南航占了25%的国内市场份额,而在短程航线上,西南航占有的市场份额更大。"9.11"事件后美国航空公司普遍陷入困境,而西南航却仍保持着赢利纪录。

大部分传统的航空公司都采用轮辐式航线网络,为不同旅客提供全方位多等级的服务,如美联航、英航、法航、汉莎航等。这些航空公司的经营管理相当复杂,要构建轮辐式的航线网络,建立多级票价体系,提供多等级差异化的服务,进行客户关系管理,实施常旅客计划和构建常旅客系统等,这些都使得传统航空公司的经营成本一直处于较高水平。而西南航采用低成本的点对点航线结构,主要经营短途航线,只提供最基本的服务,票价低,航班频度高,正点率高,西南航将自己描述为"短途旅行中的城市穿梭机"。西南航认为在短途航空运输中,航空运输产品的差异化不是通过服务,而是通过票价、航班频度和正点率等实现的,低票价可吸引休闲旅客,而航班频度高、正点率高和登机手续快速简便等对公务旅客,特别是小型公司的公务旅客也具有很大的吸引力。

在所有运输方式中,航空运输主要优势在于中长途运输,航程越短,因固定成本高而导致的价格劣势就越明显,也就越有可能被其他运输方式所替代。美国西南航引人注目之处在于,短途运输使用可与长途汽车票价比拼的低票价,销售的任何机票没有超过100美元的,而更令人瞠目的是,西南航居然可以以如此低的票价保持连年赢利。西南航之所以能做到这一点,是由于其具有一个以低票价为策略核心的低成本运作的运营模式。

1. 降低飞机维护费用

西南航全部采用波音737机型,由于机型单一,全公司只需一个维修场,一个航材库,一种维修人员培训。

2. 提高空地勤人员出勤率和工作效率

西南航机型单一使得所有飞行员随时可驾驶本公司的任何一架飞机,乘务员也熟悉任何一架飞机上的设备,因此可通过灵活互换的方式保持机组人员较高的出勤率,不会因机组人员不到位而导致飞机停场等待。此外,地勤人员配备少而精,每一地勤人员都可从事多项地面操作,人手不够时空勤人员也会协助,如飞行员协助装卸行李,乘务员协助登机检票。

3. 提高飞机日利用率

西南航的飞机日利用率30年来一直居美国各航空公司之首,平均每架飞机日飞行达12 h。正如西南航创始人赫伯特·凯勒的名言:“飞机要在天上才能挣钱”,西南航采用各种方法以提高飞机的日利用率。一般航空公司飞机过站时间(从落地至再次起飞)大约需要45 min,而西南航可以缩短到平均15 min,主要原因在于西南航航班上不是对号入座,旅客先到先坐;登机口设有自动验票系统,加快了登机速度;机上不配餐食和额外供应品,减少了等待时间;地面配备高速飞机牵引设备,加快了飞机的地面移动速度。以西南航的飞行频度计算,每个航班减少5 min的地面时间,每架飞机每天就可增加1 h的飞行时间。

4. 只提供点对点的航线

西南航只提供中等城市间的点对点航线,且不与其他航空公司形成联程运输服务,大大降低了管理成本,简化了操作流程,减少了服务环节,加快了飞机离港速度。

5. 简化的操作和简单的服务

乘坐西南航飞机就像坐公共汽车,旅客可在登机口直接购票登机,为节约成本,西南航使用可回收的塑料片作登机牌。机上只供应花生米和软饮料,而且是只在旅客提出需要后才供应,这样不仅可减少乘务员数量,还可节约供应品所占用的空间,使每架飞机净增7~9个座位。

西南航之所以能以特立独行的方式取得经营上成功,关键在于所提供的航空运输产品符合了部分旅客的需求,体现了航空运输产品的核心价值——安全、准点、方便、快捷,当然还有价格低廉。

思考题

1. 分析中国民用航空运输现状。
2. 分析航空运输市场结构。
3. 举例说明不同航空公司经营战略的特点。
4. 对比分析中外有关航空公司经营战略。
5. 讨论分析国内、国际航空运输市场的竞争态势和未来发展趋势。

运输市场学主要英汉词汇对照

A

absence ownership	缺乏所有权
abandonment stage	产品放弃阶段
abortion of agreement	废除公司
achievement need theory	成就需要理论
actual market volume	市场实际容量
active social marketing orientation	主动性社会市场导向
administered price	受控价格
advertisement (ad)	广告
advance dating	预定付款日期
advertising agency	广告公司
advertising budget	广告预算
advertising effect	广告效果
after-sales service	售后服务
All-cargo carrier	全货运航空公司
All · services	全空运业务
Available seat-miles(ASMS)	可用客座英里
Available ton-miles(ATMS)	可用吨英里
agent	代理商
American marketing association (AMA)	美国市场营销协会
area concentration	集中广告推销区
asking price	讨价
average inventory	平均库存

AC-animal container	动物容器费
AS-assembly service fee	集装服务费
AW-air waybill fee	货运单费
asset specificity	资产特性

B

backward integration	后向一体化
basing point pricing	基点定价法
basic price	基础价格
bear market	空头市场
bid	报价、出价、投标、竞标
blue sky bargaining	漫天讨价
board of trade	交易所
brand	品牌、商标
brand awareness	品牌意识、商标意识
brand loyalty	品牌忠诚
brand decisions	品牌决策
broker	经纪人
brokerage	佣金
bull market	多头市场
business cycle	经济周期
business manager	业务经理
business policy	经营政策
business groups	企业集团
business indicator	经济指标
buyer's market	买方市场
buying behavior	购买行为
buying-power index	购买力指数
block hours	轮挡时数
break-even passenger load factor	持平旅客载运率

Bill And Settlement Plan (BSP)	开账与结算计划

C

calling cycle	平均访问顾客周期
calling population	潜在顾客
capital-market	资本市场
capital stock	股本
car card	车内广告牌
case method	案例教学法
cash discount	现金折扣
ceiling prices	最高限价
channel of distribution	分配流通渠道
CD:clearance and handling-destination	目的站办理海关手续和处理费
CH:clearance and handling-origin	始发站办理海关手续和处理费
C:specific commodity rate	指定商品运价
CA:partial collect credit-partial prepaid cash	部分到付信用卡—部分预付现金
CB: partial collect credit-partial prepaid credit	部分到付信用卡—部分预付信用卡
CC:All charges collect	全部货物运费到付
CG:All charges collect by GBL	全部货物运费到付政府提单
CP:destination collect · cash	目的站到付现金
CX:destination collect credit	目的站到付信用卡
commercial advertisement	商业广告
commission merchant	委托代理商
common market	共同市场
competitive price	竞争价格
conspicuous consumption	显性消费

concentrated marketing strategy	密集性市场策略
consulting company	咨询公司
consumer action	消费者行为
consumer behaviour research	消费者行为研究
consumer expenditure	消费支出
consumer goods	消费品
consumer price index	消费物价指数
consumer needs	消费者需求
core product	核心产品
correlation coefficient	相关系数
cost-oriented pricing	成本导向定价法
cost-plus pricing	成本加成定价法
copy strategy	跟随战略
corporation agent	代理公司
customer oriented	以顾客为中心
cross elasticity of demand	需求交叉弹性
customary pricing	习惯定价法
Customer Attitude Tracking	顾客态度跟踪
CI:Corporate Identification	企业形象
constrained regression model	回归模型
charter flights	包机飞行
cash operating costs	现金支付的营运成本
capacity-related · costs	与运力有关的成本
cargo	货运
coach or economy service	经济服务
combination aircraft	客货混合型飞机
commuters	短程航空公司

D

decline stage	衰退期

defence strategy	防御战略
demand curve	需求曲线
demand elasticity	需求弹性
demand shocks	需求波动
demand-oriented pricing	需求导向定价法
demand analysis	需求分析
derived demand	派生需求
diffusion research	扩散研究
diminishing marginal utility law	边际效用递减规律
distribution cost	流通成本
diversification	多种经营
dynamic demand management	动态需求管理
direct operating costs	直接营运成本
domestic operations	国内飞行
domestic passenger fare investigation (DPFI)	国内旅客票价调查
DB:disbursement fee	向收货人收取的代理人代付的费用

E

each way	双重经纪
earnest money	定金
effective demand	有效需求
elasticity of demand	需求弹性
ecological marketing concept	生态营销观
Engel's law	恩格尔规律
equation price	均衡价格
equilibrium quantity	均衡产量
executive director	执行董事
expansion demand	扩充需求

export agent	出口代理商
enplanements	旅客登记数
equivalent ATMs ASMs RTMs,PUMs	可用吨英里,可用客座英里,收费吨英里,收费客英里当量

F

facilitators	服务性企业
factor	代理商、融资商、代理融通公司
factors of production	生产要素
feasibility study	可行性研究
final demand	最终需求
financial markets	金融市场
fixed charge	固定费用
fixed cost	固定成本
fixed routing	定期访问顾客
firm structure	企业结构
FC:charge collect fee	货物运费到付手续费
FIATA	国际货物运输代理协会
franchising	特许经营
first class service	头等服务
flight equipment	飞行设备
freight ton-mile	货吨英里
freighter	货机
full allocated cost	全部分配成本
flat rate	统一价格
flexible marketing pricing	弹性定价法
floating price	浮动价格
forecasting	预测

fragmentation	市场细分
free market	自由市场
free on aircraft (FOA)	飞机上交货价
free on board (FOB)	离岸价
free trade zone	自由贸易区
Freight Forwarder	货运代理人
fare break points	运价计算点

G

geographic segmentation	地理市场细分
goodwill	商誉
grading	产品分级
group enterprises	集团企业
gross profit	毛利
generalized cost	广义费用
GT:government tax	政府税

H

habitual pricing	习惯定价法
hand-to-mouth operation	勉强经营
hire purchase	租购
holding company	控股公司
home market	国内市场
horizontal diversification	横向多角化经营
horizontal integration	横向一体化
house mark	公司商标
human needs hierarchy theory	人类需要层次论
haul length, average	托运长度
hop length, average	飞行长度
humanitarian marketing concept	人道营销观

I

imperfect price	不完全竞争价格
imperfect competition	不完全竞争
impulse item	冲动性购买的商品
income elasticity of demand	需求收入弹性
incorporeal property	无形财产
increasingly returns	报酬递增
increasingly pricing	增量定价
indirect channel	间接销售渠道
indirect demand	间接需求
individual proprietorship	独资经营
induced consumption	诱发消费
inelastic demand	无弹性需求
inflation	通货膨胀
informative advertising	介绍性广告
insurance policy	保险单
intangible assets	无形资产
intangible goods	无形商品
integrated marketing	整体营销
international marketing	国际市场营销
International Bank For Reconstruction and Development	国际复兴开发银行,又叫世界银行
International chamber of commerce (ICC)	国际商会
international registration of trademarks	国际商标注册
inverse demand pattern	反向需求型
intermediate point	中间点
ZN:insurance premium	代办保险手续费
international operation	国际业务
International Air Transport Association (IA-	国际航空运输协会

TA)

International civil Aviation organisation (ICAO)	国际民用航空组织
internal rate of return	内部收益率

J

joint demand	连带需求
joint promotion	联合促销
joint venture	合资经营
joint stock bank	股份银行
joint stock company	股份公司
joint ventures	合资企业

K

keyed advertisement	广告索引
knocked down price	降低售价、成交价
keen price	廉价
keeping expense rate	保管费率
knowledge-intensive industry	知识密集型企业

L

labor-intensive industry	劳动密集型产业
labor market	劳动力市场
latent demand	潜在需求
landed price	到岸价格
law of supply and demand	供求规律
leasing	租赁
lease-purchase	租赁购买
legal entity	法人
legal monopoly	合法垄断

longitudinal diversification	纵向多角化经营
LA:live animal	活体动物处理费
local service carriers	地方空运企业
liner shipping	定期船运输(班轮运输)
limit price	限制性定价

M

marginal cost pricing	边际成本定价法
marginal-income ratio	边际收益比率
marginal propensity to consume (MPC)	边际消费倾向
market behavior study	市场行为研究
market developing	市场开发
market diversification	市场多样化
market penetrating	市场渗透
market potential	市场潜力
market positioning	市场定位
market-ripe	市场成熟产品
market segmentation	市场细分
market share	市场占有率、市场份额
market survey	市场调查
marketing strategy	市场营销战略
marketing concept	市场营销观念
marketing macroenvironment	市场营销宏观环境
marketing microenvironment	市场营销微观环境
marketing mix	市场营销组合
marketing myopia	市场营销近视症
marketing vice-president	营销副总裁
managerial value models	管理价值模型
managing director	常务董事
mean absolute error	平均绝对误差

motivational factors	激励因素
multinational corporation	跨国公司
marginal or incremental costs	边际或增量成本
MA:miscellaneous-due agent	代理收取的杂项费
MC:miscellaneous-carrier	承运人收取的杂项费
MO:miscellaneous	杂项费,如牛栏、马厩的租用费
MZ:miscellaneous-due issuing carrier	制单承运人收取的杂项费
M:minimum charge	最低运费
Multimodal Transport Operator (MTO)	多式联运经营者
market performance	市场绩效
market power	市场力量
market structure	市场结构
monopolistic competition	垄断竞争

N

natural monopoly	自然垄断
negative demand	负需求
negotiated price	议价
new product development plan	新产品发展计划
non-price competition	非价格竞争
nonoperating income	非营业收入
nonperformance	违约
nontariff barriers (NTB)	非关税壁垒
net profit margin	净边际利润
nonscheduled service	非定期航班
N:normal rate	普通货物标准运价
Non Vessel Operating Multimodal Transport Operators	无船货代

O

price	正式价格
odd-ending pricing	尾数定价法
oligopoly	少数卖主垄断
oligopoly price	卖主控制价格
oligopsony price	买主控制价格
operation gaming	经营对策
over production theory	生产过剩论
own brand	自有商标
organizational market	组织者市场
outdoor medium	户外媒体
operation gaming	经营对策
over production theory	生产过剩论
origin and destination survey	始发站和目的地调查
operating profit/loss	营运损益
operating profit margin	营运边际利润
operating revenue	营运收入
output function	产出函数

P

panel of experts	专家小组预测
part-maintaining	收割战略
penetrating pricing	低价渗入
perceived-value pricing	满意定价法
perfect competition	完全竞争
perfect market	完全市场
personal selling	人员推销
phantom freight	挂名运费
posted price	牌价、标价

postpurchase behavior	购买后行为
pre-sales service	售前服务
prestige pricing	声望性定价
price elasticity of demand	需求价格弹性
pricing orientation	定价导向
pricing tactics	价格策略
price lining	价格一致
product mix decisions	产品组合决策
product positioning	产品定位
promotion mix	促销组合
psychological pricing	心理定价法
pure competition	完全竞争
pure monopoly	完全垄断
PC:partial prepaid cash—partial collect cash	部分预付现金—部分到付现金
PD: partial prepaid credit—partial collect cash	部分预付信用卡—部分到付现金
PG:all charges prepaid by GBL	全部货物运费预付政府提单
PP:all charges prepaid by cash	全部货物运费预付现金
PX:all charges prepaid by credit	全部货物运费预付信用卡
PK:packaging	货物包装费
PU:pick-up	货物提取费
passenger ton-miles	客吨英里
public convenience and necessity	公众便利和需要
philosophy of firm	企业理念
public goods	公共物品
physical evidence	有形展示
public image	公共形象
predatory pricing	掠夺性定价
point and arc elasticity	点弹性和弧弹性

price discrimination	价格歧视
price wars	价格战
price-cost margin	价格—成本差
ports of call	港口呼叫系统

Q

qualitative forcasting	定性预测
quantitative forcasting	定量预测
Q:quantity rate	重量分界点运价
quadratic transportation cost	二次运输成本

R

random sampling	随机抽样
rate war	减价竞争
rapid-penetration tactics	快速渗透策略
realized price	实际成交价格
reference group	相关群体
registered trademark	注册商标
regression analysis	回归分析
reserve price	最低价
return on investment	投资报酬率
revenue passenger load factor	收费旅客载运比率
revenue passenger-mile(RPM)	收费客英里
revenue ton-miles(RTMS)	收费吨英里
RA:dangerous goods fee	危险物品处理费
Road Traffic Act	公路运输法
rate of return	收益率

S

sales promotion	营业推广(销售促进)

saturation stage	产品饱和阶段
sealed-bid pricing	招标投标定价
seller′s market	卖方市场
seasonal factors model	季节指数预测法
servicing	售后服务
shadow price	影子价格
shipment price	发送价格
selling orientation	推销导向
single(double) exponential smoothing	一次(二次)指数平滑法
skimming price	撇脂价格(取脂价格)
soft good	软商品(非耐用商品)
stock-sales ration	库存—销售额比率
standard deviation	标准差
support price	支持价格
scheduled service	定期航班
stage length, average	航段长度,平均数
stopover points	中途分程点
S:class rate reduction	附减等级运价
SD:surface charge-destination	目的站地面运输费
SO:storage-origin	始发站仓储费
SR:surface charge-origin	始发站地面运输费
SU:storage-destination	目的站仓储费
service marketing	服务营销
Service Value-added Function	服务增值功能
social cost	社会成本
signal of quality	质量信号
switching cost	转换成本

T

target market	目标市场

tariff barriers	关税壁垒
technology intensive industry	技术密集型产业
time series	时间序列
think tank	思想库
trade credit	商业信用
trademark	商标
trading stamp	交易印花
trade discount	营业折扣
transfer price	转移价格
trust company	信托公司
turnover tax	营业税
ticketed points	客票点
TR:transit	过境费
TX:taxes	税款
traffic-related costs	与运量有关的成本
trip length	旅程长度
the Intelligent Consumption Concept	理智消费观
Transportation Function	运输功能
Tramp shipping	不定期船运输
Transport Acts	运输法(案)
transaction cost	交易费用
Transport-marketing	运输市场营销

U

ultimate consumer	最终消费者
undifferentiated marketing strategy	无差异市场营销策略
unfair competition	不公正的竞争
unlimited partnership	无限公司
unstable market	不稳定市场
utilization-average hours perday	飞机利用率—平均每日飞行

时数

U:unit load device basics charge or rate 集装货物基础运价
UH:ULD-handling 集装设备处理费

V

valorization 官方维持价格
value added 价值增值
value in use 使用价值
value satisfactions 价值满足感
variable markup pricing 弹性定价法
vertical integration(combination) 纵向一体化
vertical market 纵向市场
vessel operating Multimodal Transport Operators(VO-MTOS) 有船货代

W

withdrawing strategy 撤退战略
weak market 疲软市场

Y

yield 收益

Z

zone pricing 分区定价法
zero-level channel 零级渠道
Zero-fare Policy 零运价政策

参 考 文 献

[1] 埃尔玛·沃夫斯岱特. 范翠红译. 高级微观经济学——产业组织理论、拍卖和激励理论[M]. 上海:上海财经大学出版社,2003.

[2] 马歇尔. 陈良璧译. 经济学原理[M]. 北京:商务印书馆,1981.

[3] 兹·谢伊. 张磊译. 网络产业经济学[M]. 上海:上海财经大学出版社,2002.

[4] 亚当·斯密. 郭大力,王亚南译. 国民财富的性质和原因的研究[M]. 北京:商务印书馆,1982.

[5] 马克思,恩格斯. 中共中央马恩列斯编译局. 马克思恩格斯选集(第一卷)[M]. 北京:人民出版社,1972.

[6] 西蒙·库兹涅茨. 戴睿等译. 现代经济增长:速度、结构与扩展[M]. 北京:北京经济学院出版社,1991.

[7] 约瑟夫·熊比特. 何畏等译. 经济发展理论[M]. 北京:商务印书馆,1990.

[8] R·科斯. 企业、市场与法律[M]. 上海:三联书店,1990.

[9] 道格拉斯·C·诺斯. 制度、制度变迁与经济绩效[M]. 上海:三联书店,1994.

[10] 道格拉斯·C·诺斯. 西方世界的兴起[M]. 北京:学苑出版社,1988.

[11] G·J·施蒂格勒. 产业组织和政府管制[M]. 上海:三联出版社,1996.

[12] Y·巴泽尔. 产权的经济分析[M]. 上海:三联书店,1997.

[13] R·科斯. 财产权利与制度变迁[M]. 上海:三联书店,1994.

[14] 曼瑟尔·奥尔森. 集体行动的逻辑[M]. 上海:三联书店,1995.

[15] 黄少安. 产权经济学导论[M]. 济南:山东人民出版社,1995.

[16] 张军. 中国过渡经济导论[M]. 上海:立信会计出版社,1996.

[17] 洪银兴. 经济运行的均衡与非均衡[M]. 上海:三联书店,1998.

[18] 陈孟熙,郭建青. 经济学说史教程[M]. 北京:中国人民大学出版社,1992.

[19] 阿维纳什·K·迪克西特. 刘元春译. 经济政策的制定:交易成本政治学的视角[M]. 北京:中国人民大学出版社,2004.

[20] 小贾尔斯·伯吉斯. 冯金华译. 管制和反垄断经济学[M]. 上海:上海财经大学出版社,2003.

[21] 福克纳. 美国经济史[M]. 北京:商务印书馆,1964.
[22] 查尔斯·林德布洛姆. 政治与市场,世界的政治——经济制度[M]. 上海:三联书店,1992.
[23] 艾尔弗雷德·钱德勒. 看得见的手——美国企业的管理革命[M]. 北京:商务印书馆,1987.
[24] 詹姆斯·M·布坎南. 自由、市场和国家[M]. 北京:北京经济学院出版社,1988.
[25] 荣朝和. 论运输化[M]. 北京:中国社会科学出版社,1993.
[26] 欧国立. 运输市场变迁与中国铁路市场化改革[M]. 北京:中国铁道出版社,2001.
[27] 郭华伟. 企业制度模式研究——兼论铁路运输企业改革[D]. 北京:北方交通大学,1997.
[28] D·P·洛克林. 运输经济学[M]. 长沙:长沙铁道学院运输系,1985.
[29] 罗依·桑普森. 运输经济——实践、理论与政策[M]. 北京:经济管理出版社,1989.
[30] 韩彪. 交通运输发展理论[M]. 大连:大连海事大学出版社,1993.
[31] 赵海培等. 中国铁路走向市场的理论与实践[M]. 北京:中国铁道出版社,1995.
[32] 王崇焕. 中国古代交通[M]. 北京:商务印书馆,1996.
[33] 金士宣,徐文述. 中国铁路发展史[M]. 北京:中国铁道出版社,1986.
[34] 卢现祥. 西方新制度经济学[M]. 北京:中国发展出版社,1996.
[35] 张燕宇. 经济发展与制度选择——对制度的经济分析[M]. 北京:中国人民大学出版社,1992.
[36] 张春霖. 企业组织与市场体制[M]. 上海:上海三联书店,1996.
[37] 欧国立. 运输市场营销[M]. 北京:中国铁道出版社,2002.
[38] 桑恒康. 中国的交通运输[M]. 北京:航空航天大学出版社,1991.
[39] 中国铁路史编辑研究中心. 中国铁路大事记[M]. 北京:中国铁道出版社,1996.
[40] 郭欣. 古今交通拾趣[M]. 北京:人民交通出版社,1992.
[41] 陈鸿彝. 中华交通史话[M]. 北京:中华书局出版社,1992.
[42] 邱克. 中国交通史论[M]. 北京:人民交通出版社,1994.
[43] 马小奇,张培东. 中国古代交通[M]. 北京:科学技术出版社,1995.
[44] 郭廷洁等. 交通运输领域重大科技决策[M]. 北京:人民交通出版社,1992.
[45] 科斯,诺斯等. 财产权利与制度变迁——产权学派与新制度经济学派译文集[M]. 上海:三联书店,1991.